面向“十二五”高职高专精品规划教材·土建系列

建筑工程制图与识图

孟 莉 姚 远 李志勋 主 编
贾云岭 副主编
陈芊橙 参 编

清华大学出版社
北 京

内 容 简 介

本书内容包括制图的基本知识、投影的基本理论等以及建筑施工图、结构施工图、设备施工图等常用施工图的绘制与识读。书中出现的制图标准按照《房屋建筑制图统一标准》(GB/T 50001—2010)执行。

第 1～7 章属于建筑制图的理论部分，主要是让学生通过学习形成立体思维的概念，掌握从平面到立体、从立体到平面的转换，培养出从图纸到实物的思维能力，为后面识读各类建筑施工图的学习打下基础。第 8～12 章属于专业技能的范畴，通过这部分的学习可以使学生掌握建筑行业多种类型图纸(建筑施工图、建筑结构图和建筑设备图)的识别和绘制，并从中了解国家与行业颁布的各类标准、法规等，以便适应日后职业技术类课程的学习和职业岗位的需求。

图书在版编目(CIP)数据

建筑工程制图与识图/孟莉，姚远，李志勋主编. —北京：清华大学出版社，2018（2024.8 重印）
(面向“十二五”高职高专精品规划教材·土建系列)
ISBN 978-7-302-50048-3

Ⅰ. ①建… Ⅱ. ①孟… ②姚… ③李… Ⅲ. ①建筑制图—识图—高等职业教育—教材 Ⅳ. ①TU204.21

中国版本图书馆 CIP 数据核字(2018)第 086832 号

责任编辑：韩　旭　桑任松
装帧设计：刘孝琼
责任校对：吴春华
责任印制：刘　菲
出版发行：清华大学出版社
　　网　　址：https://www.tup.com.cn, https://www.wqxuetang.com
　　地　　址：北京清华大学学研大厦 A 座　　**邮　　编：**100084
　　社 总 机：010-83470000　　**邮　　购：**010-62786544
　　投稿与读者服务：010-62776969, c-service@tup.tsinghua.edu.cn
　　质量反馈：010-62772015, zhiliang@tup.tsinghua.edu.cn
　　课件下载：https://www.tup.com.cn, 010-62791865
印 装 者：北京建宏印刷有限公司
经　　销：全国新华书店
开　　本：185mm×260mm　　**印　张：**14.5　　**字　数：**349 千字
版　　次：2018 年 8 月第 1 版　　**印　次：**2024 年 8 月第 5 次印刷
定　　价：45.00 元

产品编号：073490-02

前　言

图纸是工程界的语言，建筑工程制图课程的开设就是为了让学生更好地掌握这门语言。“建筑工程制图与识图”是建筑专业的一门理论性、实践性都很强的专业基础课。它不仅理论严谨，而且与工程联系紧密，学生能否学好这门课将直接影响其后续专业课的学习，关系到将来的就业竞争力及个人发展空间的大小。

本书面向高职高专土建类相关专业，力求实现“实用、适用”的编写原则和“通俗、精练、可操作”的编写风格。本书的编写，以学生就业所需的专业知识和操作技能作为着眼点，在适度的基础知识与理论体系的覆盖下，注重实际问题的解决及操作训练，使理论和实际有效地联系起来，使得“教师易教、学生乐学”。

本书由浅入深地介绍了制图的基本知识、投影的基本理论以及施工图样的常用类型等内容，并结合书后相关练习，使学生更好地掌握建筑工程制图基本方法和相关知识。

本书的编写突出以下特色。

(1) 基于高职高专学生职业素养和基本技能的实际情况，细致地介绍了建筑工程制图的基本知识和内容要领，舍弃了以往书中的部分难度大、实用性相对较差的内容。

(2) 书中图样模型尽量选用有代表性的建筑构件，使教学内容更加直观易懂。学生通过实例图样，更易将理论联系于实际。

(3) 本书前 7 章每章后面的思考题，符合建筑工程及相关专业的能力培养定位要求，难易适度，并增加了绘图练习的内容。

本书由孟莉、姚远、李志勋任主编，贾云岭任副主编。具体编写分工如下：第 1、2 章由李志勋编写，第 3、4 章由贾云岭编写，第 5～7、11、12 章由孟莉编写。

本书在编写过程中得到了学院其他同事的大力支持，特别感谢佟颖春主任为本书做的修改，为本书提供的思路和脉络。与此同时还有王雅男老师做了很多美化的工作，陈芊橙老师在图片方面给予很大的支持与帮助，在此一并致谢！

由于作者水平有限，本书难免有不足之处，恳请广大读者批评指正。

编　者

目 录

目录 Contents

第 1 章　制图的基本知识与技能

教学目标和要求

- 了解建筑工程制图国家标准的有关规定。
- 能进行简单的平面图形的绘制，并正确标注尺寸。
- 掌握三角板、圆规、图板、丁字尺的正确使用方法。

本章重点和难点

- 掌握图线画法、尺寸标注的有关规定。
- 学习平面图形的尺寸分类、线段分析方法。

1.1　制图的基本规定

国家计划委员会(现为国家发展与改革委员会)于1987年颁布了重新修订的国家标准《房屋建筑制图统一标准》(GBJ 1—86)，内容包括图幅、线型、字体、比例、符号、定位轴线、常用建筑图例、图样画法、尺寸标注等。为了做到建筑工程图样的统一，便于交流技术，满足设计、施工、管理等要求，必须遵守制图国家标准。

1.1.1　图纸幅面和标题栏

1. 图幅、图框

图纸幅面是指图纸长度与宽度组成的大小。绘制图样时，应采用表 1-1 所规定的基本幅面尺寸。基本幅面代号有 A0、A1、A2、A3、A4 等 5 种。

表 1-1　图纸幅面尺寸(单位：mm)

幅面代号	A0	A1	A2	A3	A4
B×*L*	841×1189	594×841	420×594	297×420	210×297
a	25				
c	10			5	
e	20		10		

幅面代号的几何含义实际上就是对 A0 幅面的对开次数。例如，A1 中的“1”，表示将 A0 幅面图纸对折长边裁切 1 次所得的幅面；A4 中的“4”，表示将 A0 幅画图纸对折长边裁切 4 次所得的幅面。

必要时允许加长幅面，但加长量必须符合《技术制图图纸幅面及格式》(GB/T 14689—2008)中的规定，即按基本幅面的短边成整倍数增加。

图样中的图框由内、外两框组成，外框用细实线绘制，大小为幅面尺寸，内框用粗实线绘制，内外框周边的间距尺寸与格式有关。图框格式分为留有装订边和不留装订边两种，如图 1-1 和图 1-2 所示。两种格式图框周边尺寸 *a*、*c*、*e* 如表 1-1 所示。但应注意，同一产品的图样只能采用一种格式。图样绘制完毕后应沿外框线裁边。

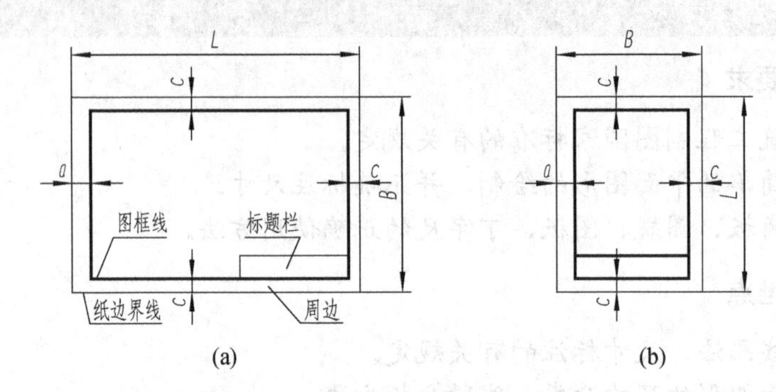

(a)　　　　(b)

图 1-1　需要装订图样的图框格式

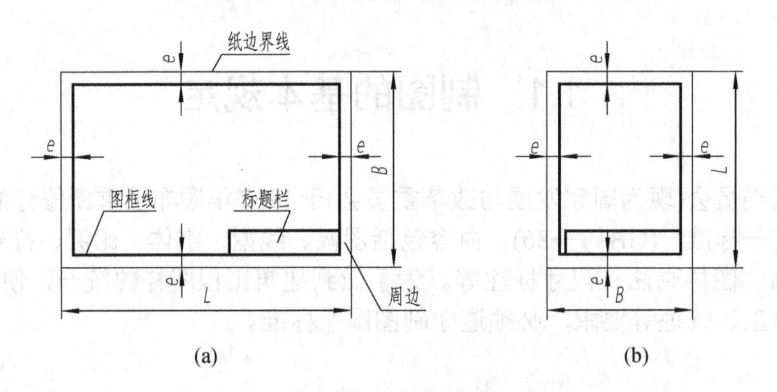

(a)　　　　(b)

图 1-2　不需要装订图样的图框格式

2. 标题栏

每张技术图样中均应画出标题栏。标题栏的格式和尺寸按《技术制图标题栏》(GB/T 10609.1—2008)的规定。本教材将标题栏作了简化，如图 1-3 所示，建议在作业中采用。

标题栏一般应位于图纸的右下角，如图 1-1 和图 1-2 所示。当标题栏的长边置于水平方向并与图纸的长边平行时，则构成 X 型图纸，如图 1-1(a)和图 1-2(a)所示。当标题栏的长边与图纸的长边垂直时，则构成 Y 型图纸，如图 1-1(b)和图 1-2(b)所示。在此情况下，看图的方向与看标题栏的方向一致，即标题栏中的文字方向为看图方向。

此外，标题栏的线型、字体(签字除外)和年、月、日的填写格式均应符合相应国家标准的规定。

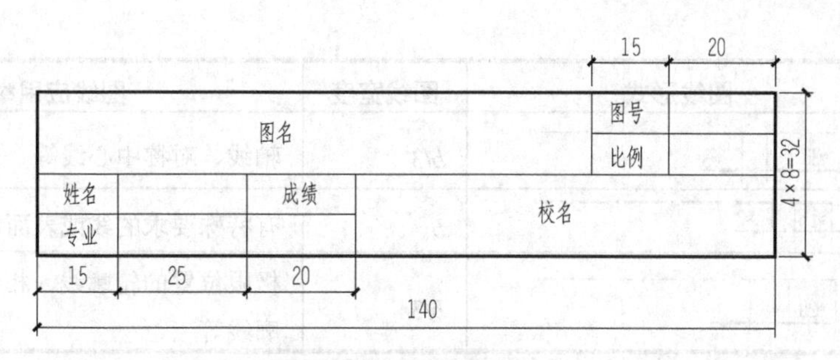

图 1-3　制图作业标题栏

1.1.2　图线

画在图纸上的各种形式的线条统称为图线。国家标准《技术制图图线》(GB/T 17450—1998)规定的基本线型共有 15 种形式，国家标准《机械制图图样画法图线》(GB/T 4457.4—2002)规定了在机械图样中常用的 8 种基本线型，见表 1-2。在机械图样中，图线分为粗、细两种线宽，它们之间的比值为 2∶1，图线宽度 *d* 可从系数 0.13、0.18、0.25、0.35、0.5、0.7、1、1.4、2.0(单位均为 mm)中选取。画图时优先采用 0.5mm、0.7mm 两种线宽。

绘制图样时，应注意以下几点。

(1) 同一图样中，同类图线的宽度应基本一致。虚线、点划线及双点划线的线段长短间隔应各自大致相等。

(2) 两条平行线之间的距离应不小于粗实线的 2 倍宽度，其最小距离不得小于 0.7mm。

(3) 虚线及点划线与其他图线相交时，都应以线段相交，不应在空隙或短划线处相交；当虚线是粗实线的延长线时，粗实线应画到分界点，而虚线应留有空隙；当虚线圆弧和虚线直线相切时，虚线圆弧的线段应画到切点，而虚线直线需留有空隙。

(4) 绘制圆的对称中心线(细点划线)时，圆心应为线段的交点。点划线和双点划线的首末两端应是线段而不是短画，同时其两端应超出图形的轮廓线 3～5mm。在较小的图形上绘制点划线或双点划线有困难时，可用细实线代替。

表 1-2　图线的名称、形式、宽度及其用途

图线名称	图线形式	图线宽度	图线应用举例
粗实线	————	*b*	可见轮廓线；可见过渡线
虚线	2~6　≈1 - - - - - - -	*b*/3	不可见轮廓线；不可见过渡线
细实线	————	*b*/3	尺寸线、尺寸界线、剖面线、重合断面的轮廓线及指引线等
波浪线	～～～	*b*/3	断裂处的边界线等
双折线	—\/—\/—	*b*/3	断裂处的边界线

续表

图线名称	图线形式	图线宽度	图线应用举例
细点划线	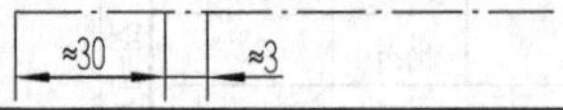 ≈30 ≈3	$b/3$	轴线、对称中心线等
粗点划线	≈15 ≈3	b	有特殊要求的线或表面的表示线
双点划线	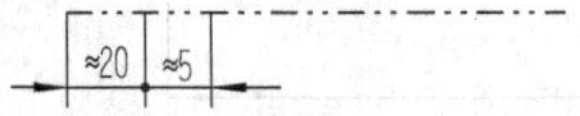 ≈20 ≈5	$b/3$	极限位置的轮廓线、相邻辅助零件的轮廓线等

1.1.3 字体

图样上除了表达构件形状的图形外，还要用文字和数字说明构件的大小、技术要求和其他内容。在图样中书写字体必须做到字体工整、笔画清楚、间隔均匀、排列整齐。

在国家标准《技术制图 字体》(GB/T 14691—1993)中有如下规定。

1. 字高

字体的高度(用 h 表示)必须符合规范，其高度系列为 1.8、2.5、3.5、5、7、10、14、20(单位为 mm)。字体的高度代表字体的号数。如需要书写更大的字，其字体高度应按 $\sqrt{2}$ 的比率递增。

2. 汉字

汉字应写成长仿宋体字，并采用中华人民共和国国务院正式公布推行的《汉字简化方案》中规定的简体字。汉字的高度应不小于 3.5mm，其宽度一般为 $0.7h$。汉字示例如图 1-4 所示。

3. 字母和数字

字母和数字分 A 型和 B 型。A 型字体的笔画宽度(d)为字高(h)的 1/14，B 型字体的笔画宽度为字高的 1/10。在同一张图样上，只允许选用一种字型的字体。

字母和数字可写成斜体或正体，如图 1-5 所示。斜体字字头向右倾斜，与水平基准线成 75°角。

14号字

图样是工程界的技术语言

10号字

字体工整 笔画清楚 间隔均匀 排列整齐

7号字

写仿宋字要领：横平竖直 注意起落 结构均匀 填满方格

5号字

房屋建筑桥梁隧道水利枢纽结构设计施工建造生产工艺企业管理

图 1-4 汉字示例

ABCDEFGHIJKLMN
OPQRSTUVWXYZ
abcdefghijklmn
opqrstuvwxyz
0123456789

图 1-5　斜体的字母与数字示例

1.1.4　比例

图样的比例是指图中图形与其实物相应要素的线性尺寸之比。简单地说，图样上所画图形与其实物相应要素的线性尺寸之比称为比例。比值为 1 的比例，即 1∶1，称为原值比例；比值大于 1 的比例，如 2∶1 等，称为放大比例；比值小于 1 的比例，如 1∶2 等，称为缩小比例。

一般情况下，比例应标注在标题栏中的比例一栏内，一个图样应选用一种比例。根据专业制图的需要，同一图样可选用两种比例，即某个视图或某一部分可采用不同的比例(如局部放大图)，但必须另行标注。

绘制图样时，应尽可能按机件的实际大小画出，以方便看图，如果机件太大或太小，则可用表 1-3 所规定的第一系列中选取适当的比例，必要时也允许选取表 1-4 中第二系列的比例。

表 1-3　第一系列比例

种　类	比　例
原值比例	1∶1
放大比例	2∶1，5∶1，1×10^n∶1，2×10^n∶1，5×10^n∶1
缩小比例	1∶2，1∶5，1∶1×10^n，1∶2×10^n，1∶5×10^n

表 1-4　第二系列比例

种　类	比　例
放大比例	2.5∶1，4∶1，2.5×10^n∶1，4×10^n∶1
缩小比例	1∶1.5，1∶2.5，1∶3，1∶4，1∶6，1∶1.5×10^n，1∶2.5×10^n，1∶3×10^n，1∶4×10^n，1∶6×10^n

绘制同一机件的各个视图时应尽量采用相同的比例，当某个视图需要采用不同比例时，必须另行标注。

比例一般应标注在标题栏中的比例栏内。必要时，可在视图名称的下方或右侧标注比例。

1.1.5 尺寸标注

图形只能表达构件的形状，而构件的大小则由标注的尺寸确定。国标中对尺寸标注的基本方法作了一系列规定，必须严格遵守。

1. 标注尺寸的基本原则

(1) 构件的真实大小应以图样上所注的尺寸数值为依据，与图形的大小及绘图的准确度无关。

(2) 图样中的尺寸，以毫米(mm)为单位时不需标注计量单位的代号或名称，如采用其他单位，则必须注明。

(3) 图样中所注尺寸是该图样所示构件最后完工时的尺寸，否则应另加说明。

(4) 构件的每一尺寸，一般只标注一次，并应标注在反映该结构最清晰的图形上。

2. 尺寸的组成

一个完整的尺寸应由尺寸界线、尺寸线、尺寸线终端和尺寸数字 4 个要素组成，如图 1-6 所示。

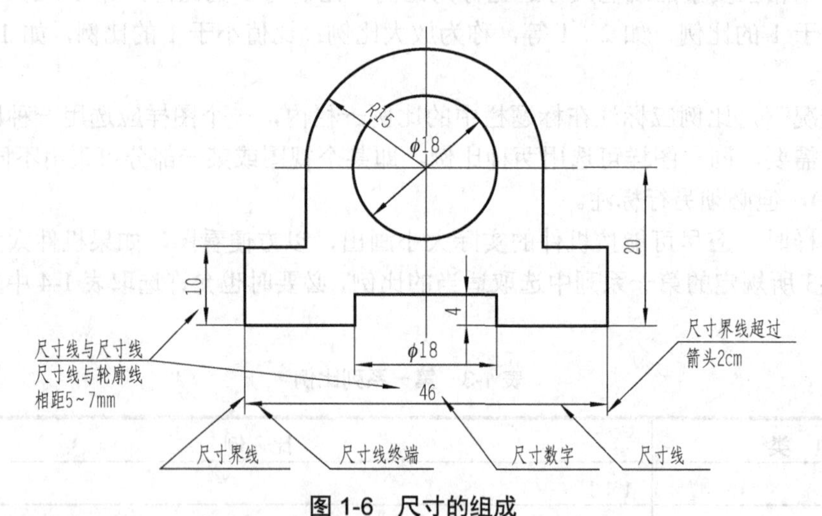

图 1-6 尺寸的组成

1) 尺寸界线

尺寸界线用细实线绘制，并应由图形的轮廓线、轴线或对称中心线处引出。也可利用轮廓线、轴线或对称中心线作尺寸界线。尺寸界线一般应与尺寸线垂直，并超出尺寸线终端 2mm 左右。

2) 尺寸线

尺寸线用细实线绘制。尺寸线必须单独画出，不能与图线重合或在其延长线上。

尺寸线终端有两种形式，如图 1-7 所示，箭头适用于各种类型的图样，箭头尖端与尺寸界线接触，不得超出也不得离开。

斜线用细实线绘制，图中 h 为字体高度。当尺寸线终端采用斜线形式时，尺寸线与尺寸界线必须相互垂直，并且同一图样中只能采用一种尺寸线终端形式。

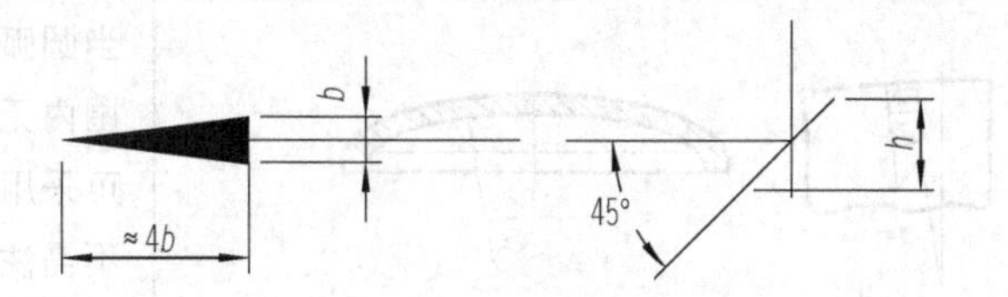

图 1-7　尺寸线的终端形式

3) 尺寸数字

线性尺寸的数字一般应注写在尺寸线的上方，也允许注写在尺寸线的中断处，同一图样内大小一致，空间不足可引出标注。尺寸数字不可被任何图线所通过，否则必须把图线断开，见图 1-6 中的尺寸 $R15$ 和 $\phi 18$。国标还规定了一些注写在尺寸数字周围的标注尺寸的符号，用以区分不同类型的尺寸：ϕ表示直径；R 表示半径；S 表示球面；δ表示板状零件厚度；□表示正方形；◁(或▷)表示锥度；⊾(或∠)表示斜度；±表示正负偏差；×表示参数分隔符，如 $M10\times1$ 等；-表示连字符，如 4-ϕ10、$M10\times1\text{-}6H$ 等。

3. 尺寸注法

线性尺寸、圆弧、角度等的注法见表 1-5。

表 1-5　线性尺寸、圆弧、角度的注法

标注内容		示　例	说　明
线性尺寸		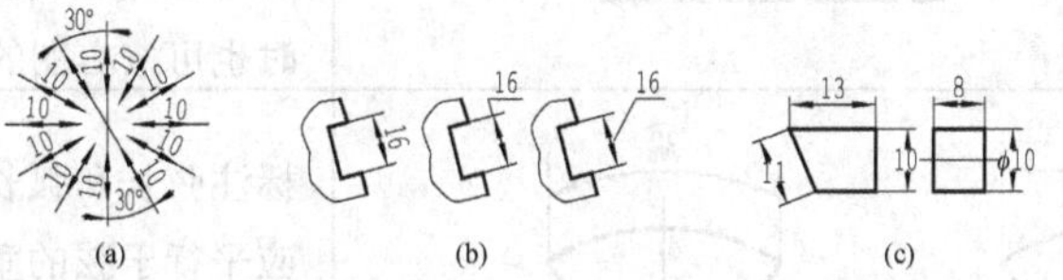	尺寸线必须与所标注的线段平行，大尺寸要注在小尺寸外面，尺寸数字应按图(a)所示的方向注写，图示 30° 范围内，应按图(b)形式标注。在不致引起误解时，对于非水平方向的尺寸，其数字可水平注写在尺寸线的中断处，见图(c)
圆弧	直径尺寸	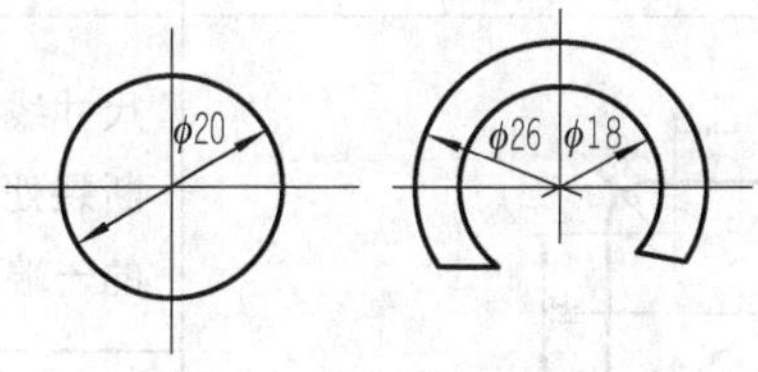	标注圆或大于半圆的圆弧时，尺寸线通过圆心，以圆周为尺寸界线，尺寸数字前加注直径符号 ϕ
	半径尺寸	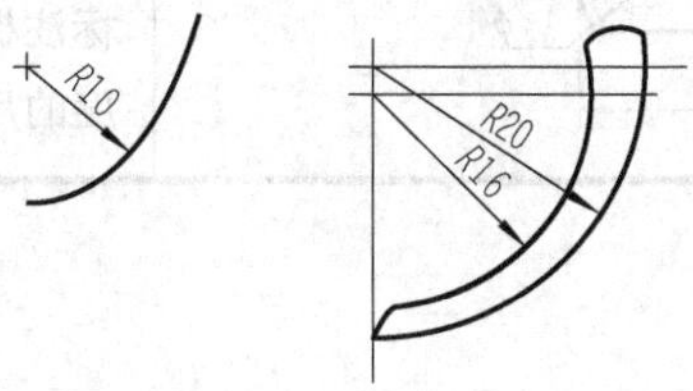	标注小于或等于半圆的圆弧时，尺寸线自圆心引向圆弧，只画一个箭头，尺寸数字前加注半径符号 R

续表

标注内容	示 例	说 明
大圆弧	R100 SR100	当圆弧的半径过大或在图纸范围内无法标注其圆心位置时，可采用折线形式，若圆心位置不需注明，则尺寸线可只画靠近箭头的一段
小尺寸	3 3 3 3 3 3 ϕ4 ϕ4 ϕ4 ϕ4 R3 R3 R3 R3	对于小尺寸在没有足够的位置画箭头或注写数字时，箭头可画在外面，或用小圆点代替两个箭头；尺寸数字也可采用旁注或引出标注
球面	Sϕ20 SR40	标注球面的直径或半径时，应在尺寸数字前分别加注符号 $S\phi$ 或 SR
角度	60° 15° 65° 5° 75° 20°	尺寸界线应沿径向引出，尺寸线画成圆弧，圆心是角的顶点。尺寸数字一律水平书写，一般注写在尺寸线的中断处，必要时也可按右图的形式标注
弦长和弧长	30 ⌒32	标注弦长和弧长时，尺寸界线应平行于弦的垂直平分线。弧长的尺寸线为同心弧，并应在尺寸数字上方加注符号“⌒”
只画一半或大于一半时的对称构件	δ2 30 R3 20 ϕ10 12 4×ϕ4 40	尺寸线应略超过对称中心线或断裂处的边界线，仅在尺寸线的一端画出箭头
板状构件		标注板状零件的尺寸时，在厚度的尺寸数字前加注符号 δ

续表

标注内容	示　例	说　明
光滑过渡处的尺寸	10 20	在光滑过渡处，必须用细实线将轮廓线延长，并从它们的交点引出尺寸界线
允许尺寸界线倾斜		尺寸界线一般应与尺寸线垂直，必要时允许倾斜
正方形结构	□12　12×12	标注机件的剖面为正方形结构的尺寸时，可在边长尺寸数字前加注符号“□”，或用“12×12”代替“□12”。图中相交的两条细实线是平面符号(当图形不能充分表达平面时，可用这个符号表达平面)

1.2　绘图工具及仪器

常用的绘图工具有图板、丁字尺、三角板和绘图仪器等。正确、熟练地使用绘图工具和仪器，既能保证绘图质量，又能提高绘图速度。为此将手工绘图工具及其使用方法介绍如下。

1.2.1　图板、丁字尺、三角板

1. 图板

图板用于铺放和固定图纸，要求板面平滑光洁。图板的左边是工作边，称为导边，需要保持其平直光滑。使用时，要防止图板受潮、受热。图纸要铺放在图板的左下部，用胶带纸固定住四角，并使图纸下方至少留有一个丁字尺宽度的空间，如图 1-8 所示。

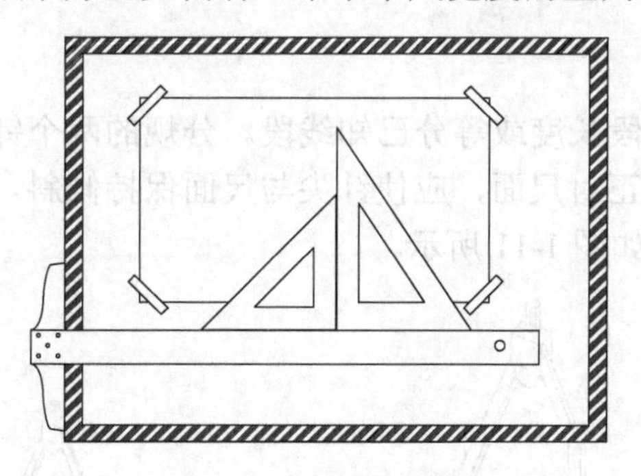

图 1-8　图纸与图板

2. 丁字尺、三角板

丁字尺由尺头和尺身两部分组成。它主要用来绘制水平线，其头部必须紧靠绘图板左边，然后用丁字尺的上边画线。移动丁字尺时，用左手推动丁字尺头沿图板上下移动，把丁字尺调整到准确的位置，然后压住丁字尺进行画线。水平线是从左到右画，铅笔前后方向应与纸面垂直，而在画线前进方向倾斜约 30°。

每副三角板有两块：一块的两个锐角均为 45°；另一块的两个锐角为 30° 和 60°。要注意保持板面及各边的平直。两块三角板配合使用，可画出已知直线的平行线和垂直线。

三角板和丁字尺配合使用画出的垂直线，可画出 30°、60°、45°、15°、75° 等各种角度斜线，如图 1-9 所示。

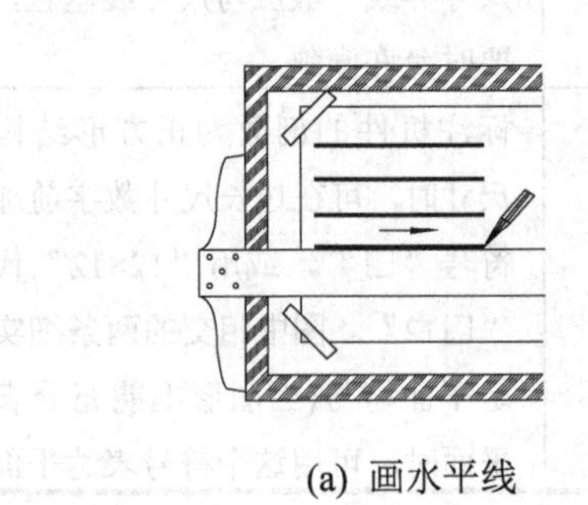

(a) 画水平线

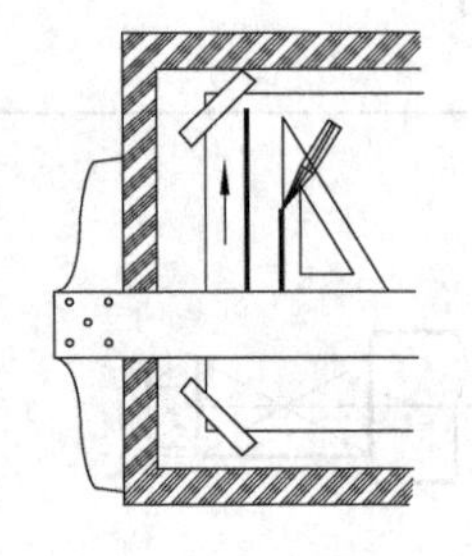

(b) 画垂直线

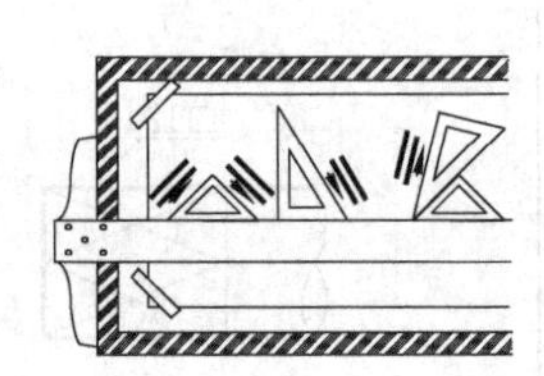

(c) 画各种角度的平行线或垂直线

图 1-9　丁字尺和三角板的使用方法

应注意：尺头不能紧靠图板的其他边缘滑动而画线；丁字尺不用时应悬挂起来(尺身末端有小圆孔)，以免尺身变形。

1.2.2　圆规和分规

1. 圆规

圆规是画圆和圆弧的工具。在画图时，应使用钢针具有台阶的一端，并将其固定在圆心上，这样可不使圆心扩大，还应使铅芯尖与针尖大致等长。一般情况下，画圆或圆弧时应使圆规按顺时针方向转动，并稍向前方倾斜。在画较大圆或圆弧时，应使圆规的两条腿都垂直于纸面；在画大圆时，要接上延伸杆，如图 1-10 所示。

2. 分规

分规主要用来量取线段长度或等分已知线段。分规的两个针尖应调整平齐。从比例尺上量取长度时，针尖不要正对尺面，应使针尖与尺面保持倾斜。用分规等分线段时，通常要用试分法。分规的用法如图 1-11 所示。

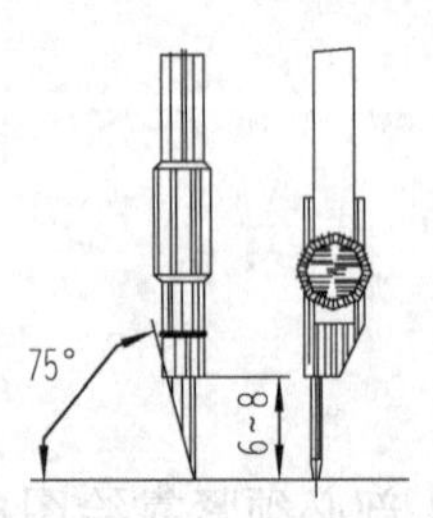

图 1-10　圆规的用法

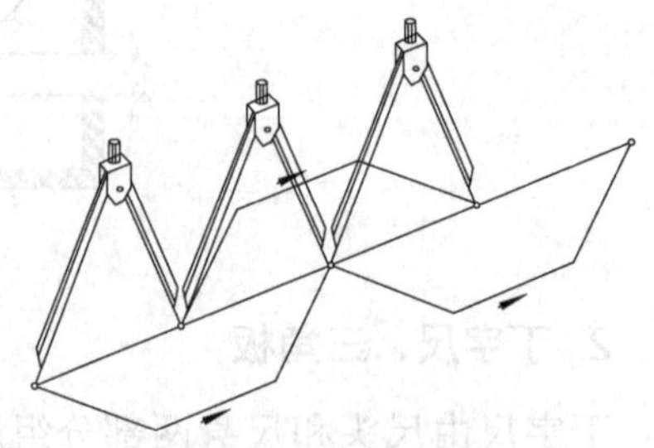

图 1-11　分规的用法

1.2.3　铅笔

铅笔铅芯的黑度与硬度用 B、H 符号表示，B 前数字越大表示铅芯越黑，H 前数字越大表示铅芯越硬。绘图时，一般采用 H、2H 的铅笔画细实线、虚线、细点划线，用 HB 的铅笔写字、标注尺寸，用 HB、B 的铅笔加深粗实线。铅笔应从没有标号的一端开始削磨使用，以便保留铅芯的硬度符号，如图 1-12 所示。

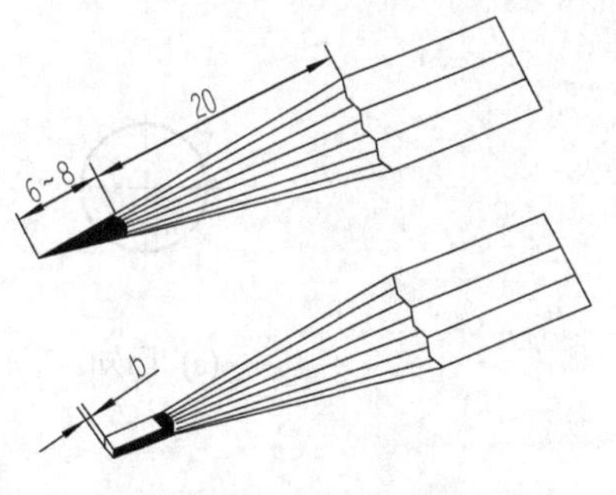

图 1-12　铅芯的形状

1.3　几 何 作 图

任何建筑物或构筑物的轮廓或细部形态，一般都是由直线、圆弧和非圆曲线组成的几何图形。因此，为了正确绘制工程图样，必须要掌握正确的几何作图方法。下面介绍一些基本的画法。

1.3.1　等分线段

如图 1-13 所示，将已知线段 *AB* 分成五等分。

作图步骤如下。

(1) 过点 *A* 任意作一条直线段 *AC*，从点 *A* 起在线段 *AC* 上截取(任取)*A1=12=23=34=45*，得等分点 *1*、*2*、*3*、*4*、*5*。

(2) 连接 5*B*，并从 *1*、*2*、*3*、*4* 各等分点作直线 5*B* 的平行线，这些平行线与 *AB* 直线的交点Ⅰ、Ⅱ、Ⅲ、Ⅳ即为所求的等分点。

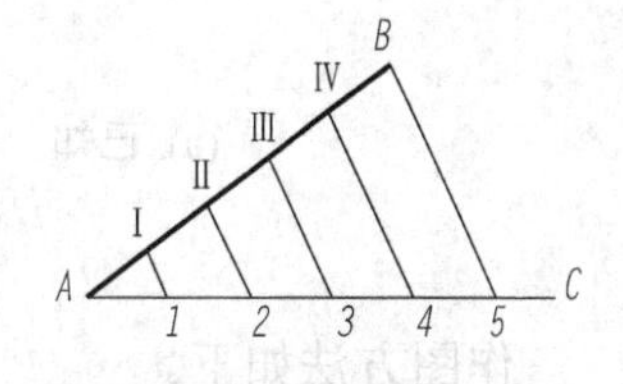

图 1-13　等分线段

1.3.2　等分两平行线间的距离

如图 1-14 所示，将两平行线 *AB* 与 *CD* 之间的距离分成四等分。

作图步骤如下。

(1) 将直尺放在直线 *AB* 与 *CD* 之间调整，使直线的刻度 1 与 5 恰好位于直线 *AB* 与 *CD* 的位置上。

(2) 过直尺的刻度点 2、3、4 分别作直线 *AB*(或 *CD*)的平行线即可完成等分。

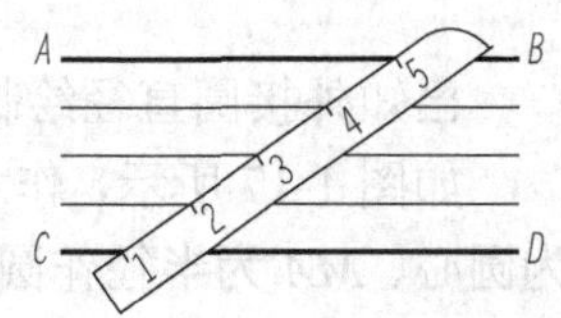

图 1-14　等分平行线间距离

1.3.3　作圆的切线

1. 自圆外一点作圆的切线

如图 1-15 所示，过圆外一点 *A*，向圆 *O* 作切线。

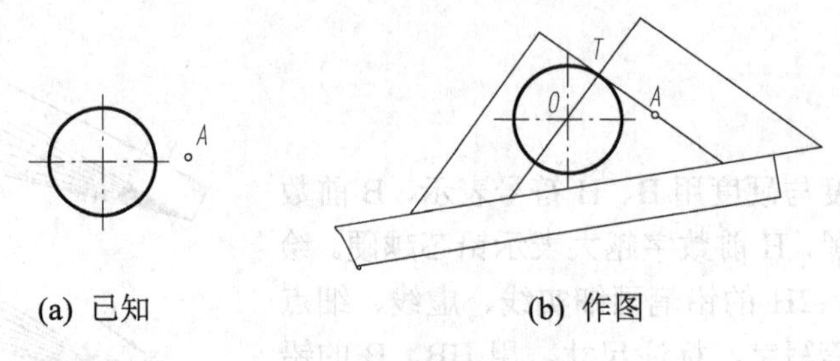

图 1-15　作圆的切线

作图方法如下。

使三角板的一个直角边过 A 点并与圆 O 相切，用丁字尺(或另一块三角板)将三角板的斜边靠紧，然后移动三角板，使其另一直角边通过圆心 O 并与圆周相交于切点 T，连接 AT 即为所求切线。

2. 作两圆的外公切线

如图 1-16 所示，作圆 O_1 和圆 O_2 的外公切线。

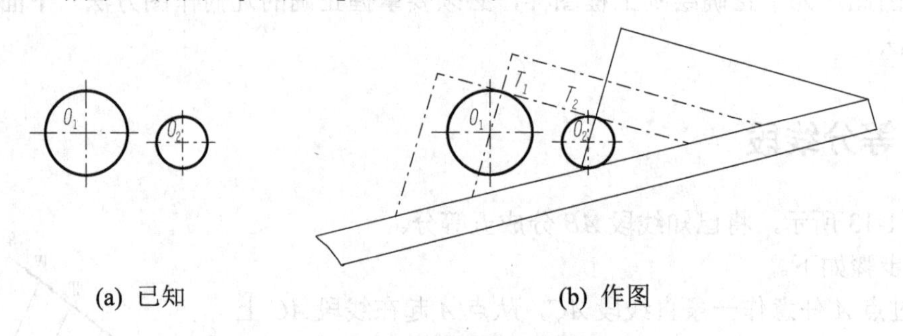

图 1-16　作两圆的外公切线

作图方法如下。

使三角板的一个直角边与两圆外切，用丁字尺(或另一块三角板)将三角板的斜边靠紧，然后移动三角板，使其另一直角边先后通过两圆心 O_1 和 O_2，并在两圆周上分别找到两切点 T_1 和 T_2，连接 T_1T_2 即为所求公切线。

1.3.4　正五边形的画法

已知外接圆直径绘制正五边形的方法。

如图 1-17 所示，作水平半径 ON 的中点 M，以 M 为圆心、MA 为半径作圆弧交 OK 于 H 点，AH 即为圆内接正五边形的边长。以 AH 长度为半径，截取点 B、C、D、E，连接各等分点即得圆内接正五边形。

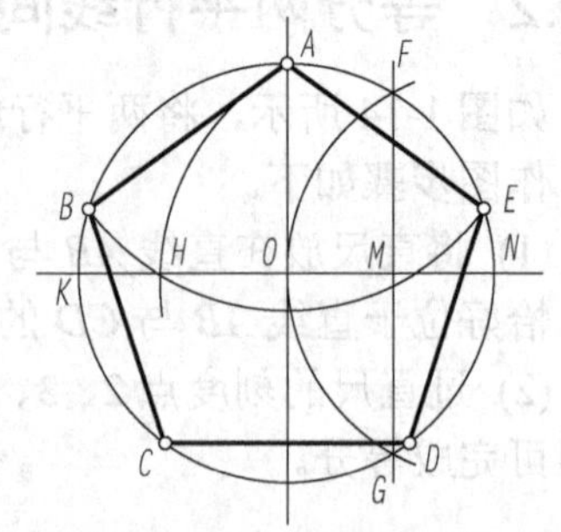

图 1-17　已知外接圆直径画正五边形

1.3.5　圆弧连接

圆弧与圆弧的光滑连接，关键在于正确找出连接圆弧的圆心以及切点的位置。由初等几何知识可知：当两圆弧以内切方式相连接时，连接弧的圆心要用 $R-R_0$ 来确定；当两圆弧以外切方式相连接时，连接弧的圆心要用 $R+R_0$ 来确定。用仪器绘图时，各种圆弧连接的画法如图 1-18 所示。

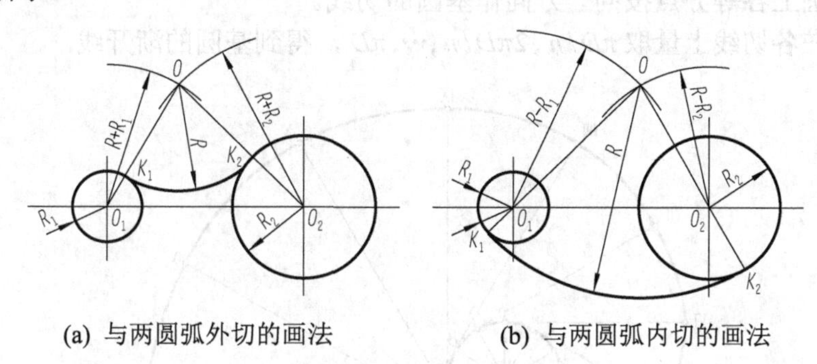

(a) 与两圆弧外切的画法　　(b) 与两圆弧内切的画法

图 1-18　圆弧连接

1.3.6　椭圆和渐开线的画法

1. 椭圆的近似画法

常用的椭圆近似画法为四圆弧法，即用四段圆弧连接起来的图形近似代替椭圆。如果已知椭圆的长、短轴 *AB*、*CD*，则其近似画法的步骤如下。

(1) 连 *AC*，以 *O* 为圆心，*OA* 为半径画弧交 *CD* 延长线于 *E* 点，再以 *C* 为圆心，*CE* 为半径画弧交 *AC* 于 *F* 点。

(2) 作 *AF* 线段的中垂线分别交长、短轴于 O_1、O_2 点，并作 O_1、O_2 的对称点 O_3、O_4，即求出四段圆弧的圆心，如图 1-19 所示。

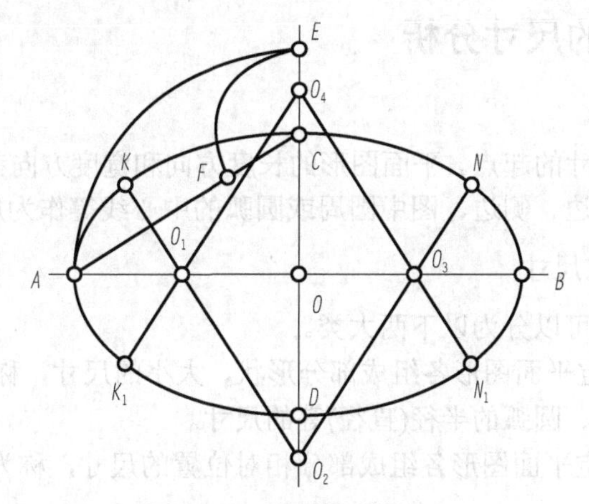

图 1-19　椭圆的近似画法

2. 渐开线的近似画法

直线在圆周上做无滑动的滚动，该直线上一点的轨迹即为此圆(称为基圆)的渐开线。齿轮的齿廓曲线大都是渐开线，如图 1-20 所示。

其作图步骤如下。

(1) 画基圆并将其圆周 n 等分(图 1-20 中，n=12)。

(2) 基圆周的展开长度 πD 也分成相同等分。

(3) 过基圆上各等分点按同一方向作基圆的切线。

(4) 依次在各切线上量取 $\pi D/n, 2\pi D/n, \cdots, \pi D$，得到基圆的渐开线。

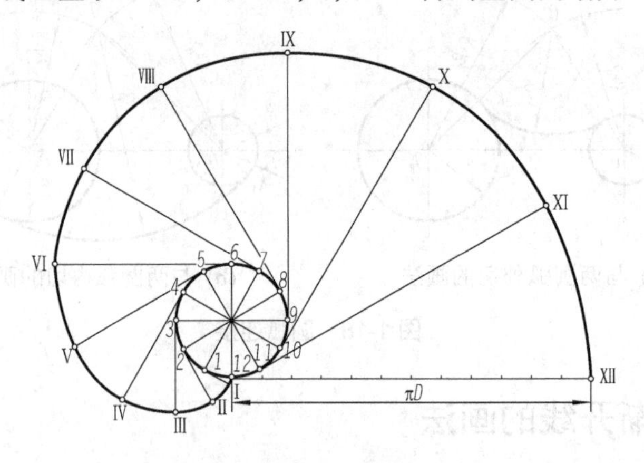

图 1-20　圆的渐开线

1.4　平面图形的分析与作图步骤

任何平面图形总是由若干线段(包括直线段、圆弧、曲线)连接而成的，每条线段又由相应的尺寸来决定其长短(或大小)和位置。一个平面图形能否正确绘制出来，要看图中所给的尺寸是否齐全和正确。因此，绘制平面图形时应先进行尺寸分析和线段分析，以明确作图步骤。

1.4.1　平面图形的尺寸分析

1. 尺寸基准

尺寸基准是标注尺寸的起点。平面图形的长度方向和宽度方向都要确定一个尺寸基准。常选图形的对称线、底边、侧边、图中圆周或圆弧的中心线等作为尺寸基准。

2. 定形尺寸和定位尺寸

平面图形中的尺寸可以分为以下两大类。

(1) 定形尺寸。确定平面图形各组成部分形状、大小的尺寸，称为定形尺寸，如确定直线的长度和角度的大小、圆弧的半径(直径)等的尺寸。

(2) 定位尺寸。确定平面图形各组成部分相对位置的尺寸，称为定位尺寸。

3. 尺寸标注的基本要求

平面图形的尺寸标注要做到正确、完整、清晰。

尺寸标注应符合国家标准的规定；标注的尺寸应完整，没有遗漏的尺寸；标注的尺寸要清晰，并标注在便于读图的地方。

1.4.2　平面图形的线段分析

根据线段在图形中的定形尺寸和定位尺寸是否齐全，通常分成三类线段，即已知线段、中间线段、连接线段。需要说明的是，这里指的线段包括直线段和弧线段。

1. 已知线段

已知线段是根据给出的尺寸可直接画出的线段。如图 1-21 中 *R*49 圆弧，作图时只要在图形对称线上定出圆心，就可以画出这个圆。又如图 1-21 中下部分的 *R*8 圆弧和长度为 24、40 的直线段也是已知线段。

2. 中间线段

中间线段是指缺少一个尺寸，需要依据相切或相接的条件才能画出的线段，如图 1-21 中的 *R*9 圆弧等。

3. 连接线段

连接线段是指缺少两个尺寸，完全依据两端相切或相接的条件才能画出的线段，如图 1-21 中上部分的 *R*8 圆弧。

在绘制平面图形时，应先画已知线段，再画中间线段，最后画连接线段。

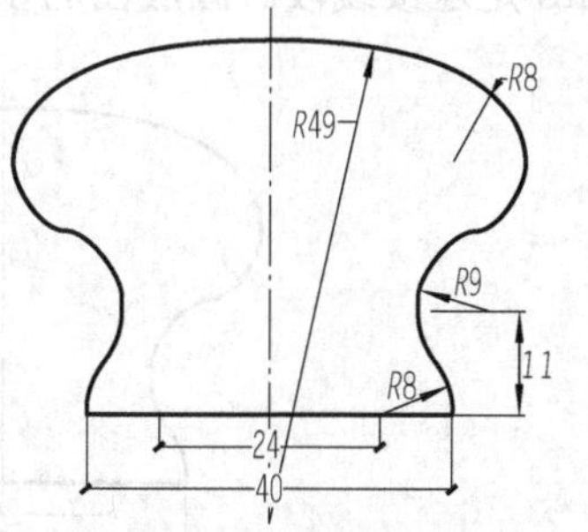

图 1-21　平面图形的线段分析

1.4.3　平面图形的画法

1. 平面图形的画图步骤

(1) 选定比例，布置图面，使图形在图纸上位置适中。

(2) 画出基准线。基准线往往是对称图形的对称中心线、图形的底边和侧边、较大圆的中心线等。

(3) 画出已知线段。

(4) 画出中间线段。

(5) 画出连接线段。

(6) 分别标注定形尺寸和定位尺寸。

2. 应用示例

现以如图 1-21 所示的平面图形(扶手)为例，介绍绘图的方法与步骤。

1) 准备工作

布置好绘图环境，准备好圆规、铅笔、橡皮等绘图工具和用品；所有的工具和用品都要擦拭干净，不要有污迹，要保持两手清洁。

2) 固定图纸

将平整的图纸放在图板的偏左下部位，用丁字尺画下一条水平线时，应使大部分尺头在图板的范围内。微调图纸使其下边缘与尺身工作边平行，用胶带纸将四角固定在图板上，如图 1-22 所示。

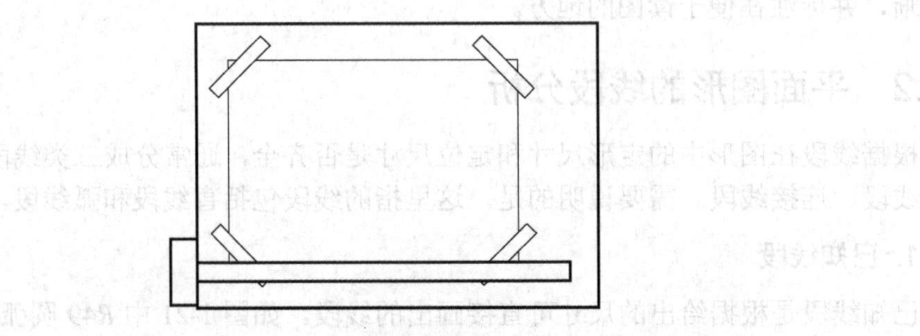

图1-22 固定图纸

3) 绘制图纸

画底稿时要用较硬的铅笔(2H 或 H)，铅芯要削得尖一些，绘图者自己能看得出便可，故要经常磨尖铅芯。

对每一图形应先画中心线、边线或底线，再画主要轮廓线及细部。有圆弧连接时，要根据尺寸分析先画已知线段，再画中间线段，找出连接圆弧的圆心和切点，再画连接线段。图 1-23 所示平面图形中长为 24、40 的直线段和圆弧 *R*8、*R*49 是已知线段；*R*9 是中间线段；*R*8 是连接线段。画底图的步骤如图 1-23(b)、(c)、(d)所示。

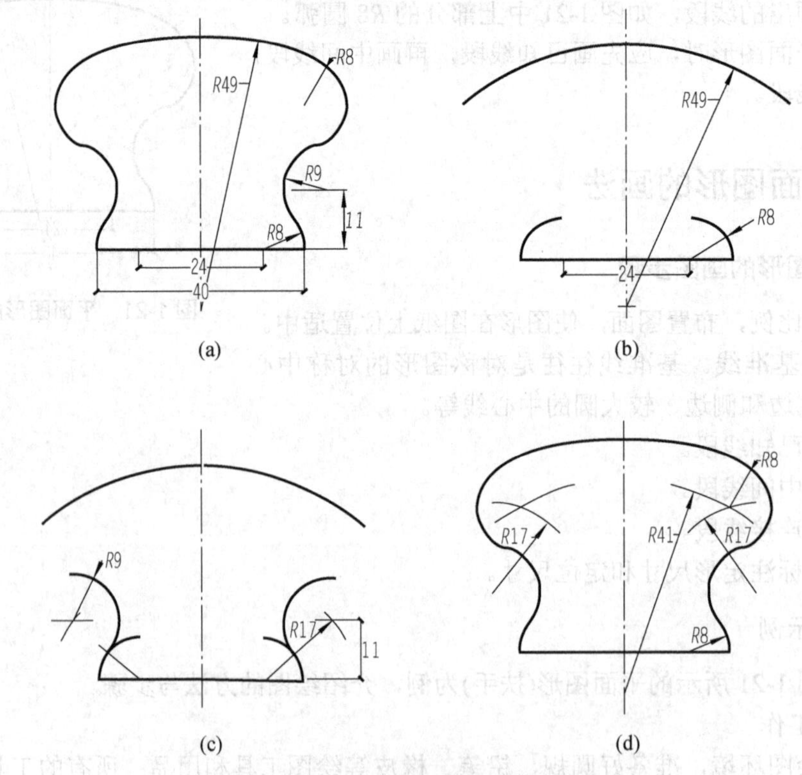

图 1-23 绘制平面图形的方法与步骤

4) 检查加深图线

在加深图线前必须对底稿做仔细检查、改正，直至确认无误。用标号为 B 或 2B 的铅笔加深图线的顺序是：自下而上、自左至右依次画出同一线宽的图线；先画曲线后画直线；对于同心圆，宜先画小圆后画大圆。

5) 标注尺寸

图形画完后，再画尺寸线、尺寸界线、箭头并注写尺寸数字，标注定形尺寸和定位尺寸。

6) 画墨线图

墨线图通常是在硫酸纸上用鸭嘴笔或针管绘图笔画成的，使用的墨水应该是专门的碳素墨水。墨线图也要求在铅笔底稿上进行，墨线的中心线要与铅笔的底稿线重合，如图 1-24 所示。墨线图的图线连接要准确、光滑，图面要整洁。画线时一般是先难后易，先主后次，先圆弧后直线。画图中如果要修改墨线，须等墨迹干后，在图纸下垫上玻璃板(或丁字尺、三角板等)用薄刀片小心地把墨迹刮掉，再用橡皮擦去污垢，干净后可再次上墨。

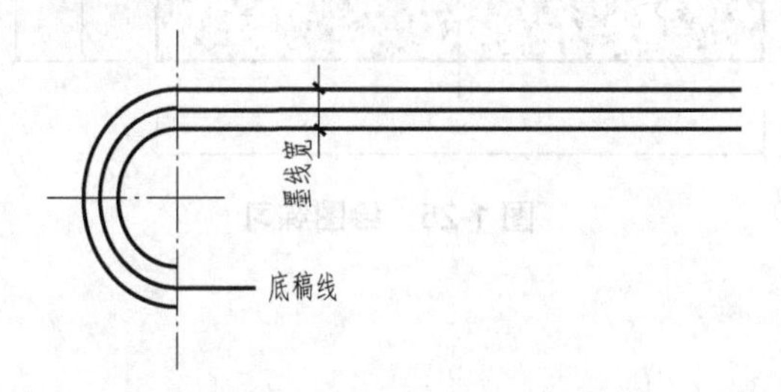

图 1-24　墨线与底稿线的位置关系

思　考　题

1-1　图纸幅面规格有哪几种？它们的边长之间有何关系？试说明 A2 幅面的大小。

1-2　图线有哪些种类？各用在什么地方？

1-3　什么是比例？常用比例和可用比例有哪些？

1-4　以 2∶1、1∶2 的比例画某一平面图形，哪一个图形大？为什么？

1-5　完整尺寸包括哪几部分？各有什么规定？

1-6　如何等分线段和圆周？

1-7　为什么要对平面图形进行线段分析？

1-8　什么是已知线段、中间线段和连接线段？画平面图形时应按什么顺序进行？

绘　图　练　习

将图 1-25 按 1∶20 的比例在图中量取标注尺寸。

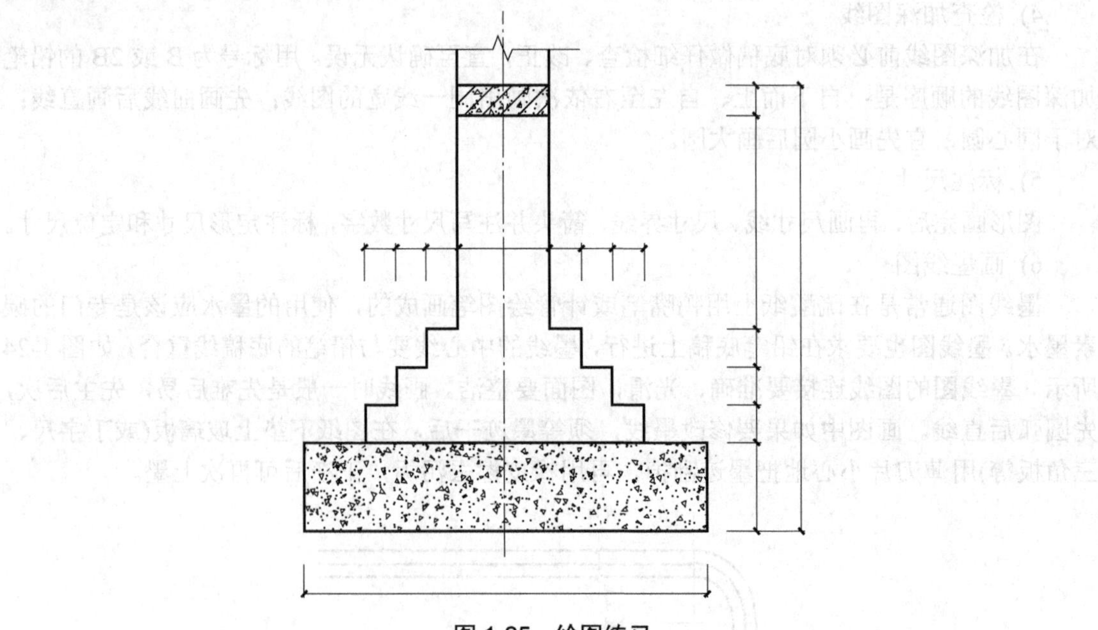

图 1-25　绘图练习

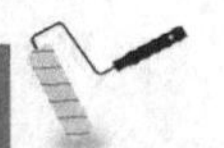

第 2 章　投影的基本知识

教学目标和要求

- 了解投影的概念和分类及工程上常用的投影图。
- 掌握平行投影的基本性质。
- 掌握三面投影的形成及投影特性。

本章重点和难点

三面投影的形成及投影特性。

2.1　投影的概念

2.1.1　投影的形成

一般来说，用光线照射物体，在某个平面(地面、墙壁等)上可以得到影子。影子可以反映出物体的外形，假设光线能够透过物体，将各个顶点和侧棱都在平面上落下影子，就能反映出形体各部分形状的图形。将物体称为形体，光源称为投射中心，通过物体顶点的光线称为投影线，投影所在的平面称为投影面。

2.1.2　投影法分类

人们把这种投影线通过物体想选定的面投射，并在该面上得到图形的方法，称为投影法。根据投影法得到的图形，称为投影。由此可见，要获得投影，必备的基本条件有投射中心、物体、投影面。

根据投影线的类型，投影法可分为中心投影法和平行投影法。

1. 中心投影

当投影中心距离形体比较接近时，可以认为投影线是由一点呈放射状发射出来的，即所有投影线均相交于一点，如灯光光线，这种投影称为中心投影，如图 2-1 所示。

2. 平行投影

当投影中心距离形体无限远时，如太阳为发光光源时，可以认为投影线呈相互平行状发射出来，这种投影称为平行投影，如图 2-2 所示。这种投影法称为平行投影法。

平行投影按其投影线与投影面的位置关系，又可分为正投影和斜投影两种。

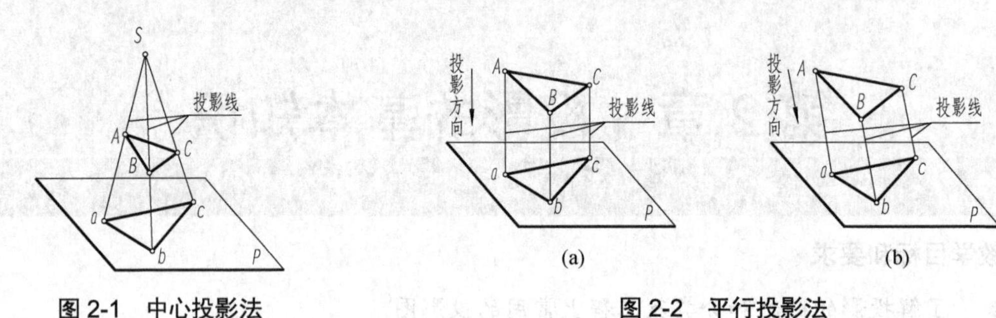

图 2-1 中心投影法 **图 2-2 平行投影法**

1) 正投影

当投影线垂直于投影面时所得到的投影，称为正投影，如图 2-2(a)所示。

2) 斜投影

当投影线倾斜于投影面时所得到的投影，称为斜投影，如图 2-2(b)所示。

2.1.3 工程上常用的投影图

工程上常用的投影图有正投影图、轴测投影图、透视投影图、标高投影图。

1. 正投影图

用正投影法把形体向两个或两个以上互相垂直的投影面进行投影，再按一定的规律将其展开到一个平面上，所得到的投影图称为正投影图。它是工程上最主要的图样。

这种图的优点是能准确地反映物体的形状和大小，作图方便，度量性好；缺点是立体感差。图 2-3(a)所示为三面正投影图。

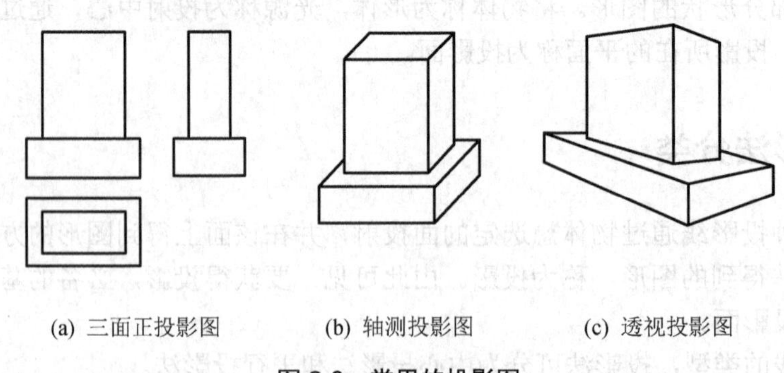

(a) 三面正投影图 (b) 轴测投影图 (c) 透视投影图

图 2-3 常用的投影图

2. 轴测投影图

轴测投影图是物体在一个投影面上的平行投影，简称轴测图。将物体安置于投影面体系中合适的位置，选择适当的投射方向，即可得到这种富有立体感的轴测投影图，这种图

立体感强，容易看懂，但度量性差，作图较麻烦，并且对复杂形体也难以表达清楚，因而工程中常用作辅助图样。图 2-3(b)所示为轴测投影图。

3. 透视投影图

透视投影图是物体在一个投影面上的中心投影，简称透视图。这种图形象逼真，如照片一样，但它度量性差，作图繁杂。在建筑设计中常用透视投影来表现建筑物建成后的外貌。图 2-3(c)所示为透视投影图。

4. 标高投影图

标高投影图是一种带有数字标记的单面正投影图。它用正投影反映物体的长度和宽度，其高度用数字标注。这种图常用来表达地面的形状。作图时将间隔相等而高程不同的等高线(地形表面与水平面的交线)投影到水平的投影面上，并标注出各等高线的高程，即为标高投影面。这种图在土木工程中被广泛应用。图 2-4 所示为标高投影图。

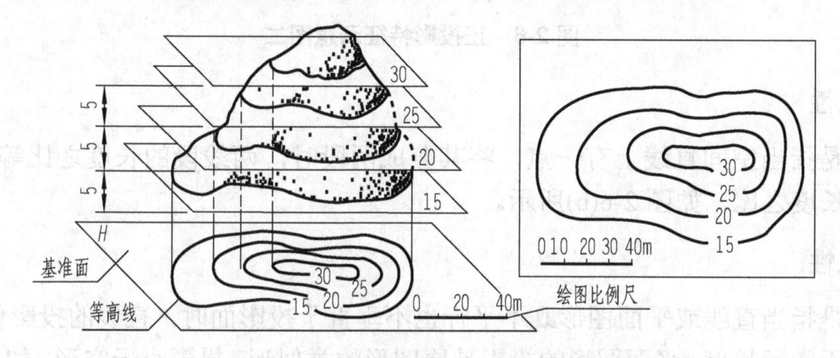

图 2-4　常用的投影图——标高投影图

2.2　正投影的特性

工程中常用的方法是正投影法。正投影法有以下特性。

1. 显实性

正投影的显实性是指当线段或平面图形平行于投影面时，反映实长或实形。如图 2-5(a)所示，具有显实性的投影能真实地反映出形体上线与面的形状和大小，由此可以直接从图上获得其大小。

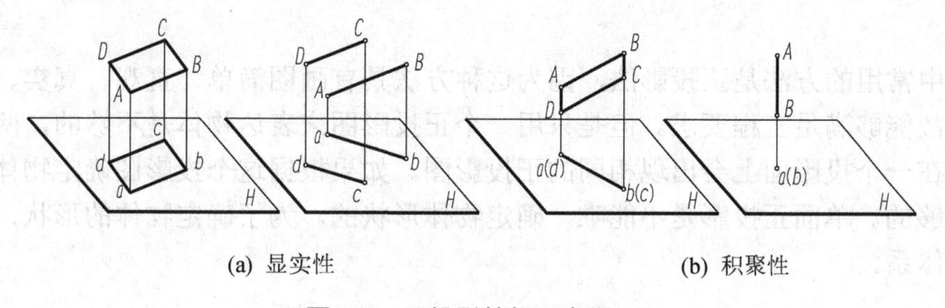

图 2-5　正投影特征示意图一

2. 积聚性

积聚性是指当空间直线或平面垂直于投影面时，其投影积聚成一点或一条直线。具有积聚性的投影能清楚地反映出形体上线与面的位置，如图 2-5(b)所示。

3. 平行性

平行性是指空间中相互平行的两条直线，其投影仍保持平行，如图 2-6(a)所示。

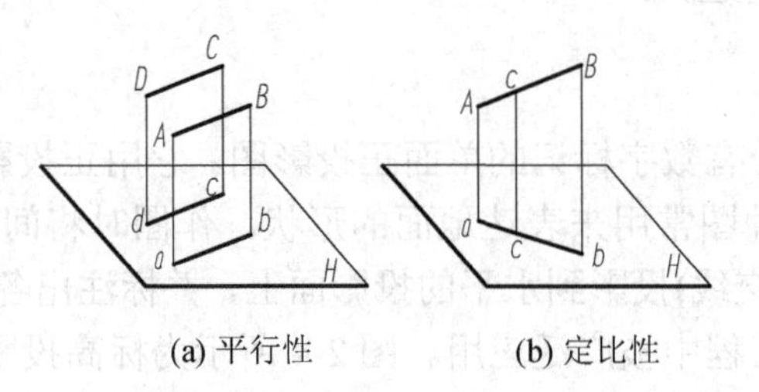

图 2-6　正投影特征示意图二

4. 定比性

定比性是指当空间直线上有一点，将其分成两段时，两线段的长度之比等于其投影上该两线段的长度之比，如图 2-6(b)所示。

5. 类似性

类似性是指当直线或平面图形既不平行也不垂直于投影面时，直线的投影仍然是直线，投影长度小于实际长度；平面图形的投影是原图形的类似形，投影小于实形，如图 2-7 所示。

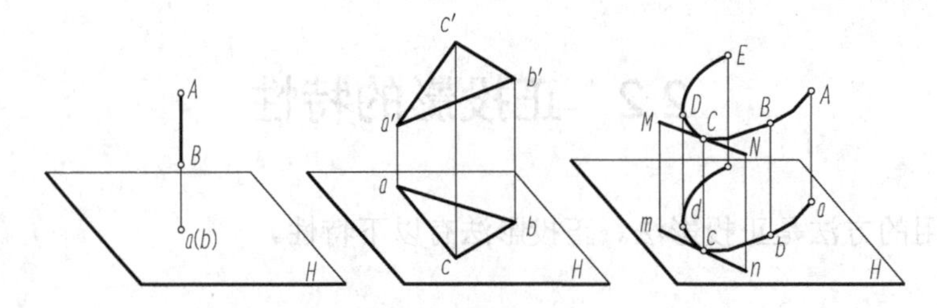

图 2-7　正投影特征示意图——类似性

2.3　三面正投影

工程中常用的方法是正投影法，因为这种方法具有画图简单、直观、真实、度量方便等优点，故能够满足工程要求。但是只用一个正投影图来表达物体是不够的，两个外形不同的物体在一个投影面上会出现相同的正投影图。如果根据这个投影图确定物体的形状，显然是不够的。单面正投影是不能唯一确定物体形状的。为了确定物体的形状，建立了三面正投影体系。

2.3.1　三面正投影图的形成

在建筑制图中，将物体按正投影法向投影面投射时所得到的投影图形，称为视图。将物体放置于三面投影体系中，用正投影法进行投影，即可得到 3 个投影图。从前向后投射，在 *V* 面得到的正面投影，叫主视图；从上向下投射，在 *H* 面上得到水平投影，叫俯视图；从左向右投射，在 *W* 面上得到侧面投影，叫左视图，如图 2-8 所示。

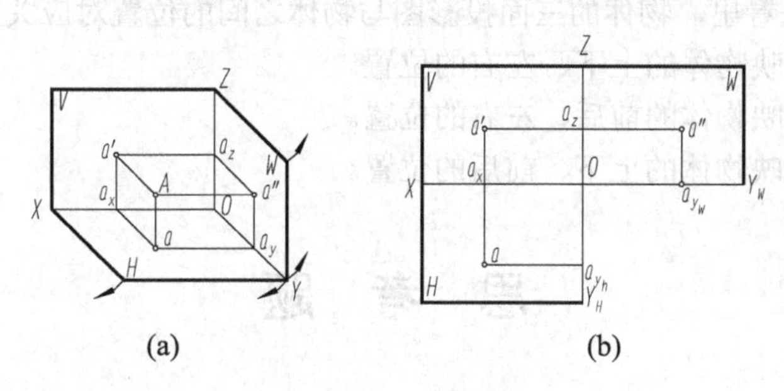

图 2-8　三面正投影图

2.3.2　三面投影图的展开

为了使 3 个投影画在一张二维的图纸上，需将 3 个投影面上的投影展开在同一个平面上。为此规定：*V* 面不动，*H* 面绕 *OX* 轴向下旋转 90°，*W* 面围绕 *OZ* 轴向右旋转 90°，这样使 3 个投影面处于同一个平面内，*Y* 轴一分为二，一面随 *H* 面旋转到 *OZ* 轴的正下方，用 Y_H 表示；另一面随 *W* 面旋转到 *OX* 轴的正右方，用 Y_W 表示，如图 2-8(b)所示。

三视图的表达重点是物体的投影，而不是物体与投影面的相对位置关系，所以，在实际绘图中，在投影图外不必画出投影面的边框，不必标注 *H*、*V*、*W* 字样及视图的名称，也不必画出投影轴，只要按方位关系和投影关系，画出主视图、俯视图和左视图即可，如图 2-9 所示。

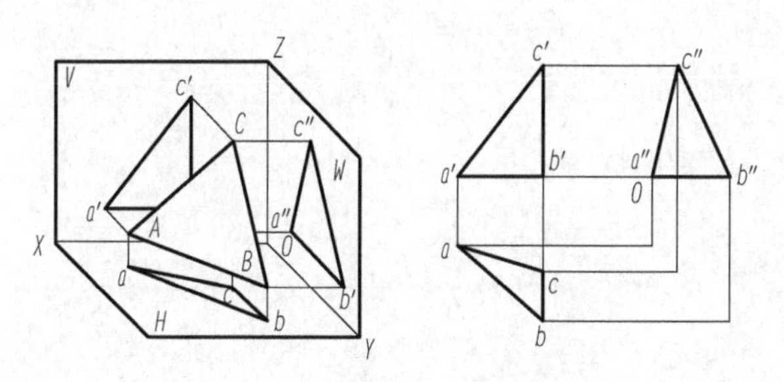

图 2-9　三面正投影展开图

2.3.3　三面正投影图的特性

可以根据立体的三面投影图以下特性来绘制立体的投影图。

1. 度量相等

三面投影图共同表达同一物体，它们的度量关系如下。

(1) 正面投影与水平投影长对正。

(2) 正面投影与侧面投影高平齐。

(3) 水平投影与侧面投影宽相等。

这种关系称为三面投影图的投影规律，简称三等规律。应该注意，三等规律不仅适用于物体总的轮廓，也适用于物体的局部。

2. 位置对应

从图 2-9 中可以看出，物体的三面投影图与物体之间的位置对应关系如下。

(1) 正面投影反映物体的上下、左右的位置。

(2) 水平投影反映物体的前后、左右的位置。

(3) 侧面投影反映物体的上下、前后的位置。

思 考 题

2-1 投影法有几类？平行投影有哪些特性？

2-2 正投影法有哪些投影特性？

2-3 3 个投影图之间有怎样的投影关系？

2-4 三投影面体系中投影面、轴、投影图的名称各是什么？

第 3 章　点、直线和平面的投影

教学目标和要求

- 点的投影及作图。
- 各种位置直线的投影及两直线的相对位置。
- 各种位置平面的投影、平面上取点、画线的作图。

本章重点和难点

- 各种位置直线的投影。
- 各种位置平面的投影。
- 平面上取点、画线的作图。

3.1　点的投影

3.1.1　点的投影规律

点是组成形体的最基本元素，是直线、平面投影的基础。点在某一投影面上的投影实质上是过该点向投影面所作垂线的垂足，因此正投影仍然是点，如图 3-1 所示。

由图 3-1 可以看出，投影线上的任何一点(如 *B* 点)，其投影都在 *a* 处，也就是说，点的一个投影不能确定它在空间的位置。确定点的空间位置至少需要两面投影，点作为形体的基本元素，为了表达物体的形状，通常也要画出三面投影。

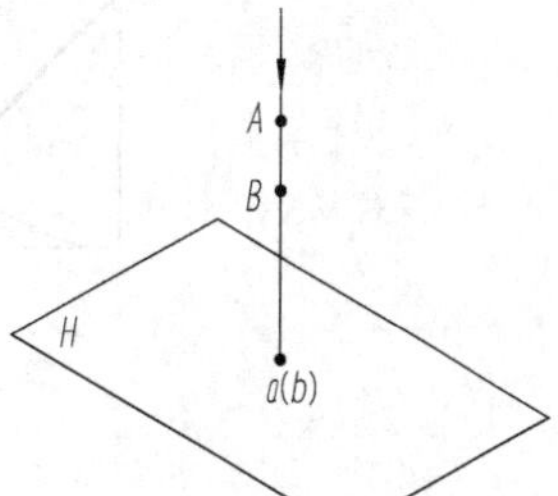

图 3-1　点的投影

1. 点在两投影图体系中的投影

一般情况下，空间点的标识使用大写字母表示，如 *A*，*B*，*C*，…；点的水平投影用相应的小写字母表示，如 *a*，*b*，*c*，…；点的正面投影用相应的小写字母及其右上角加注一撇表示，如 *a*′，*b*′，*c*′，…；点的侧面投影用相应的小写字母及其右上角加注两撇表示，如 *a*″，*b*″，*c*″，… 。

图 3-2(a)是将点 *A* 放在两投影面体系中的情形。将点 *A* 向 *H* 面投射得水平投影 *a*，它反

映了空间点 A 在左右和前后方向的坐标，即 $a(X_A,Y_A)$；将点 A 向 V 面投射得正面投影 a'，它反映了空间点 A 在左右和上下方向的坐标，即 $a'(X_A,Z_A)$。由点的两个投影可以看出，点 A 在空间的位置可被其两个投影 a 和 a' 唯一确定，因为两个投影反映了点的 3 个方向的坐标(X_A,Y_A,Z_A)。点 A 可用投影表示为 $A(a,a')$。

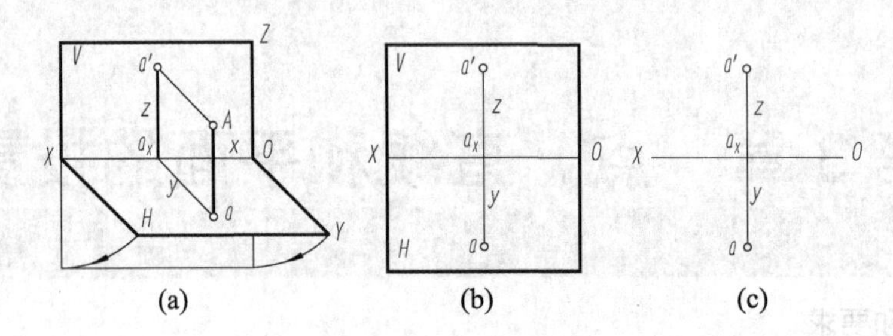

图 3-2　点的两面投影

将 H 面绕 OX 轴向下旋转 90° 与 V 面重合，得如图 3-2(b)所示的投影图，去掉投影面的边界线，如图 3-2 (c)所示。图中 a 和 a' 的连线垂直于 OX 轴，此线称为投影连线，即 $aa'\perp OX$。

综上所述，得点的两面投影规律如下。

(1) 点的水平投影 a 和正面投影 a' 的连线垂直于投影轴 OX，即 $aa'\perp OX$。

(2) 点的水平投影到 OX 轴的距离等于空间点到 V 面的距离，点的正面投影到 OX 轴的距离等于空间点到 H 面的距离，即 $aa_X = Aa'$，$a'a_X = Aa$。

2. 点在三投影图体系中的投影

把点 A 放入三投影面体系中进行投射的直观图。由于 H 面与 W 面向下向右展开后，Y 轴分成了 Y_H 与 Y_W，相应地，a_Y 也分为了 a_{Y_H} 与 a_{Y_W} 两个点。图 3-3(b)所示为点 A 的三面投影图。

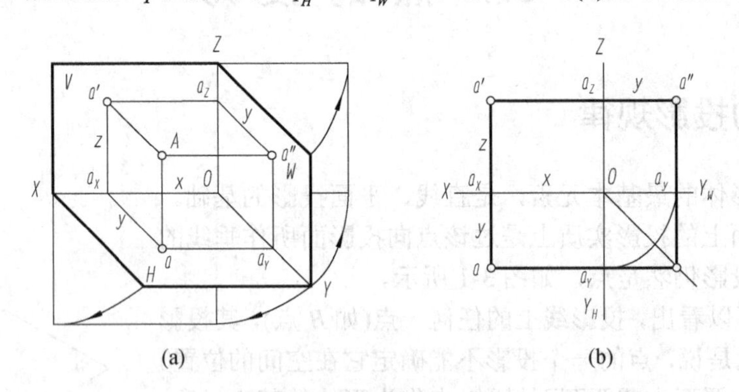

图 3-3　点的三面投影

用 3 个投影表达点 A 时，可写成 $A(a,a',a'')$。

根据点的两面投影规律，可以进一步得出点的三面投影规律。

(1) 点的水平投影 a 和正面投影 a' 的连线垂直于投影轴 OX，即 $a'a\perp OX$。

(2) 点的正面投影 a' 和侧面投影 a'' 的连线垂直于投影轴 OZ，即 $a'a''\perp OZ$。

(3) 点的侧面投影 a'' 到 OZ 轴的距离等于点的水平投影 a 到 OX 轴的距离(都等于空间到 V 面的距离)，即 $a''a_Z = aa_X = Aa'$。

由于 3 个投影表达的是同一个形体，而且进行投射时，形体与各投影面的相对位置保持不变，所以无论是整个形体还是形体的各个部分，它们的投影必然保持下列关系。

(1) 正面投影与水平投影左右是对正的。

(2) 正面投影与侧面投影上下是平齐的。

(3) 水平投影与侧面投影分离在两处，但保持着宽度相等的关系。

这些关系可简化成口诀“长对正、高平齐、宽相等”。作图时必须遵守这些关系。运用点的投影特性，在投影中若已知某一点的两个投影，可以很方便地找到该点的第三个相应的投影。

水平投影与侧面投影之间宽度相等的关系，在作图时可用分规截取，但初学时可借助从 O 点引出的 45° 辅助线作出。45° 辅助线必须画准确，以确保水平投影与侧面投影之间的宽度相等。

【例 3-1】已知点的两个投影，如图 3-4(a)所示，求其第三个投影。

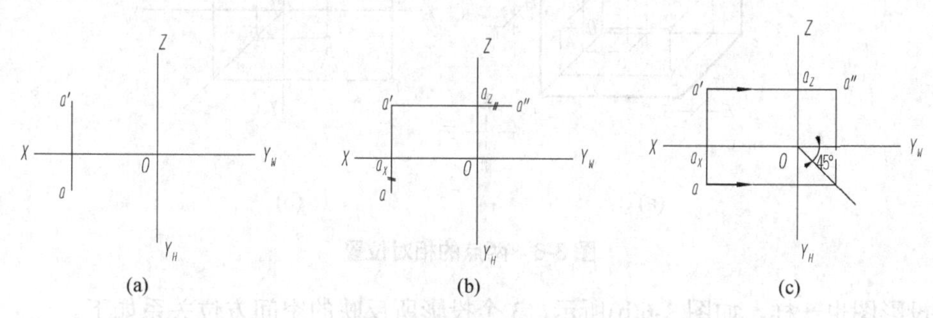

图 3-4　求点的第三投影

解　作图步骤如下。

① 过 a' 点作 OZ 轴的垂线。

② 在所作的垂线上截取 $a''a_Z = aa_X$，即得所求 a''，如图 3-4(b)所示。

第②步也可按图 3-4(c)所示，过 a 作水平线与 O 点的 45° 斜线相交，从交点引铅直线与过 a' 点所作 OZ 轴的垂线相交，即为所求。

【例 3-2】已知点的两个投影，如图 3-5(a)所示，求其第三个投影。

解　作图步骤如下。

① 过 a' 点作 OX 轴的垂线。

② 在所作的垂线上截取 $a'a_Z = aa_X$，即得所求 a，如图 3-5(b)所示。

第②步也可按图 3-5(c)所示，过 a'' 作铅直线，与过 O 点的 45° 斜线相交，从交点引水平线，与过 a' 所作 OX 轴的垂线相交，即为所求。

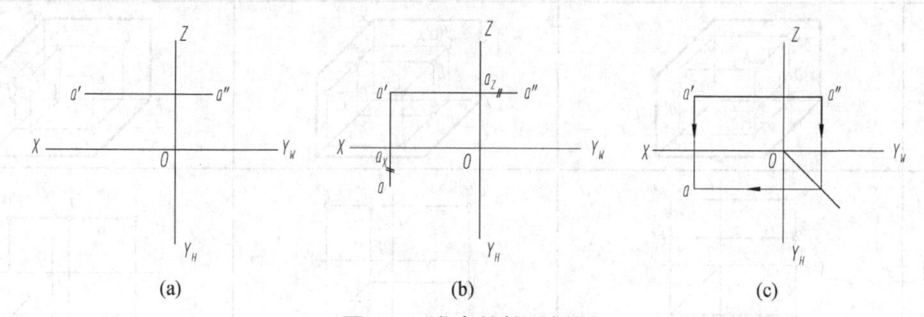

图 3-5　求点的第三投影

3.1.2 两点的相对位置、重影点

点的坐标值反映了空间点的左右、前后、上下位置。比较两点的坐标，就可以判别两点在空间的相对位置，*x* 大者在左、*y* 大者在前、*z* 大者在上，如图 3-6 所示。假定观察者面对 *V* 面，则 *OX* 轴的指向是左方(左手方向)，*OY* 轴的指向是前方(近处方向)，而 *OZ* 轴的指向是上方(高处方向)。

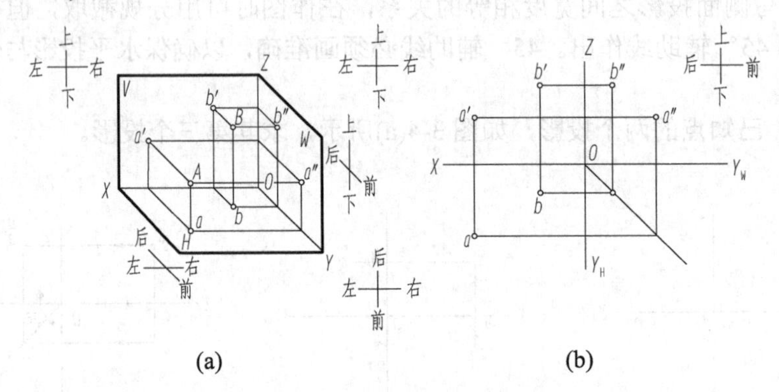

图 3-6 两点的相对位置

看投影图也一样，如图 3-6(b)所示，3 个投影所反映的空间方位关系如下。

(1) 看水平投影，*OX* 轴指向是左方，OY_H 轴指向是前方。

(2) 看正面投影，*OX* 轴指向是左方，*OZ* 轴指向是上方。

(3) 看侧面投影，OY_W 轴指向是前方，*OZ* 轴指向是上方。

在图 3-6(b)中，根据 *A*、*B* 两点的三面投影，可以判断它们之间的位置是：*A* 点在左，*B* 点在右；*A* 点在前，*B* 点在后；*A* 点在下，*B* 点在上。如果空间两个点在某一投影面上的投影重合，那么这两个点就叫作对于该投影面的重影点，如表 3-1 所示。

(1) 水平投影重合的两个点叫水平重影点。

(2) 正面投影重合的两个点叫正面重影点。

(3) 侧面投影重合的两个点叫侧面重影点。

表 3-1 重影点

名 称	水平重影点	正面重影点	侧面重影点
直观图			
投影图			

续表

投影特性	(1) 正面投影和侧面投影反映两点的上下位置 (2) 水平投影重合为一点，上面一点可见，下面一点不可见	(1) 水平投影和侧面投影反映两点的前后位置 (2) 正面投影重合为一点，前面一点可见，后面一点不可见	(1) 水平投影和正面投影反映两点的左右位置 (2) 侧面投影重合为一点，左面一点可见，右面一点不可见

在图 3-7(a)中，点 *A*、*B* 是对 *H* 面的重影点，*a*、*b* 则是它们的重影点。

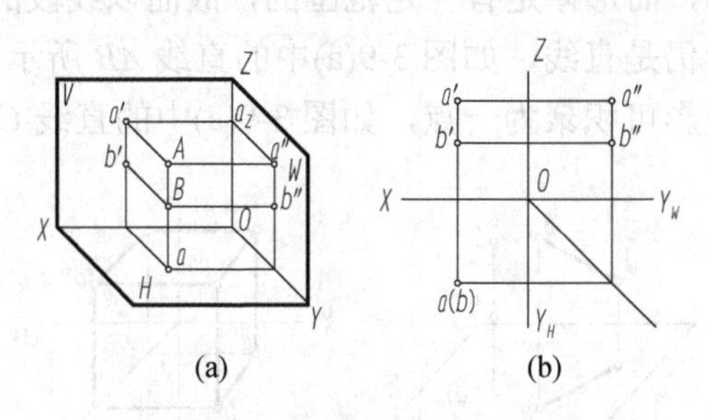

图 3-7　点的重影及其可见性判断

重影点的重合投影有左遮右、前遮后、上遮下的现象，在左、前、上的点，其相应的投影为可见；在右、后、下的点，其相应的投影为不可见；不可见的投影，其标记要加注圆括号。例如，图 3-7(b)中水平投影 *a*、*b* 重合，由正面投影或侧面投影可以看出 *A* 点在 *B* 点之上，所以从上面向下观看时，*A* 点可见，*B* 点不可见，则 *b* 用(*b*)表示。

【例 3-3】已知点 *C* 的三面投影如图 3-8(a)所示，且点 *D* 在点 *C* 的正右方 5mm，点 *B* 在点 *C* 的正下方 10mm，求作 *D*、*B* 两点的投影，并判别重影点的可见性。

解　作图步骤如下。

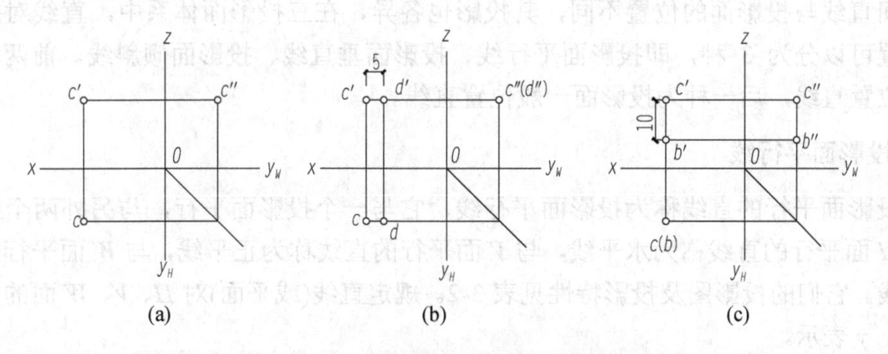

图 3-8　求点的投影及其可见性判断

① 已知条件。
② d'' 与 c'' 重合，且 c'' 可见，d'' 不可见，在 c' 之右 5mm 处确定 d'，同时求出 *d*。
③ *b* 与 *c* 重合，且 c'' 可见，d'' 不可见，在 c' 之下 10mm 处确定 b' 并求出 b''。

3.2 直线的投影

3.2.1 直线投影的形成

直线是由无数个点组成的，所以直线的投影即为直线上各个点的投影。由直线的概念可知其两端是无限延伸的，而形体是有一定范围的，故而以线段的投影来说明直线的投影。一般情况下，直线的投影仍是直线，如图 3-9(a)中的直线 *AB* 所示。在特殊情况下，若直线垂直于投影面，直线的投影可积聚为一点，如图 3-9(a)中的直线 *CD* 所示。

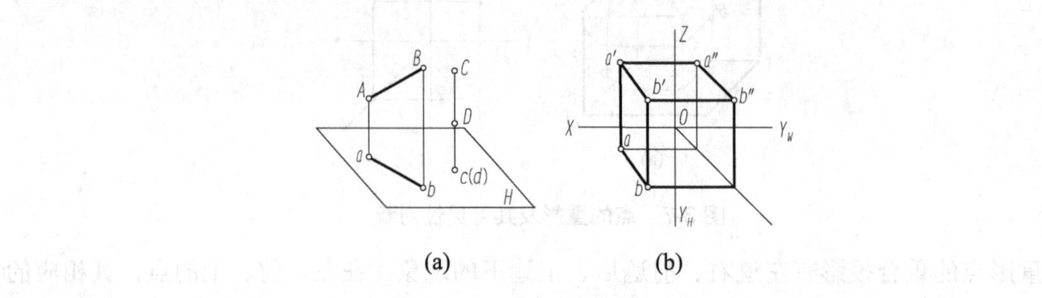

图 3-9　直线的投影

如图 3-9(b)所示，分别作出直线上两点 *A*、*B* 的三面投影，将其同面投影相连，即得到直线 *AB* 的三面投影图。

3.2.2 各种位置直线的投影特性

空间直线与投影面的位置不同，其投影也各异，在三投影面体系中，直线对投影面的相对位置可以分为 3 种，即投影面平行线、投影面垂直线、投影面倾斜线。前两种为投影面特殊位置直线，后一种为投影面一般位置直线。

1. 投影面平行线

与投影面平行的直线称为投影面平行线，它与一个投影面平行，与另外两个投影面倾斜。与 *H* 面平行的直线称为水平线，与 *V* 面平行的直线称为正平线，与 *W* 面平行的直线称为侧平线。它们的投影图及投影特性见表 3-2。规定直线(或平面)对 *H*、*V*、*W* 面的倾角分别用 α、β、γ 表示。

表 3-2　投影面平行线的投影特性

名称	水平线	正平线	侧平线
立体图			

续表

投影图			
投影特性	(1) 水平投影反映实长，与 X 轴夹角为 β，与 Y 轴夹角为 α (2) 正面投影平行于 X 轴 (3) 侧面投影平行于 Y 轴	(1) 正面投影反映实长，与 X 轴夹角为 α，与 Z 轴夹角为 γ (2) 水平投影平行于 X 轴 (3) 侧面投影平行于 Z 轴	(1) 侧面投影反映实长，与 Y 轴夹角为 α，与 Z 轴夹角为 β (2) 正面投影平行于 Z 轴 (3) 水平投影平行于 Y 轴

2. 投影面垂直线

与投影面垂直的直线称为投影面垂直线，它与一个投影面垂直，必与另外两个投影面平行。与 H 面垂直的直线称为铅垂线，与 V 面垂直的直线称为正垂线，与 W 面垂直的直线称为侧垂线。它们的投影图及投影特性见表 3-3。

表 3-3　投影面垂直线的投影特性

名　称	铅垂线	正垂线	侧垂线
立体图			
投影图			
投影特性	(1) 水平投影积聚为一点 (2) 正面投影和侧面投影都平行于 Z 轴，并反映实长	(1) 正面投影积聚为一点 (2) 水平投影和侧面投影都平行于 Y 轴，并反映实长	(1) 侧面投影积聚为一点 (2) 正面投影和水平投影都平行于 X 轴，并反映实长

3. 一般位置直线

一般位置直线与 3 个投影面都倾斜，因此在 3 个投影面上的投影都不反映实长，投影与投影轴之间的夹角也不反映直线与投影面之间的倾角。一般位置直线的投影特性如表 3-4 所列。

表 3-4　一般位置直线的投影特性

种类	立体图	投影图	投影特性
一般位置直线			(1) 其 3 个投影都是倾斜线段，且都小于该直线段的实长 (2) 3 个投影与相应投影轴的夹角不反映直线与投影面的真实倾角

一般位置线段的投影虽然既不反映该线段的实长，也不反映该线段对投影面的倾角，但是，一般位置线两个投影完全确定了它在空间的位置以及线段上各点的相对位置，因此，可以在投影图上用图解的方法求出该线段的实长及其对投影面的倾角，即用直角三角形法来求一般位置直线的实长及对投影面的倾角。

1) 求一般位置线段实长及其对 H 面的倾角

以 AB 的水平投影 ab 为一直角边，另一直角边 $ZB-ZA$ 可在正面投影中找出，即 $b'b_1'$；过点 b 作 $bB_1\perp ab$，使 $bB_1=ZB-ZA=b'b_1'$，连接点 a 和 B_1，得直角三角形 abB_1，斜边 aB_1 长度即为线段 AB 的实长，$\angle baB_1$ 即为线段 AB 对 H 面的倾角 α。

图 3-10(c)示出另一种作图方法：在正面投影中以 $b'b_1'$为一直角边，在 $a'b_1'$的延长线上截取水平投影 ab 的长度，即 $b_1'A$，得直角三角形 $b'b_1'A$。斜边 $b'A$ 的长度即为线段 AB 的实长，$\angle b'Ab_1'$即为线段 AB 对 H 面的倾角 α。

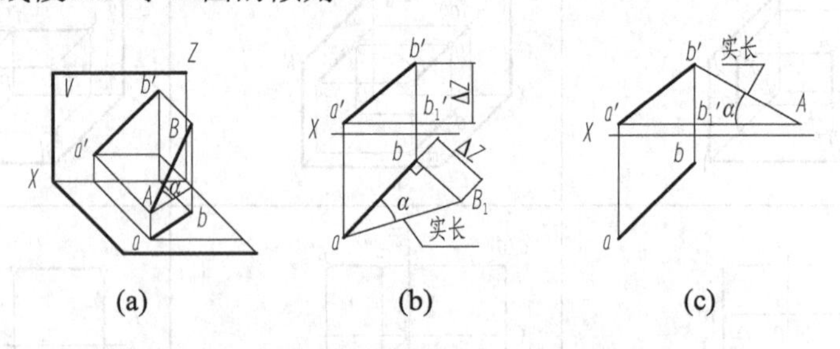

图 3-10　求一般位置线段实长及其对 H 面的倾角

2) 求一般位置线段实长及其对 V 面的倾角

在图 3-11(a)中，CD 为一般位置线段，过点 D 作 $DC_1 /\!/ d'c'$，得直角三角形 DCC_1，一直角边 $C_1D= d'c'$，另一直角边 $CC_1=YC-YD$。在投影图上的作图方法如图 3-11(b)所示：以正面投影 $c'd'$为一直角边，另一直角边 $YC-YD$ 应在水平投影中找出，即 cc_1；过点 c'作 $c'C_1\perp c'd'$，并使 $c'C_1=YC-YD= cc_1$，连点 d' C_1，得直角三角形 $d'c'$ C_1。其中斜边 $d'C_1$ 即为线段 CD 的实长，$\angle C_1d'c'$即为线段 CD 对 V 面的倾角 β。

图 3-11(c)示出另一种作图方法：在水平投影中以 cc_1 为一直角边，在 dc_1 延长线上截取正面投影 $c'd'$的长度，即 $c_1D_1 =c'd'$，连线 cD_1，得直角三角形 cc_1D_1。斜边 cD_1 即为线段 CD 的实长，$\angle cD_1c_1$ 即为 β。

以上利用直角三角形求作线段实长和倾角的方法，称为直角三角形法。其作法的要点是：以该线段在某投影面上的投影为一直角边，以该线段两端点对该投影面的坐标差为另一直角边，作一直角三角形，其斜边即为空间线段的实长，距离差所对锐角即为空间线段对该投影面的倾角。

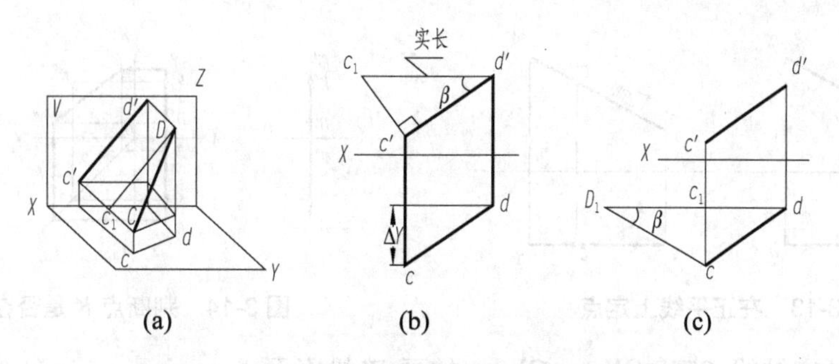

图 3-11　求一般位置线段实长及其对 V 面的倾角

【例 3-4】已知线段 AB 的水平投影 ab 和点 B 的正面投影 b'，线段 AB 与 H 面夹角 α=30°，作出 AB 的正面投影(见图 3-12(a))。

分析：利用直角三角形法和对投影面的倾角来求一般位置直线的两端点的高度差，继而求出 a'。

解　作图过程如下。

① 见图 3-12(b)，在水平投影中过点 b 作直线垂直于 ab。

② 作∠baB=30°，得直角三角形 abB。

③ Bb 是 AB 两端点的 Z 坐标差，据此即可在正面投影中作出点 a'，进而求得 AB 的正面投影 $a'b'$。

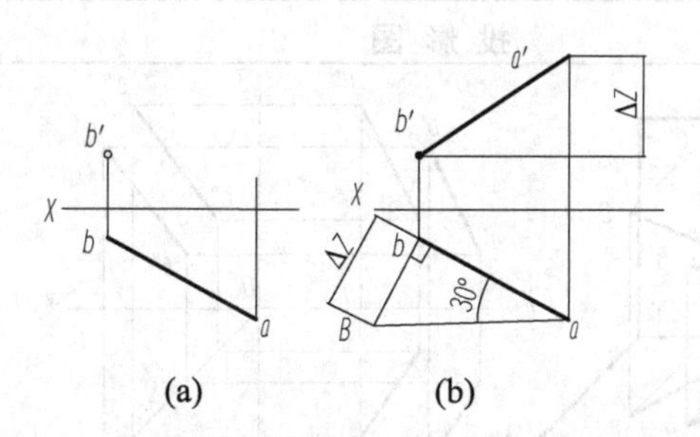

图 3-12　用直角三角形法作出 AB 的正面投影 $a'b'$

3.2.3　点与直线的相对位置

点与直线的相对位置有两种情况，即点在直线上和点在直线外。直线上的点具有从属性和定比性，其几何特性可表述如下。

(1) 直线上点的投影，必在直线的同面投影上。

(2) 点的投影分割直线段投影的长度比，等于点分割直线段的长度比。

根据此特性可以求作直线上点的投影或判断空间点是否在直线上。

【例 3-5】已知 C 点在正平线 AB 上，且 AC=15mm，求 C 点的两面投影(见图 3-13)。

解　作图步骤如下。

① 在直线的正面投影 $a'b'$ 上截取 $a'c'=15\text{mm}$，得 c' 点。

② 自 c' 向下引联系线，在直线的水平投影 ab 上找到 c 点。

【例 3-6】如图 3-14 所示，判断 K 点是否在直线 MN 上？

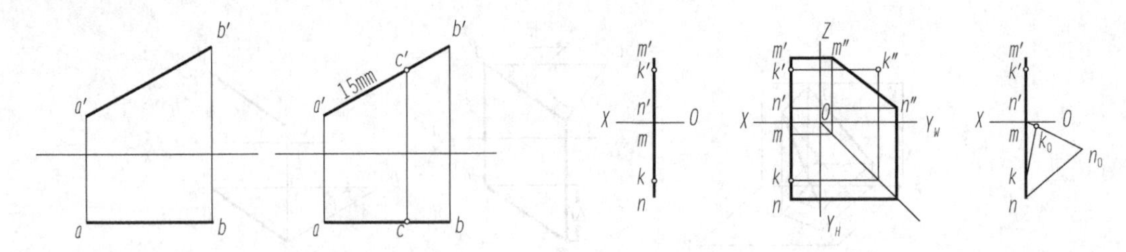

图 3-13　在正平线上定点　　　　图 3-14　判断点 K 是否在直线上

解　① 补充轴线 OZ、OY_H、OY_W，加画 W 投影面。

② 分别作出直线 MN 的 W 面投影和点 K 的 W 面投影。

③ 由于 k'' 不在 $m''n''$ 上，所以可判断点 K 不在 MN 上。

3.2.4　两直线的相对位置

两直线的相对位置有 3 种，即平行、相交、交叉(见表 3-5)。平行和相交属于共面直线，即位于同一平面上；交叉属于异面直线，即两直线不在同一平面上。

表 3-5　两直线的相对位置

相对位置	投 影 图	投影关系
平行	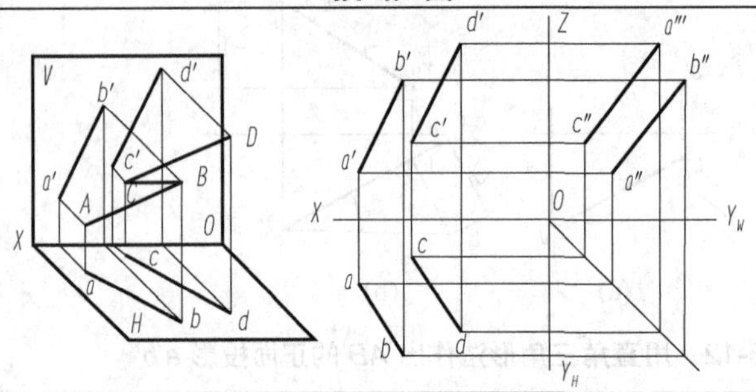	两直线平行，其各同面投影均互相平行；反之，如果两直线的各个同面投影相互平行，则两直线在空间也一定相互平行
相交	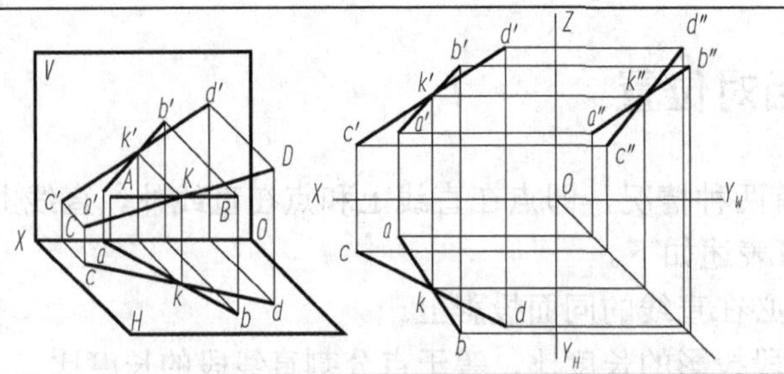	两直线相交，其各同面投影必相交，且各投影的交点符合投影规律
交叉	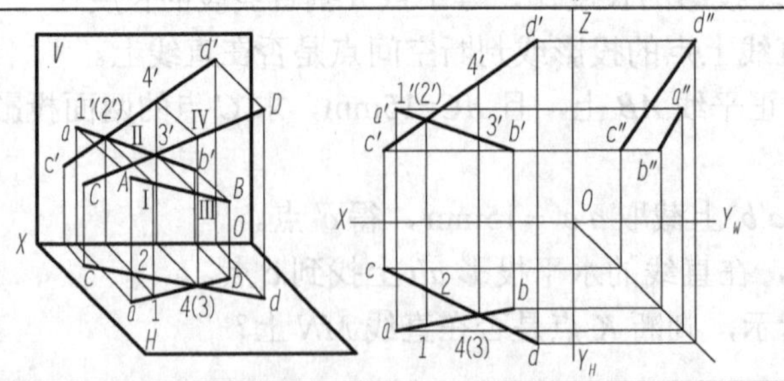	两直线交叉，其投影不具有两直线平行或相交的投影特性。 重影点的可见性要根据它们另外的两投影来判别

在 V、H 两投影面体系中判断两直线的相对位置时，如有侧平线，则还需加画 W 面投影或用其他投影特性协助判断。

【例 3-7】如图 3-15(a)所示，判断 AB 与 CD 的相对位置。

解　由于 AB 与 CD 为侧平线，则还需加画 W 面投影。分别补画 AB 与 CD 的 W 面投影，如图 3-15(b)所示，由于 $a''b''$ 与 $c''d''$ 不平行，所以可判断 AB 与 CD 不平行。

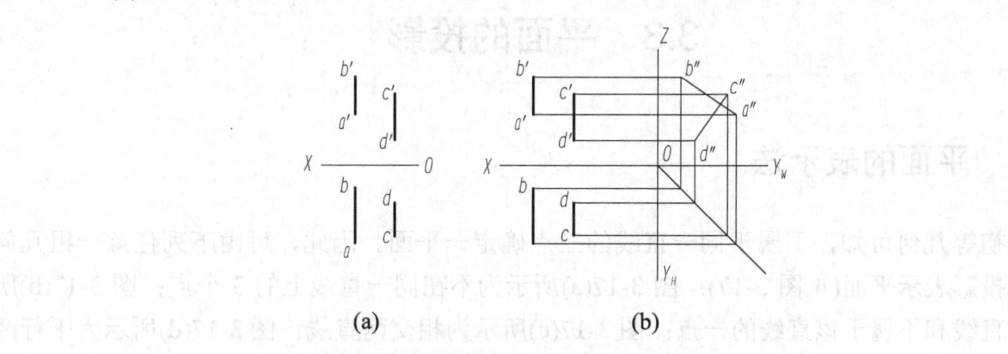

图 3-15　判断 AB 与 CD 的相对位置

由于两直线的 H 面与 V 面投影都相互平行，两直线也不可能相交，因此两直线的相对位置是相互交叉。

当两直线处于交叉位置时，需判断可见性，即判断它们的重影点的重合投影的可见性。两交叉直线的重影点投影可见性判别方法为：从两交叉线同面投影的交点，向相邻投影引垂直与投影轴的投影连线，分别与这两交叉线的相邻投影各得一个点，标注出交点的投影符号。按左遮右、前遮后、上遮下的规定，确定在重影点的投影重合处，是哪一条直线上的点的投影可见。根据可见点的投影符号不加括号、不可见点的投影加括号的规定，标注出这两个重影点在投影重合处的符号。

【例 3-8】如图 3-16(a)所示，判断 AB 与 CD 的相对位置。

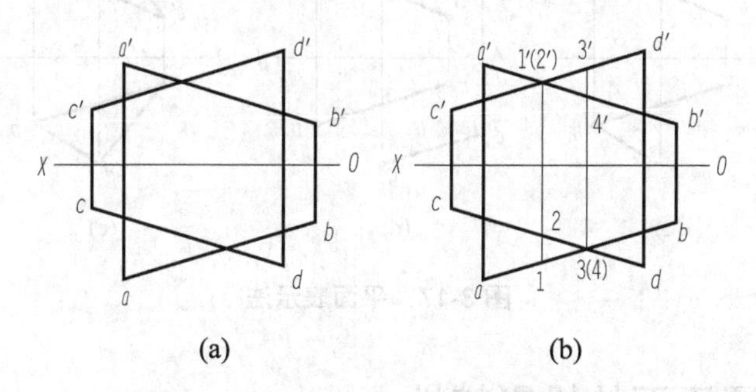

图 3-16　判断 AB 与 CD 的相对位置

解　两直线的同面投影都相交，过 H、V 面投影交点分别作 OX 的垂直线，直线 AB、CD 两同面投影的交点，不在同一垂直与投影轴的投影连线上，因此可判断 AB 与 CD 不相交。

由于同面投影都相交，同时可判断 AB 与 CD 也不平行，因此 AB 与 CD 的相对位置是相互交叉。

可见性判别：如图 3-16(b)所示，交叉两直线同面投影的交点，是两直线上各一点形成的对这个投影面重影点的重合投影。V面投影上的交点是直线AB上点I与直线CD上点II的重影点，点I在点II的前方，因此I、II的V面投影$2'$点为不可见，标注为$1'(2')$；H面投影上的交点是直线CD上点III与直线AB上点IV的重影点，又由于点III在点IV的上方，因此III、IV的H面投影4点为不可见，标注为3(4)，如图3-16(b)所示。

3.3 平面的投影

3.3.1 平面的表示法

由初等几何可知，不属于同一直线的三点确定一平面。因此，可由下列任意一组几何元素的投影表示平面(见图3-17)：图3-17(a)所示为不在同一直线上的3个点；图3-17(b)所示为一直线和不属于该直线的一点；图3-17(c)所示为相交两直线；图3-17(d)所示为平行两直线；图3-17(e)所示为任意平面图形。

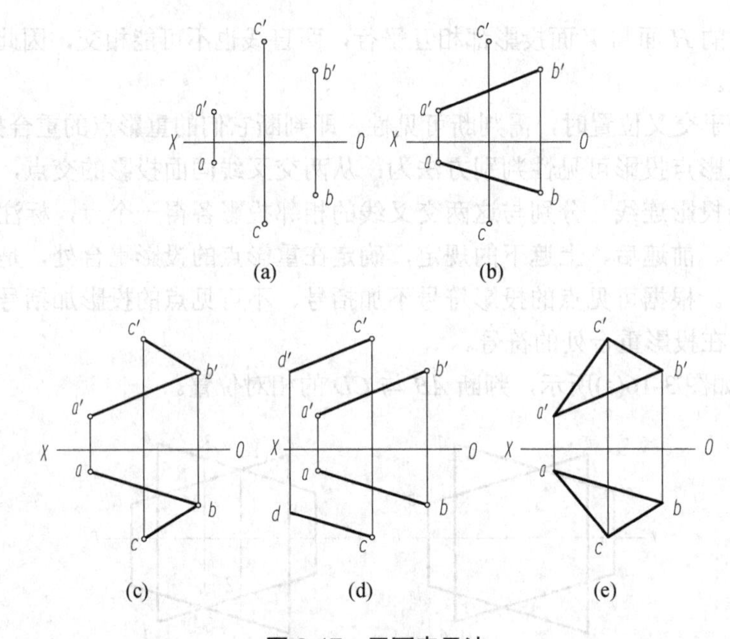

图3-17　平面表示法

3.3.2 各种位置平面的投影特性

在三投影面体系中，平面和投影面的相对位置关系与直线和投影面的相对位置关系相同，可以分为3种，即投影面平行面、投影面垂直面、投影面倾斜面。前两种为投影面特殊位置平面，后一种为投影面一般位置平面。

1. 投影面平行面

投影面平行面是平行于一个投影面，并必与另外两个投影面垂直的平面，可分为水平面、正平面、侧平面。

平行于水平投影面(*H* 面)的平面(垂直于 *V*、*W* 面)，称为水平面。

平行于正立投影面(*V* 面)的平面(垂直于 *H*、*W* 面)，称为正平面。

平行于侧立投影面(*W* 面)的平面(垂直于 *H*、*V* 面)，称为侧平面。

它们的投影图及投影特性见表 3-6。

表 3-6　投影面平行面的投影特性

名　称	水平面	正平面	侧平面
立体图	V, Z, p′, p″, P, X, O, p, H, Y	V, Z, q′, q″, Q, X, O, H, q, Y	V, Z, r′, R, r″, X, O, r, H, Y
投影图	p′, Z, p″, X, O, Y_W, p, Y_H	q′, Z, q″, X, O, Y_W, q, Y_H	r′, Z, r″, X, O, Y_W, r, Y_H
投影特性	(1) 水平投影反映实形 (2) 正面投影积聚成平行于 *X* 轴的直线 (3) 侧面投影积聚成平行于 *Y* 轴的直线	(1) 正面投影反映实形 (2) 水平投影积聚成平行于 *X* 轴的直线 (3) 侧面投影积聚成平行于 *Z* 轴的直线	(1) 侧面投影反映实形 (2) 正面投影积聚成平行于 *Z* 轴的直线 (3) 水平投影积聚成平行于 *Y* 轴的直线

2. 投影面垂直面

投影面垂直面是垂直于一个投影面，并与另外两个投影面倾斜的平面，按其所垂直的投影面不同，可分为铅垂面、正垂面、侧垂面。

垂直于水平投影面(*H* 面)、倾斜于正立投影面(*V* 面)和侧立投影面(*W* 面)的平面，称为铅垂面。

垂直于正立投影面(*V* 面)、倾斜于水平投影面(*H* 面)和侧立投影面(*W* 面)的平面，称为正垂面。

垂直于侧立投影面(*W* 面)、倾斜于水平投影面(*H* 面)和正立投影面(*V* 面)的平面，称为侧垂面。

它们的投影图及投影特性见表 3-7。

表 3-7　投影面垂直面的投影特性

名称	铅垂面	正垂面	侧垂面
立体图			
投影图			
投影特性	(1) 水平投影积聚成直线，与 X 轴夹角为 β，与 Y 轴夹角为 γ (2) 正面投影和侧面投影具有类似性	(1) 正面投影积聚成直线，与 X 轴夹角为 α，与 Z 轴夹角为 γ (2) 水平投影和侧面投影具有类似性	(1) 侧面投影积聚成直线，与 Y 轴夹角为 α，与 Z 轴夹角为 β (2) 正面投影和水平投影具有类似性

3. 一般位置平面

一般位置平面与 3 个投影面都倾斜，平面内不存在垂直于投影面的直线。由于平面与投影面都不平行，投影都不能反映平面的真实大小，而是缩小了的类似形，如图 3-18 所示，平面△ABC 是一般位置平面，平面的三面投影都比平面△ABC 的真实形状小(面积缩小)，但仍为三角形(形状相仿的图形即类似形)。

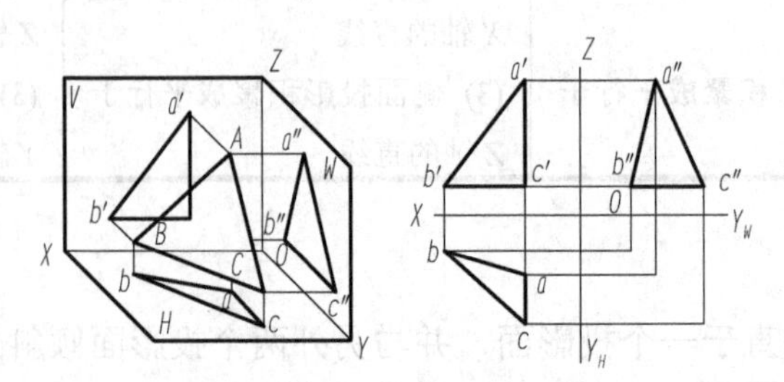

图 3-18　一般位置直线

3.4　直线与平面的相对位置

3.4.1　一般位置平面上的直线

由平面几何知识可知，直线在平面上的几何条件是：直线过平面上的两个已知点，或者直线过平面上的一个已知点并且平行于平面上的一条已知直线。根据这个条件，可以判断直线是否在平面上，也可以求作平面上的直线的投影。

如图 3-19(a)所示，因为 A、$E \subset ABCD$，所以 $AE \subset ABCD$；又因为 $E \subset ABCD$，且 $EF // CD$，所以 $EF \subset ABCD$。

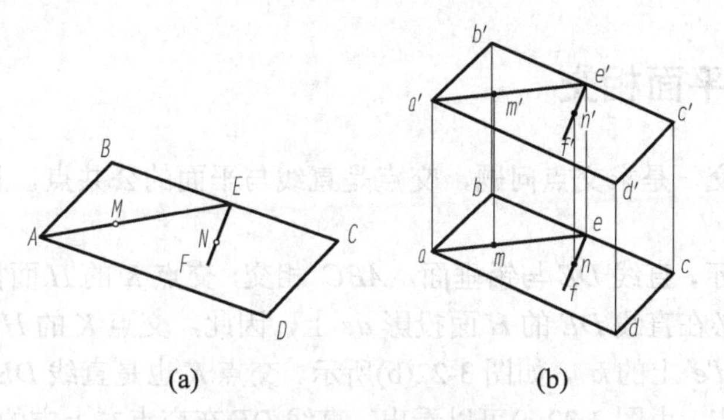

图 3-19　平面上的直线

【例 3-9】如图 3-20(a)所示，已知平面 $ABCD$ 的水平投影 $abcd$ 和两邻边 AB、CD 的正面投影 $a'b'$、$b'c'$，试完成四边形的正面投影。

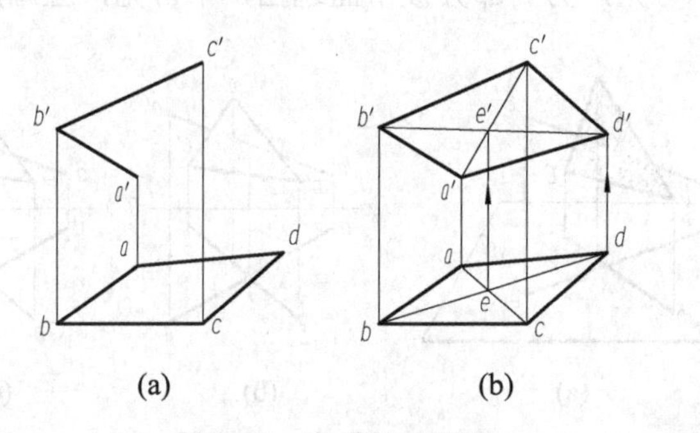

图 3-20　完成正面投影

分析：D 点是四边形平面的一个定点，对角线 AC、BD 是相交的两条直线，用对角线作为辅助线可以找到 D 点，而后再连接 AD 和 CD 即可完成作图。

解　① 接对角线 ac 和 $a'c'$。

② 连接对角线 bd，并与 ac 相交于 e 点。

③ 自 e 点向上引联系线，在 $a'c'$ 上找到 e' 点，连接 $b'e'$。

④ 自 d 点向上引联系线，在 $b'e'$ 上找到 d' 点，连接 $a'd'$ 和 $c'd'$，完成作图。

3.4.2　平面上的投影面平行线

平面上的投影面平行线不仅应满足直线在平面上的几何条件，它的投影又应符合投影面平行线的投影特性。

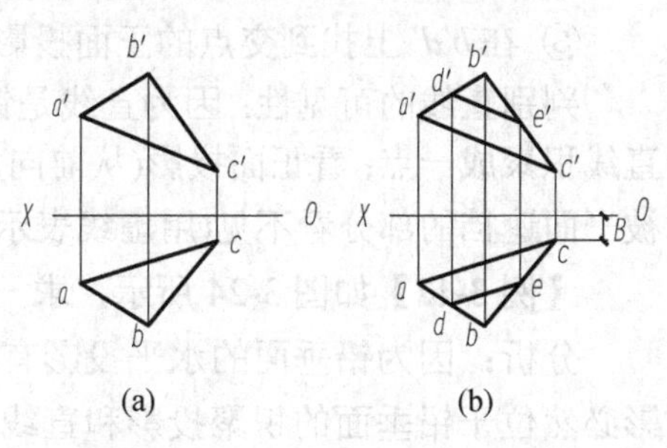

图 3-21　在△ABC 平面上作正平线 DE

【例 3-10】如图 3-21(a)所示，已知△ABC 的两面投影，在△ABC 平面上作一条距 V 面距离为 13mm 的正平线 DE。

解 在 H 面投影上作一条距离 OX 轴为 13mm 的平行线，分别交 ab、bc 于 d、e。自 d、e 分别作 V 面的投射线，与 $a'b'$、$b'c'$ 分别交得 $d'e'$。连接 $d'e'$，则 de、$d'e'$ 即为所求正平线 DE 的两面投影。

3.4.3 直线与平面相交

直线与平面相交，是求交点问题，交点是直线与平面的公共点，且是直线可见与不可见的分界点。

如图 3-22(a)所示，直线 DE 与铅垂面△ABC 相交，交点 K 的 H 面投影 k 在△ABC 的 H 面投影 abc 上，又必在直线 DE 的 H 面投影 de 上，因此，交点 K 的 H 面投影 k 就是 abc 与 de 的交点，由 k 作 $d'e'$ 上的 k'，如图 3-22(b)所示。交点 K 也是直线 DE 在△ABC 范围内可见与不可见的分界点。由图 3-22(c)可以看出，直线 DE 在交点右上方的一段 KE 位于△ABC 平面之前，因此 $e'k'$ 为可见，$k'd'$ 被平面遮住的一段为不可见。也可利用两交叉直线的重影点来判断，$e'd'$ 与 $a'c'$ 有一重影点 $1'$ 和 $2'$，根据 H 面投影可知，DE 上的点 1 在前，AC 上的 2 点在后，因此 $1'k'$ 可见，另一部分被平面遮挡，不可见，应画虚线。

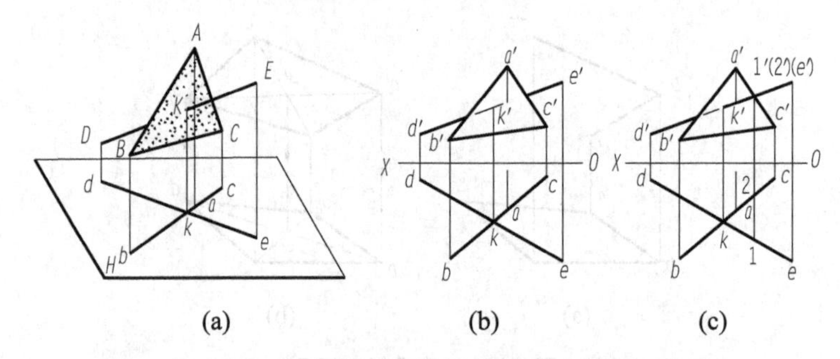

图 3-22 一般位置直线与投影面垂直面相交

【例 3-11】如图 3-23 所示，已知铅垂线 EF 和一般平面 ABC 相交，求它们的交点 M。

分析：因为铅垂线的水平投影有积聚性，所以在铅垂线上的交点其水平投影必然与铅垂线的积聚投影重合。交点的水平投影位置确定之后，就可以利用水平面上定点的方法求出位于平面上的交点的正面投影。

解 ① 在铅垂线的积聚投影 $e(f)$ 上，标出交点的水平投影 m。

② 在平面上过 m 点引辅助线 bd，并作出它的正面投影 $b'd'$。

③ 在 $b'd'$ 上找到交点的正面投影 m'。

判别直线的可见性：因为直线是铅垂线，平面是上行面，所以看水平投影(从上向下看)，直线积聚成一点；看正面投影(从前向后看)，直线的上段 $e'm'$ 看得见(用粗线表示)，下段 $m'f'$ 被平面遮挡的部分看不见(用虚线表示)。

【例 3-12】如图 3-24 所示，求一般位置直线 AB 与铅垂面 P 的交点 M。

分析：因为铅垂面的水平投影有积聚性，所以位于铅垂面上和直线上的交点的水平投影必然位于铅垂面的积聚投影和直线的水平投影的交点处，其正面投影可用线上定点的方法找到。

解　① 在直线的水平投影 *ab* 和平面的积聚投影 *p* 的交点处标出交点的水平投影 *m*。

② 自 *m* 向上引联系线，在 *a′b′* 上找到交点的正面投影 *m′* 。

判别直线的可见性：因为平面是铅垂面，直线为下行线，所以看水平投影时直线都看得见，看正面投影时 *a′m′* 在平面的前面为看得见(画粗线)，*b′m′* 在平面的后面被平面遮挡的那段为看不见(画虚线)。

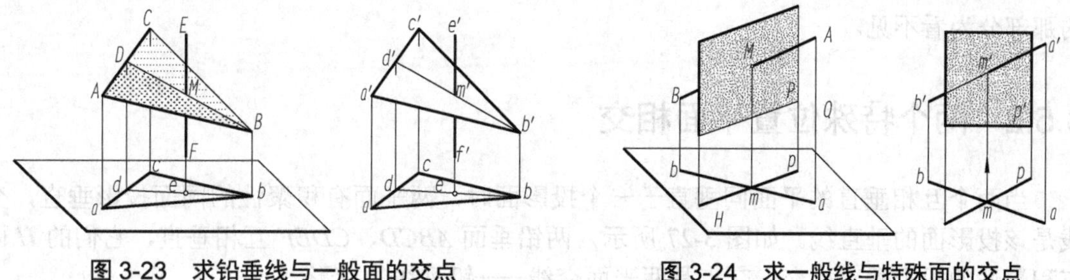

图 3-23　求铅垂线与一般面的交点　　　图 3-24　求一般线与特殊面的交点

3.5　平面与平面的相对位置

平面与平面相交是求交线问题，交线是平面与平面的公共线，而且是平面可见与不可见的分界线。

3.5.1　一般位置平面与特殊位置平面相交

如图 3-25 所示，△*ABC* 是铅垂面，△*DEF* 是一般位置平面，在水平投影上，两平面的共有部分 *kl* 就是所求交线的水平投影，由 *kl* 可直接求出 *k′l′* 。*V* 面投影的可见性可以从 *H* 面投影直接判断：平面 *klfe* 在平面 *ABC* 之前，因此 *k′l′f′e′* 可见，画实线，其余部分的可见性如图 3-25(b)所示。

【例 3-13】如图 3-26 所示，求一般位置平面 *ABC* 和铅垂面 *P* 的交线 *MN*。

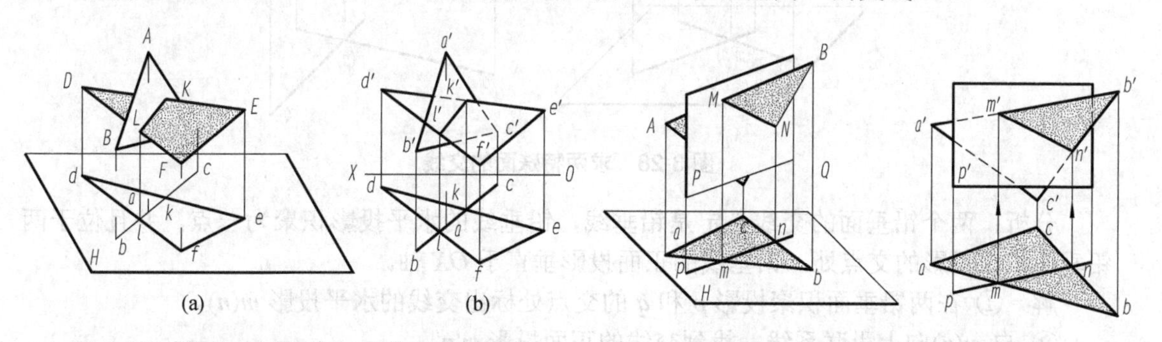

图 3-25　投影面垂直面与一般位置平面相交　　　图 3-26　求一般面与特殊面的交线

分析：因为铅垂面的水平投影具有积聚性，所以位于铅垂面上的交线其水平投影必定积聚在铅垂面的积聚投影上；交线的正面投影可用一般位置平面上画线的方法作出。

解 ① 在铅垂面的积聚投影 p 上标出交线的水平投影 mn。

② 自 mn 分别向上引联系线，并在 $a'b'$ 上和 $b'c'$ 上找到它们的正面投影 m' 和 n' 。

③ 直线连接 m' 和 n'，即得交线的正面投影。

判别两平面的可见性：以 P 平面为铅垂面，ABC 平面为下行面，所以看水平投影时，P 平面积聚成直线(都看不见)，abc 平面都看得见；看正面投影时，以 $m'n'$ 为分界三角形的 $b'm'n'$ 部分在铅垂面的前面为可见，三角形的 $a'm'n'c'$ 部分在铅垂面的后面，被铅垂面遮挡的那部分为看不见。

3.5.2 两个特殊位置平面相交

当两个互相垂直的平面同垂直于一个投影面时，两平面有积聚性的同面投影垂直，交线是该投影面的垂直线。如图 3-27 所示，两铅垂面 $ABCD$、$CDEF$ 互相垂直，它们的 H 面有积聚性的投影垂直相交，交点是两平面交线——铅垂线的投影。

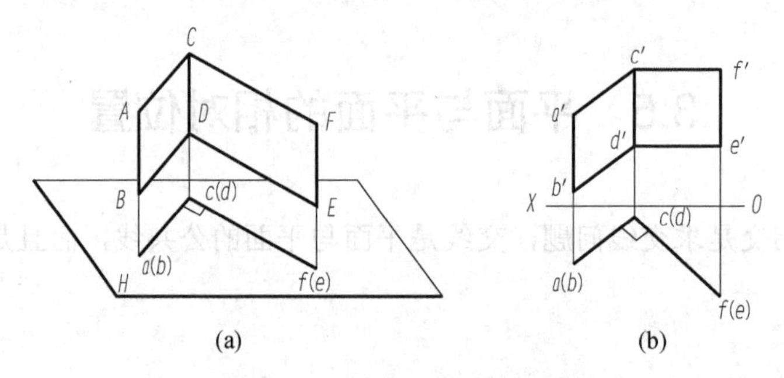

图 3-27 两铅垂面相互垂直

【例 3-14】如图 3-28 所示，求两个铅垂面 P 与 Q 的交线 MN。

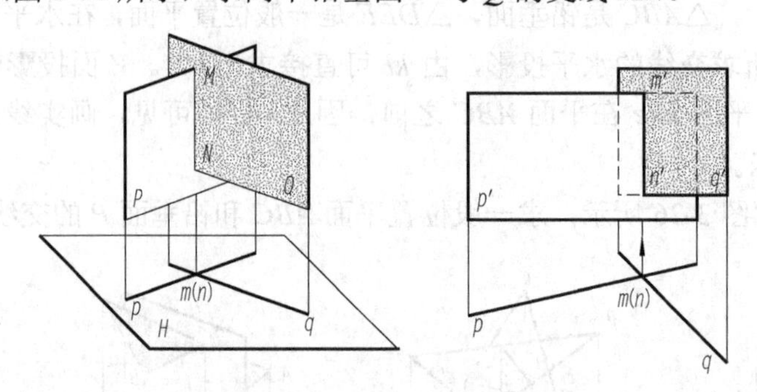

图 3-28 求两特殊面的交线

分析：两个铅垂面的交线必定是铅垂线，铅垂线的水平投影积聚为一点，并且位于两铅垂面积聚投影的交点处，铅垂线的正面投影垂直于 OX 轴。

解 ① 在两铅垂面积聚投影 p 和 q 的交点处标出交线的水平投影 $m(n)$。

② 自 $m(n)$向上引联系线，找到交线的正面投影 $m'n'$ 。

判别两平面的可见性：看水平投影，两平面均积聚成直线，都看不见；看正面投影，以交线为界，P 平面的左面看得见，右面被 Q 平面遮挡部分看不见，Q 平面的右面看得见，左面被 P 平面遮挡部分看不见。

思　考　题

3-1　如何判断两点的相对位置？
3-2　什么是重影点？如何判别重影点的可见性？
3-3　试述特殊位置直线的投影特性。
3-4　试述两平行直线、两相交线的投影特性。
3-5　怎样求直线和平面的交点并判别直线的可见性？
3-6　怎样求两平面的交线并判别两平面的可见性？

绘 图 练 习

3-1　如图3-29所示，已知各点的两面投影，求作第三面投影。

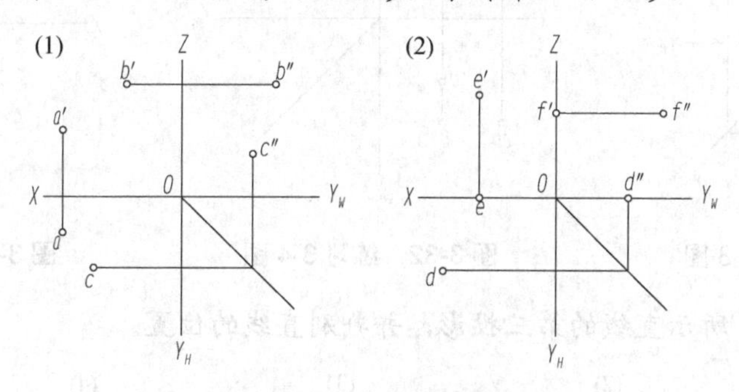

图3-29　练习3-1图

3-2　根据已知条件，求点的三面投影，如图3-30所示。

(1) 已知点 $A(20,0,10)$，$B(25,15,20)$，$C(0,0,5)$，求作它们的三面投影。

(2) 已知 A、B、C 三点到各投影面的距离，画出它们的三面投影。

A 点(距 *W* 面 18mm，距 *V* 面 10mm，距 *H* 面 25mm)
B 点(距 *W* 面 20mm，距 *V* 面 15mm，距 *H* 面 15mm)
C 点(距 *W* 面 20mm，距 *V* 面 20mm，距 *H* 面 10mm)

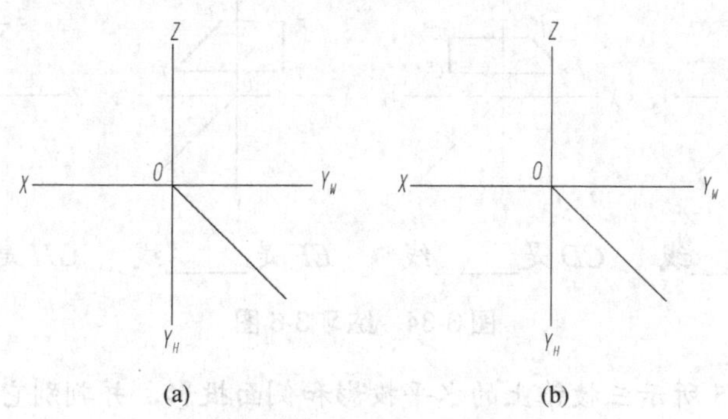

图3-30　练习3-2图

3-3　如图 3-31 所示，比较两个点的相对位置。

_____点在左，_____点在右。

_____点在前，_____点在后。

_____点在上，_____点在下。

3-4　如图 3-32 所示，补全 *A*、*B*、*C*、*D* 这 4 个点的投影，并标注重影点的可见性。

水平重影点：_____点在上，_____点在下。

正面重影点：_____点在前，_____点在后。

侧面重影点：_____点在左，_____点在右。

3-5　如图 3-33 所示，已知 *A* 点的三面投影，*B* 点在 *A* 点的左边 10mm，下面 5mm，前面 15mm，另一点 *C* 在 *B* 点正上方 15mm，求作 *B*、*C* 两点的三面投影。

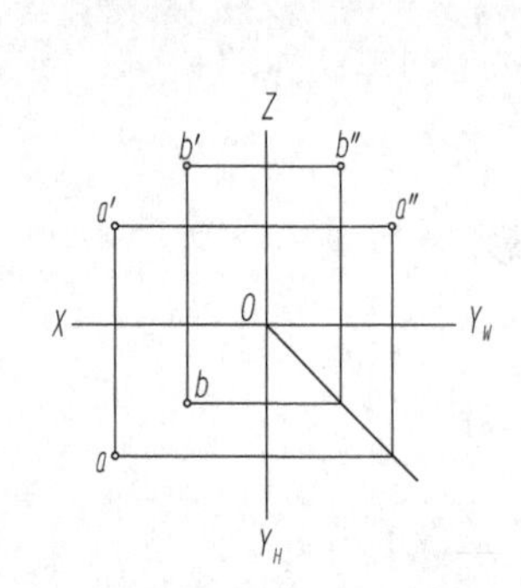

图 3-31　练习 3-3 图

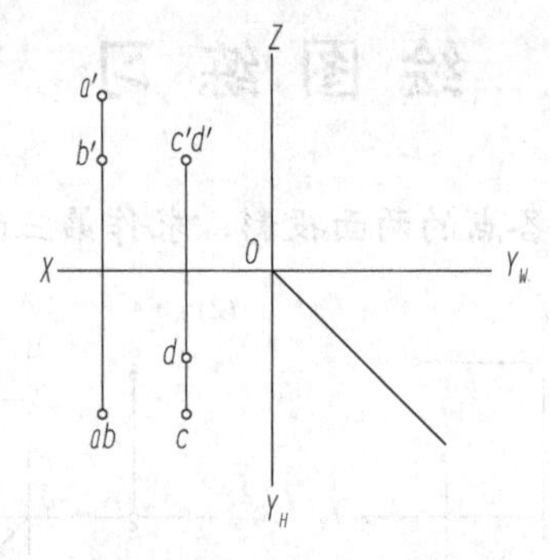

图 3-32　练习 3-4 图

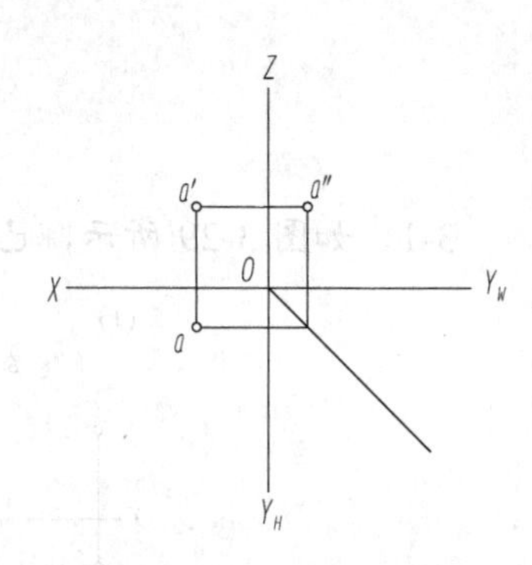

图 3-33　练习 3-5 图

3-6　求图 3-34 所示直线的第三投影，并判别直线的位置。

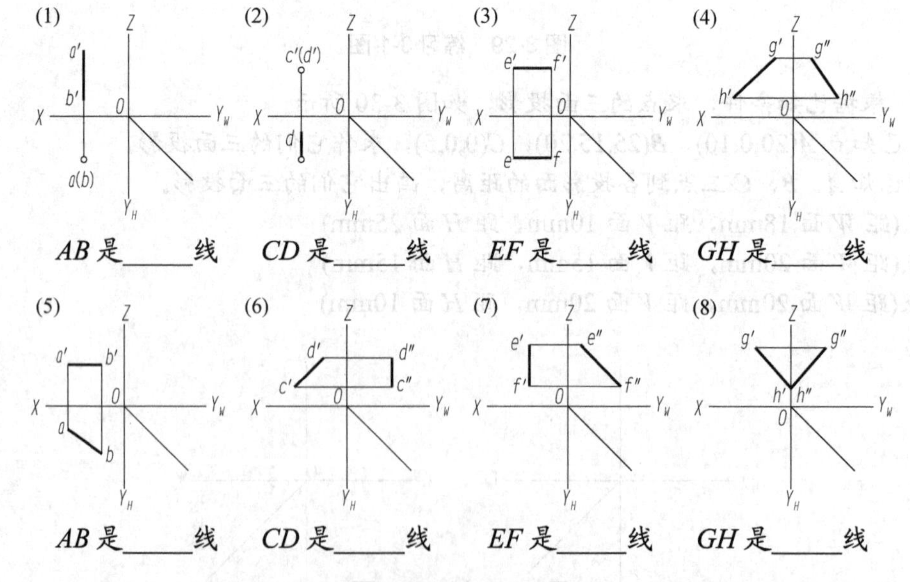

图 3-34　练习 3-6 图

3-7　标注图 3-35 所示三棱锥上的水平投影和侧面投影，并判别它们属于哪类直线。

SA 是__________线　*SB* 是__________线　*SC* 是__________线

AB 是__________线　*BC* 是__________线　*AC* 是__________线

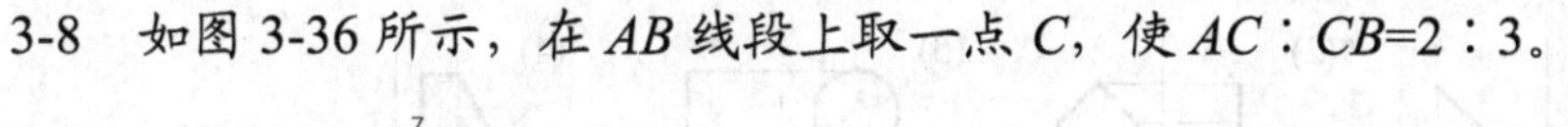

3-8　如图 3-36 所示，在 *AB* 线段上取一点 *C*，使 *AC*∶*CB*=2∶3。

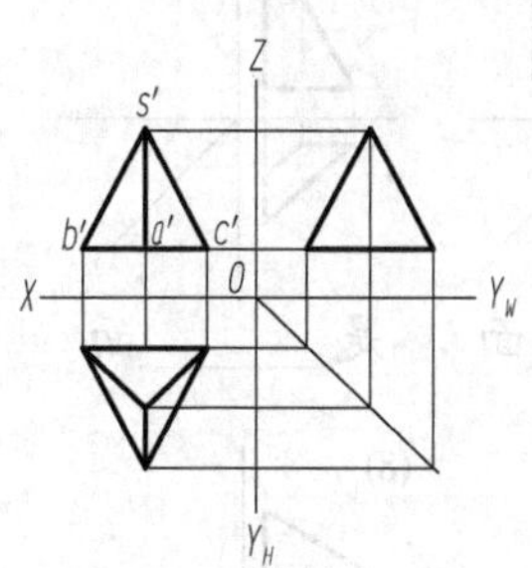

图 3-35　练习 3-7 图

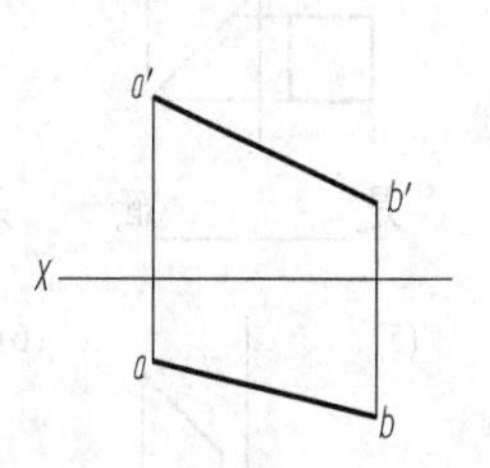

图 3-36　练习 3-8 图

3-9　如图 3-37 所示，过 *A* 点作正平线与 *CD* 直线相交。

3-10　作直线 *MN*，使它与直线 *AB* 平行，与直线 *CD*、*EF* 都相交，如图 3-38 所示。

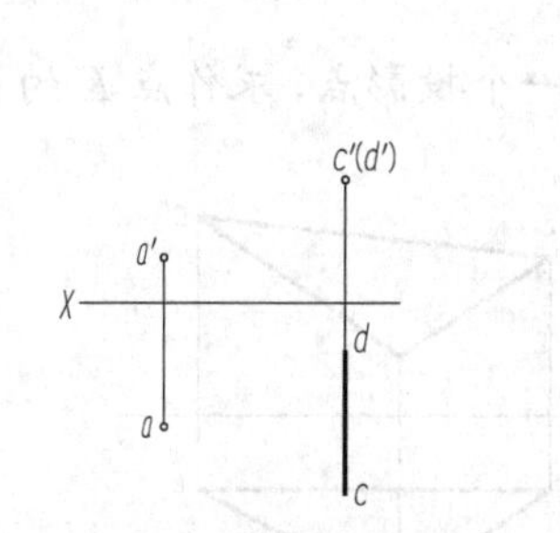

图 3-37　练习 3-9 图

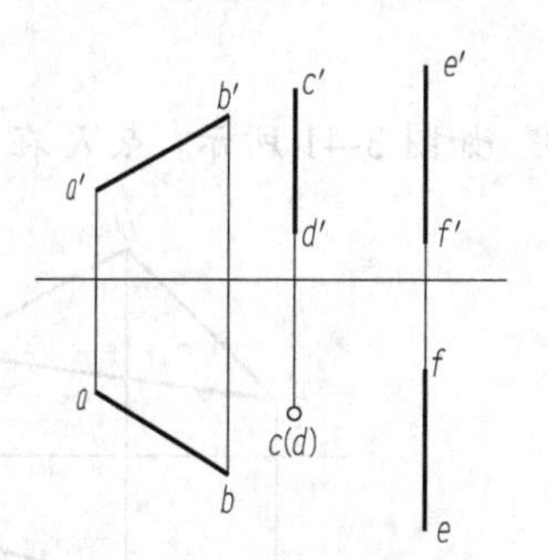

图 3-38　练习 3-10 图

3-11　判别图 3-39 所示图形的两直线的相对位置关系。

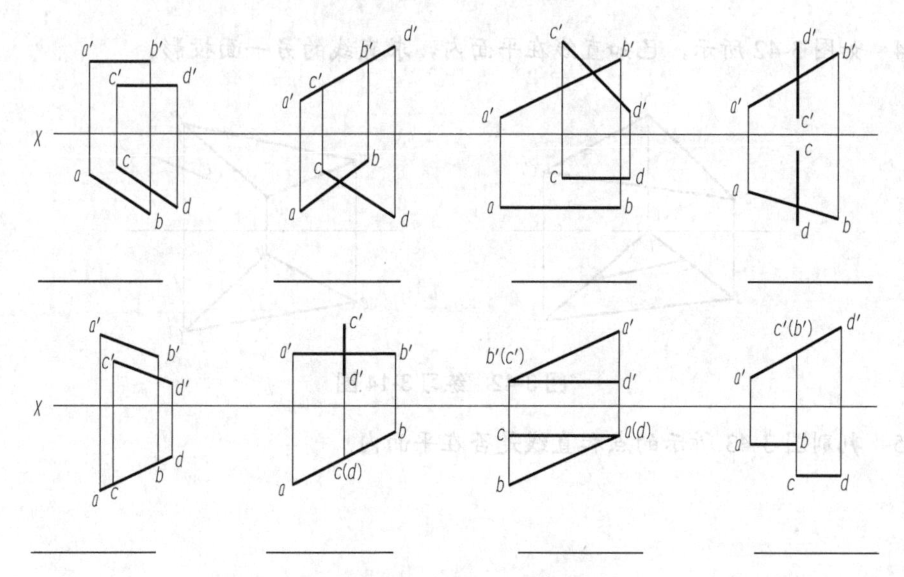

图 3-39　练习 3-11 图

3-12　补全图 3-40 所示平面的第三投影，并注明平面类型。

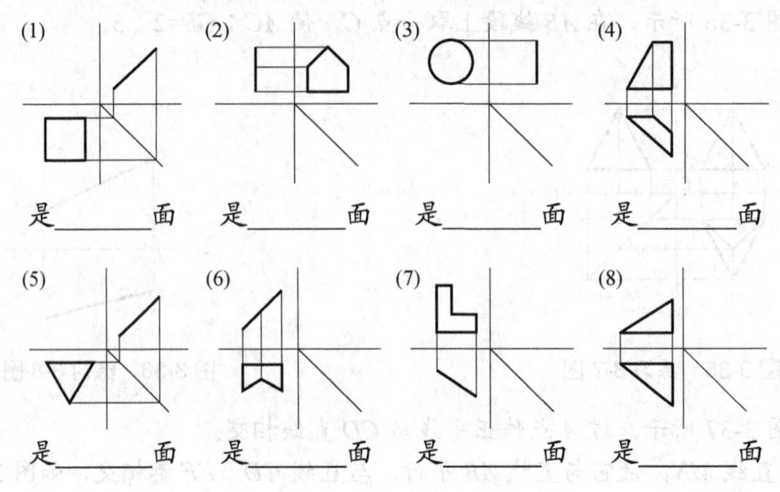

图 3-40　练习 3-12 图

3-13　如图 3-41 所示，点 K 在平面 ABC 上，已知一个投影点，求作点 K 的另一个投影。

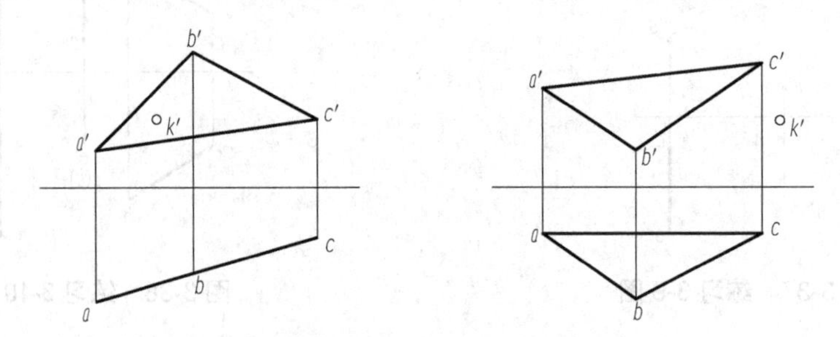

图 3-41　练习 3-13 图

3-14　如图 3-42 所示，已知直线在平面内，求直线的另一面投影。

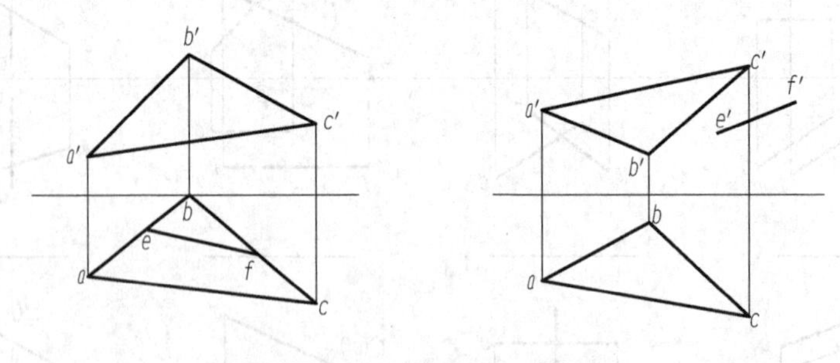

图 3-42　练习 3-14 图

3-15　判别图 3-43 所示的点和直线是否在平面内。

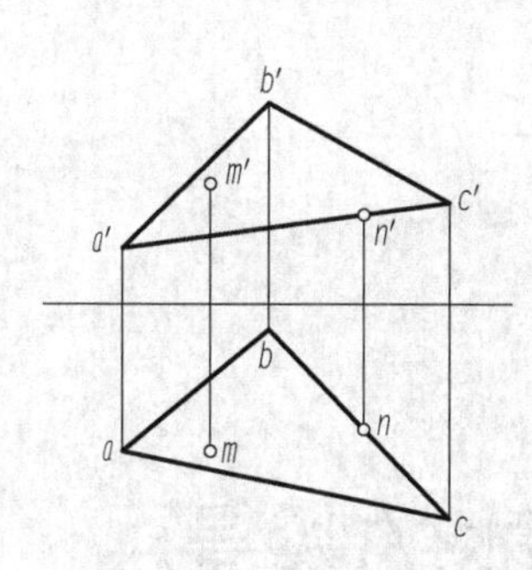

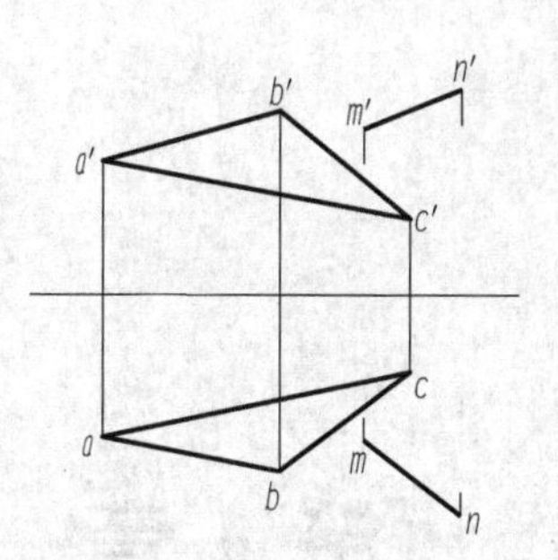

图 3-43　练习 3-15 图

3-16　如图 3-44 所示，完成 *ABCDE* 的两面投影。

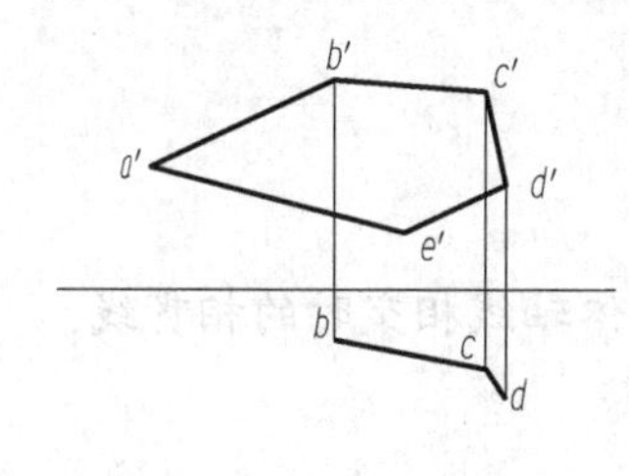

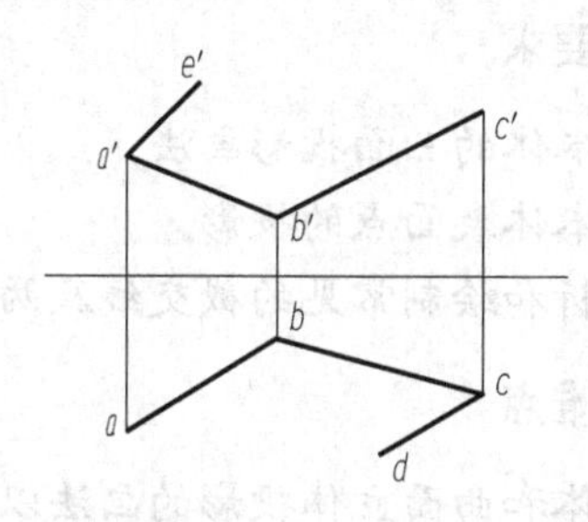

图 3-44　练习 3-16 图

3-17　在图 3-45 所示投影图中标出立体图上注释的三面投影，并判断其空间位置。

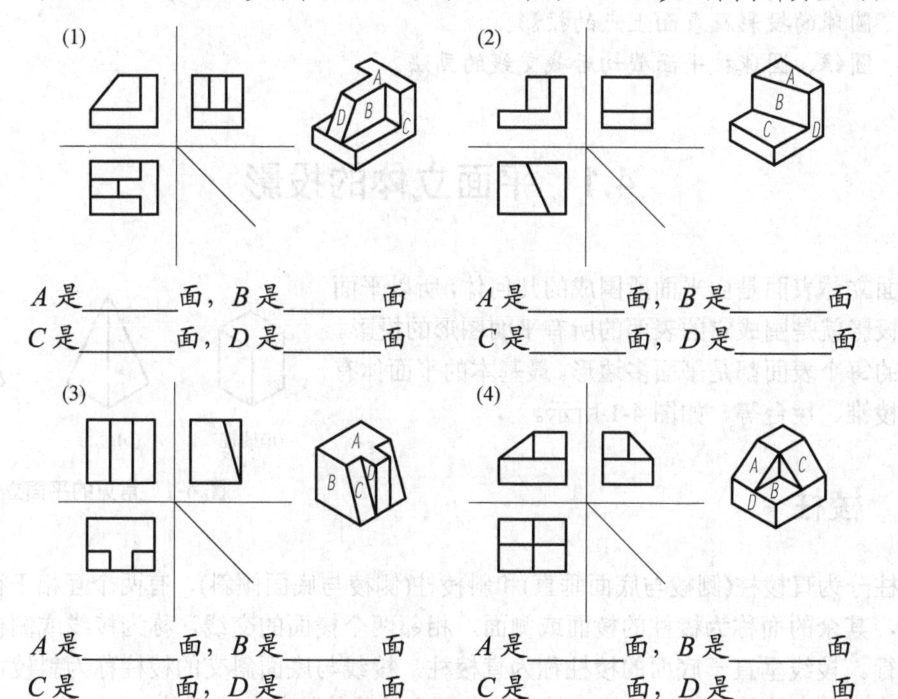

图 3-45　练习 3-17 图

第 4 章　立体的投影

教学目标和要求

- 掌握基本体的三面投影画法。
- 掌握基本体表面点的投影。
- 掌握分析和绘制常见的截交线及两回转体轴线相交时的相贯线。

本章重点和难点

- 平面立体和曲面立体投影的画法以及立体表面点的投影。
- 立体与平面相交，其交线的画法，即求截交线。
- 两回转体轴线垂直相交，其交线的画法。
- 圆球的投影及表面上点的投影。
- 圆锥、圆球被平面截切后截交线的画法。

4.1　平面立体的投影

平面立体表面是由平面所围成的几何体，所以平面立体的投影就是围成它的表面的所有平面图形的投影。平面体的每个表面都是平面多边形。最基本的平面体有棱柱、棱锥、棱台等，如图 4-1 所示。

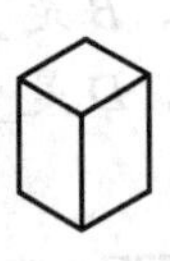
(a)棱柱

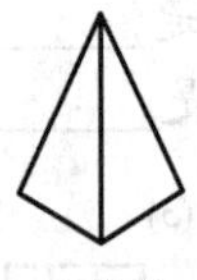
(b)棱锥

(c)棱台

图 4-1　常见的平面立体

4.1.1　棱柱

棱柱分为直棱柱(侧棱与底面垂直)和斜棱柱(侧棱与底面倾斜)，有两个互相平行的多边形底面，其余的面称为棱柱的棱面或侧面，相邻两个棱面的交线，称为棱线或侧棱，棱线互相平行。棱线垂直于底面的棱柱称为直棱柱，棱线与底面斜交的棱柱称为斜棱柱，底面是正多边形的直棱柱称为正棱柱。长方体和正方体是棱柱的特殊形体。

为使直棱柱的投影能反映底面的实形和棱线的实长，通常使其底面和棱线分别平行于不同的投影面，如图 4-2 所示。下面以正六棱柱为例讨论其三面投影图的作图方法。

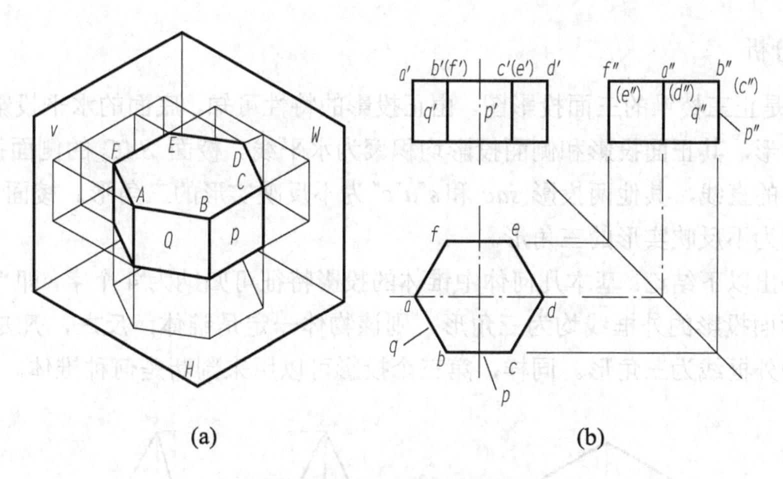

(a)　　(b)

图 4-2　正六棱柱的投影

1. 形体特征分析

图 4-2(a)是一个正六棱柱在三投影面体系中的空间情况。正六棱柱的底面平行于 *H* 面，前后两棱面平行于 *V* 面，而其他棱面均垂直于 *H* 面。

2. 投影分析

图 4-2(b)是正六棱柱的三面投影图。由正投影的特性可知，上、下底面的水平投影反映实形，即正六边形，其正面投影和侧面投影均积聚为两段水平线；前、后两棱面的正面投影反映实形，即中间的矩形，其水平投影和侧面投影分别积聚为两段水平线和两段竖直线；由于其他 4 个棱面都垂直于 *H* 面，所以它们的水平投影积聚为四段斜线，而正面投影和侧面投影均为不反映实形的矩形(原矩形的相似形)。

由此可得出以下结论：基本几何体中柱体的投影特征可归纳为 4 个字，即“矩矩为柱”，也就是说只要是柱体，则必有两个投影的外线框是矩形；反之，若某个物体的两个投影的外线框都是矩形，则该物体一定是柱体。而由第三个投影可判断出是何种柱体。

4.1.2　棱锥

棱锥有一个多边形底面，其余各面是有一个公共顶点的三角形，称为棱锥的棱面或侧面。相邻两个棱面的交线，称为棱线或侧棱，各棱线汇交于顶点。如果棱锥的底面是正多边形，且锥顶位于通过底面中心而垂直于底面的直线上，这样的棱锥叫正棱锥。

为便于画图和看图，通常使其底面平行于一个投影面，并尽量使一些棱面垂直于其他投影面，如图 4-3 所示。下面以正三棱锥为例讨论其三面投影图的作图方法。

1. 形体特征分析

图 4-3(a)是一个正三棱锥在三投影面体系中的空间情况。正三棱锥的底面 *ABC* 平行于 *H* 面，后棱面 *SAC* 垂直于 *W* 面，而棱面 *SAB* 和 *SBC* 与 3 个投影面都倾斜。

2. 投影分析

图 4-3(b)是正三棱锥的三面投影图。由正投影的特性可知，底面的水平投影 *abc* 反映实形，为正三角形，其正面投影和侧面投影均积聚为水平线。棱面 *SAC* 的侧面投影 *s″a″c″* 积聚成一段倾斜的直线，其他两投影 *sac* 和 *s″a″c″* 为不反映实形的三角形。棱面 *SAB* 和 *SBC* 的 3 个投影均为不反映实形的三角形。

由此可得出以下结论：基本几何体中锥体的投影特征可归纳为 4 个字，即“三三为锥”，即若物体有两面投影的外框线均为三角形，则该物体一定是锥体；反之，凡是锥体，则必有两面投影的外框线为三角形。同样，第三个投影可以用来判断是何种锥体。

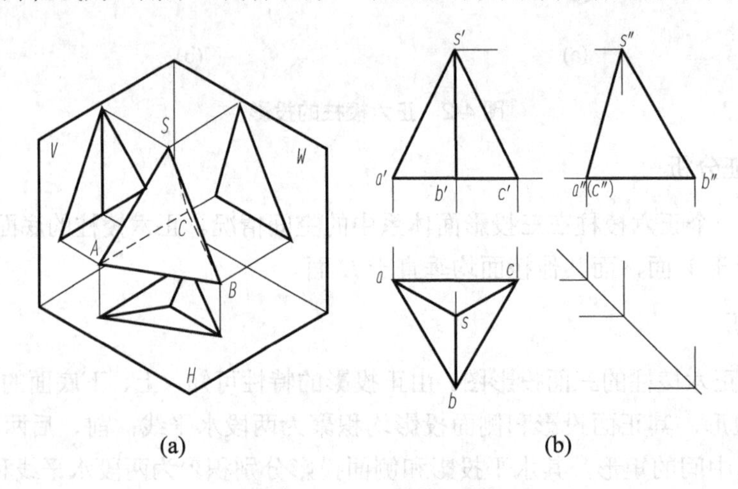

图 4-3　正三棱锥的投影

【例 4-1】已知三棱锥的三面投影及其表面上的点 *F*、*N* 的一个投影(*f*)和(*n′*)，求点 *F*、*N* 的另外两个投影(见图 4-4)。

分析：因为点 *F* 的水平投影(*f*)为不可见，所以 *F* 必在三棱锥的底平面 *ABC* 上，另一点 *N* 的正面投影(*n′*)也为不可见，故 *N* 必在侧棱面 *SBC* 上。

解　作图步骤。

① 求点 *f′* 及 *f″*。底平面 *ABC* 在 *V* 面和 *W* 面上的投影积聚为直线，*f′* 及 *f″* 必分属其上。由点(*f*)的投影关系可直接在 *a′b′c′* 上求得 *f′*。求 *f″* 时，取 *SA* 为 *Y* 坐标方向的作图基准，根据水平投影中的距离 l_1，在侧面投影中的 *a″b″c″* 直线上量得点 *f″*。

② 求点 *n* 及 *n″*。点 *N* 所在的侧面 *SBC* 为一般位置平面，在该平面上取过点 *N* 的直线 *SL*，点 *n* 和 *n″* 必分别位于直线 *sl*、*s″l″* 上，其中 *l″* 的求法同上述 *f″*。

③ 点在立体表面上的可见性，由点所在表面的可见性确定。点 *N* 在 *SBC* 平面上，该平面的水平投影为可见，侧面投影为不可见，故点 *n* 为可见，点(*n″*)为不可见。当点所在的表面投影积聚为线段时，则不需判别点在投影中的可见性，如点 *f′* 及 *f″*。

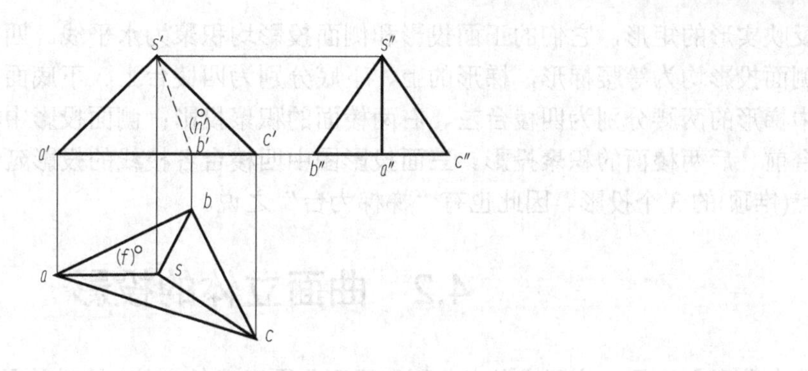

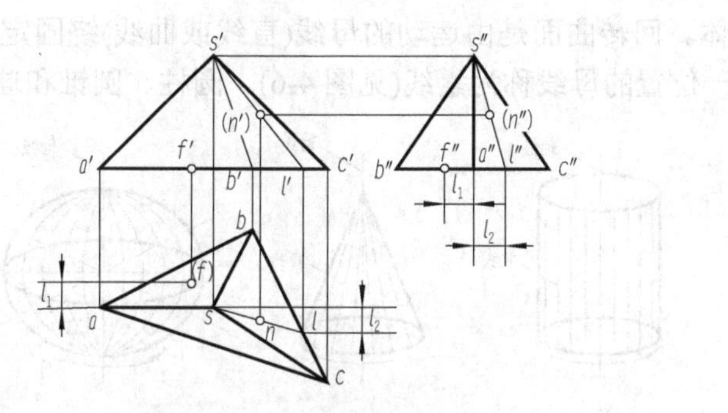

图 4-4　求点的投影

4.1.3　棱台

用平行于棱锥底面的平面将棱锥截断，去掉顶部，所得的形体称为棱台。因此，棱台的上、下底面为相互平行的相似形，而且所有棱线的延长线将汇交于一点。

为便于画图和看图，通常使其上、下底面平行于一个投影面，并尽量使一些棱面垂直于其他投影面，如图 4-5 所示，通过四棱台的正投影图可作出其水平投影和侧面投影。

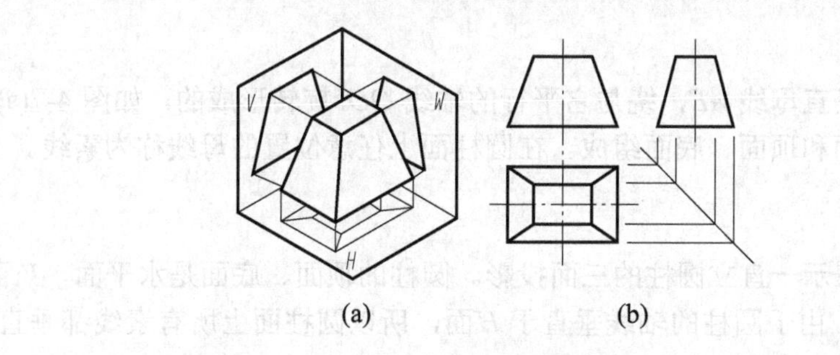

图 4-5　四棱台的投影

1. 形体特征分析

图 4-5(a)是一个四棱台在三投影面体系中的空间情况。四棱台的上、下底面平行于 H 面；左、右两棱面垂直于 V 面；前、后两棱面垂直于 W 面。

2. 投影分析

图 4-5(b)是四棱台的三面投影图。由正投影的特性可知，上、下底面的水平投影为两个

反映实形的矩形，它们的正面投影和侧面投影均积聚为水平线。四棱台棱面的正面投影和侧面投影均为等腰梯形，梯形的上、下底分别为四棱台上、下底面的积聚投影；正面投影中梯形的两腰分别为四棱台左、右两棱面的积聚投影；侧面投影中梯形的两腰分别为四棱台前、后两棱面的积聚投影。三面投影图中四棱台各棱线的投影延长后将分别汇交于同一点(锥顶)的 3 个投影。因此也有“梯梯为台”之说。

4.2 曲面立体的投影

曲面立体是由曲面或者由曲面和平面包围而成的立体。回转体是由回转曲面或回转曲面与平面围成的立体。回转曲面是由运动的母线(直线或曲线)绕固定的轴线(直线)旋转形成的曲面，曲面上任一位置的母线称为素线(见图 4-6)。圆柱、圆锥和球是工程上常见的回转体。

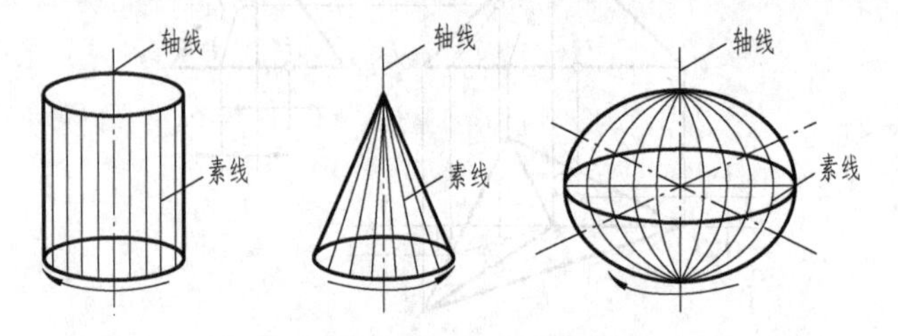

图 4-6 曲面及其素线

建筑工程中的壳体、屋盖、隧道的拱顶以及常见的设备管道等，它们的几何形状都是曲面立体，在制图、施工和加工中应熟悉它们的特性。下面着重介绍常见曲面立体圆柱、圆锥和球的投影。

4.2.1 圆柱

1. 形成

圆柱面是由一条直母线 AE，绕与它平行的轴线 OO_1 旋转形成的，如图 4-7(a)所示。圆柱体的表面由圆柱面和顶面、底面组成。在圆柱面上任意位置的母线称为素线。

2. 投影

图 4-7(b)、(c)表示一直立圆柱的三面投影。圆柱的顶面、底面是水平面，V 面和 W 面投影积聚为一直线，由于圆柱的轴线垂直于 H面，所以圆柱面上所有素线都垂直于 H面，故圆柱面 H面投影积聚为圆。

在圆柱的 V 面投影中，前、后两半圆柱面的投影重合为一矩形，矩形的两条竖线分别是圆柱的最左、最右素线的投影，也是前、后两半圆柱面分界的转向线的投影。在圆柱的 W 面投影中，左、右两半圆柱面的投影重合为一矩形，矩形的两条竖线分别是圆柱的最前、最后素线的投影，也是左、右两半圆柱面分界的转向线的投影。矩形的上、下两条水平线则分别是圆柱顶面和底面的积聚性投影(见图 4-7(c))。

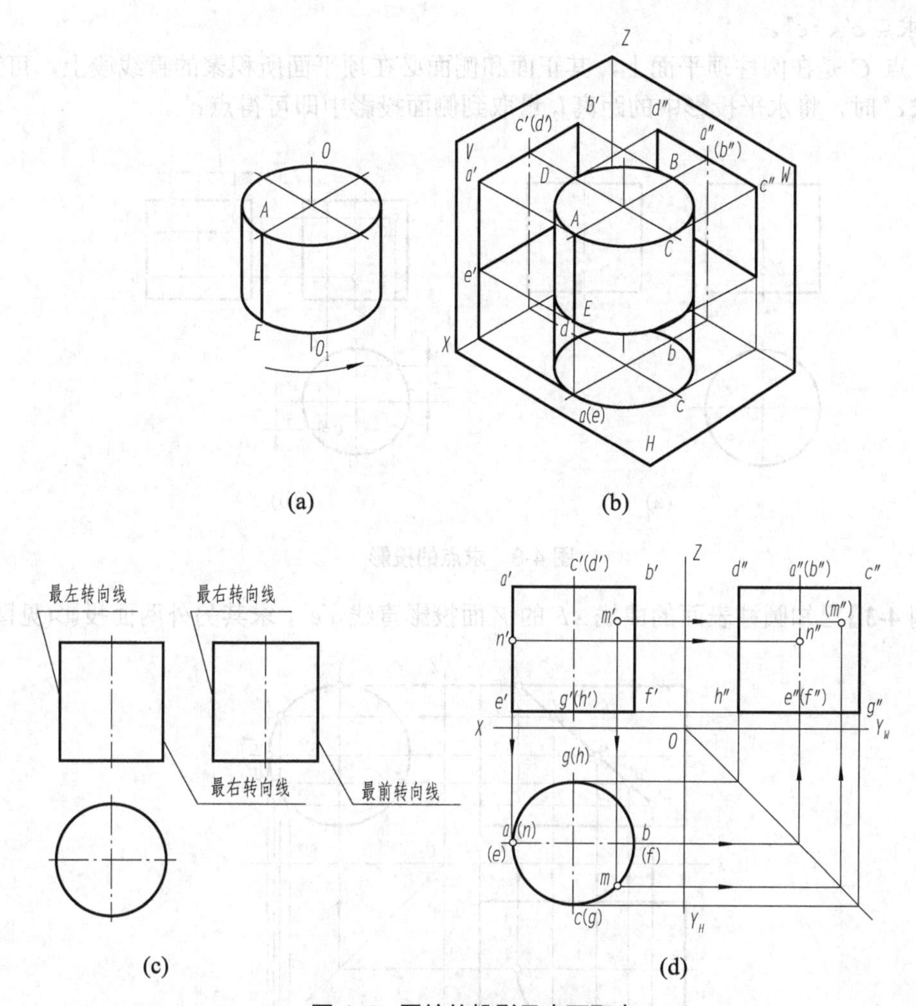

(a)　(b)

(c)　(d)

图 4-7　圆柱的投影及表面取点

在图 4-7(d)中，圆柱面上有两点 M 和 N，已知 V 面投影 n' 和 m'，且为可见，求另外两面投影。由于点 N 在圆柱的转向线上，其另外两投影可直接求出；而点 M 可利用圆柱面有积聚性的投影，先求出点 M 的 H 面投影 m，再由 m 和 m' 求出 m''。点 M 在圆柱面的右半部分，故其 W 面投影 m'' 为不可见。

【例 4-2】已知属于圆柱面上的点 A、B、C 的一个投影，求它们的另外两个投影，如图 4-8(a)所示。

解　作图步骤如图 4-8(b)所示。

① 求点 a、a'。

由已知的 a'' 可知，点 A 在圆柱的左半柱和后半柱表面上，其水平投影必积聚在左后 1/4 圆周上，根据“三等”关系求出 a，然后求出 a'。因为 a' 在后半个圆柱面上，所以是不可见的，用(a')表示。

② 求点 b、b''。

由点 b' 可知，点 B 在圆柱前面的侧视转向线上，故将其投影至侧视转向线的水平和侧面投影上即可得点 b 和 b' 。

③ 求点c'、c''。

由于点 C 是在圆柱顶平面上，其正面和侧面必在顶平面所积聚的直线段上，可直接求出c'。求c''时，将水平投影中的距离l_2量取到侧面投影中即可得点c''。

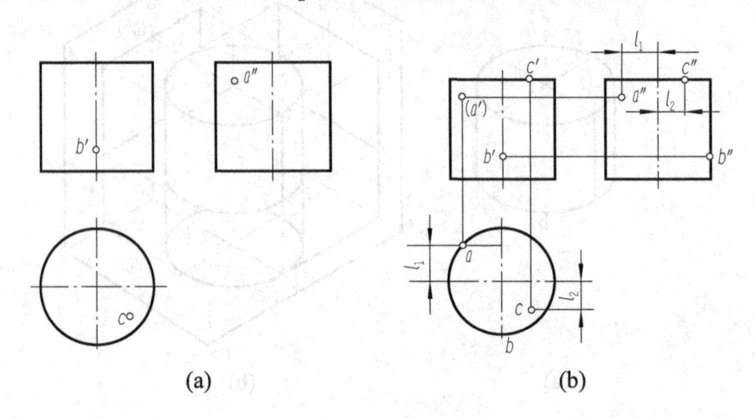

图 4-8　求点的投影

【**例 4-3**】已知圆柱表面的曲线 AE 的 V 面投影直线$a'e'$，求其另外两面投影(见图 4-9)。

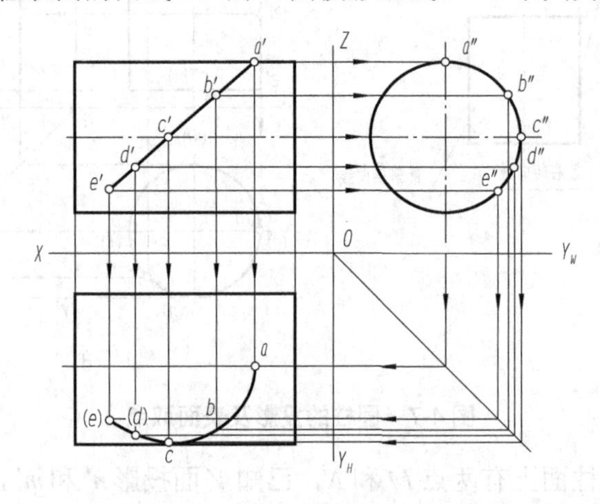

图 4-9　圆柱表面曲线的投影

分析：曲线可以看作由一系列点所组成。求作曲线的投影，可先在曲线上选择其中若干点，求出其投影后再按顺序连接这些点的同面投影，即得曲线的投影。因为转向线上点的投影是曲线投影的可见性分界点。所以必须求出转向线上点的投影。

解　作图步骤如下。

① 在$a'e'$上选取若干点，如a'、b'、c'、d'、e'。

② 利用积聚性，先求各个点的 W 面投影：a''、b''、c''、d''、e''。

③ 再由各点的 V、W 面投影，求各个点的H面投影：a、b、c、d、e。

④ 用曲线板依次圆滑连接各点的同面投影；由于 AC 在圆柱表面的上半部，而 CE 在圆柱表面的下半部，故其H面投影 abc 为可见，画粗实线；cde 为不可见，画虚线。

4.2.2　圆锥

1. 形成

圆锥面是由一条直母线 SA，绕与它相交的轴线 OO_1 旋转形成的，如图 4-10(a)所示。圆锥体表面由圆锥面和底面组成。在圆锥面上任意位置的素线，均交于锥顶点。

2. 画法

(1) 画回转轴线的三面投影。

(2) 画底圆的水平投影、正面投影和侧面投影。

(3) 画正面投影中前、后两半转向线的投影，侧面投影中左、右两半转向轮廓线的投影。

图 4-10 所示为一直立圆锥，它的 V 和 W 面投影为同样大小的等腰三角形。等腰三角形的两腰 $s'a'$ 和 $s'b'$ 是圆锥面的最左和最右转向线的投影，其 W 面投影与轴线重合，不应画出，它们把圆锥面分为前、后两半圆锥面，W 面投影的两腰 $s''c''$ 和 $s''d''$ 是圆锥面最前和最后转向线的投影，其 V 面投影与轴线重合，它们把圆锥面分为左、右两半圆锥面。

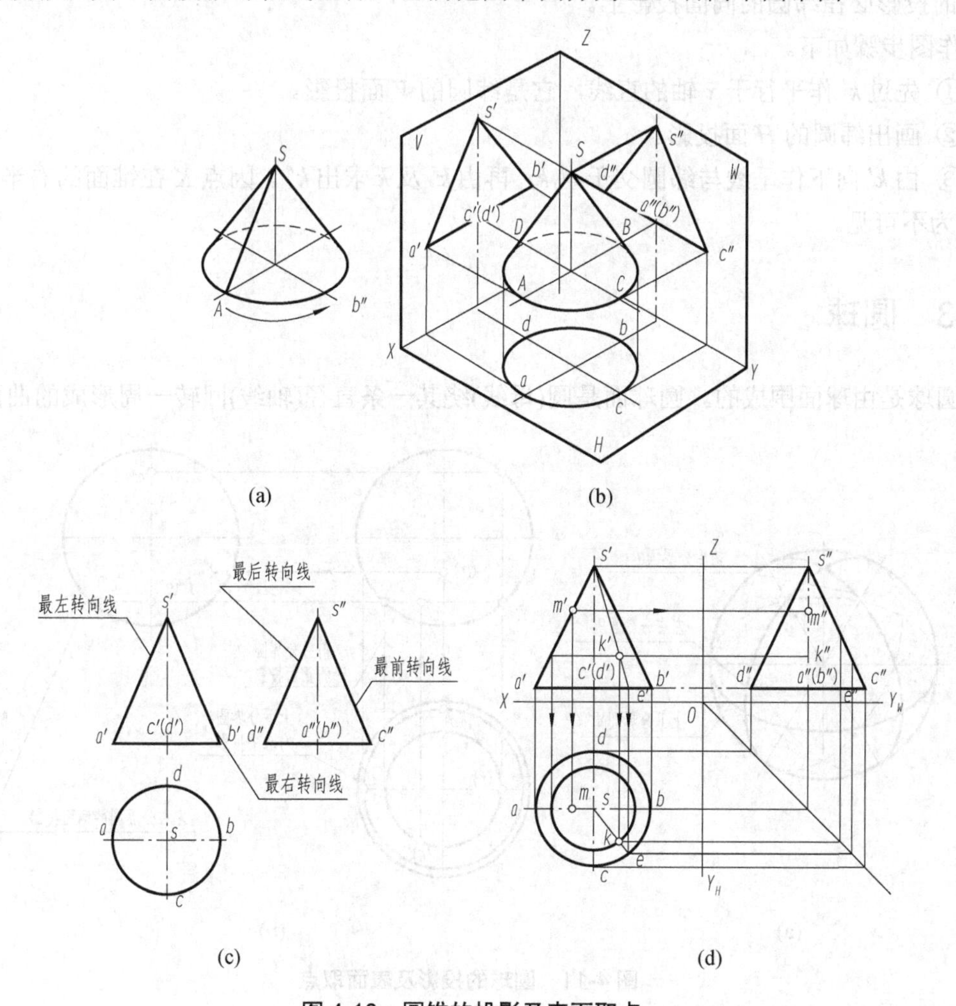

图 4-10　圆锥的投影及表面取点

圆锥面的 H 面投影为圆，它与圆锥底圆的投影重合。最左和最右转向轮廓线 SA、SB 为正平线，其 H 面投影与圆的水平对称中心线重合；最前和最后转向线 SC、SD 为侧平线，其 H 面投影与圆的垂直对称中心线重合(见图 4-10(c))。

3. 表面取点

转向轮廓线上的点由于位置特殊，因此作图较为简单。在图 4-10(d)中，在最左转向线 SA 上一点 M，只要已知其一个投影(如已知 m')，其他两个投影(m'、m'')即可直接求出。但是在圆锥面上的点 K，要用作辅助线的方法才能由一已知投影求出另外两个投影。

图 4-10(d)中，已知点 K 的 V 面投影 k'，求作点 K 的其他两个投影有两种作图方法。

方法一：是过点 K 与锥顶 S 作锥面上的素线 SE，即先过 k' 作 $s'e'$，由 e' 求出 e、e''，连接 se 和 $s''e''$，它们是辅助线 SE 的 H、W 面投影。而点 K 的 H、W 面投影必在 SE 的同面投影上，从而求出 k 和 k''。

方法二：过点 K 在锥面上作一水平辅助圆，该圆与圆锥的轴线垂直，称此圆为纬圆。点 K 的投影必在纬圆的同面投影上。

作图步骤如下。

① 先过 k' 作平行于 x 轴的直线，它是纬圆的 V 面投影。

② 画出纬圆的 H 面投影。

③ 由 k' 向下作垂线与纬圆交于点 k，再由 k' 及 k 求出 k''。因点 K 在锥面的右半部，所以 k'' 为不可见。

4.2.3 圆球

圆球是由球面围成的。圆球面是圆(母线)绕其一条直径(轴线)回转一周形成的曲面。

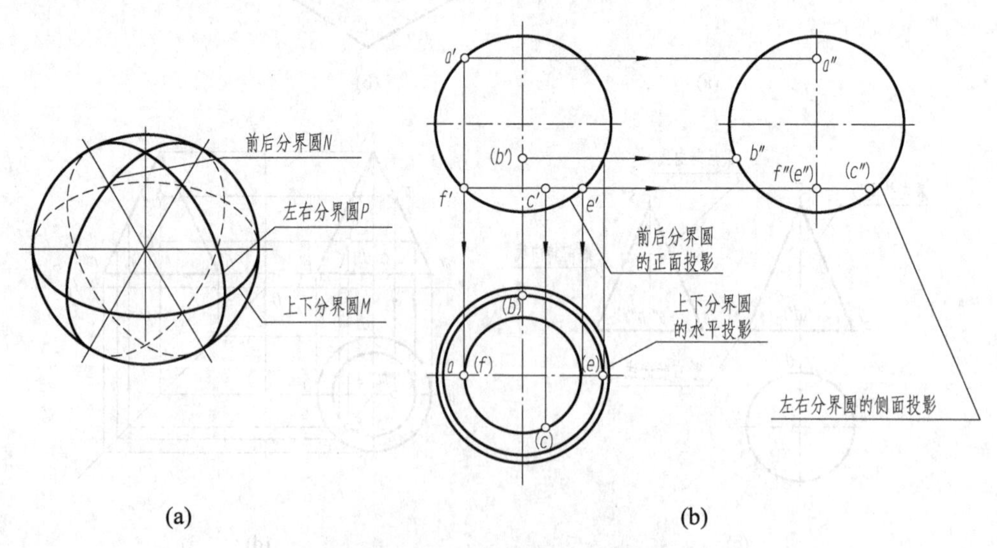

图 4-11 圆球的投影及表面取点

如图 4-11(b)所示，圆球的 3 个投影是圆球上平行相应投影面的 3 个不同位置的最大轮

廓圆。V 面投影的轮廓圆是前、后两半球面的可见与不可见的分界线。H 面投影的轮廓圆是上、下两半球面的可见与不可见的分界线。W 面投影的轮廓圆是左、右两半球面的可见与不可见的分界线。

圆球表面取点：在图 4-11 中，已知圆球面上点 A、B、C 的 V 面投影 a'、b'、c'，试求各点的其他投影。因为 a' 为可见，且在平行于 V 面的正面最大圆上，故其 H 面投影 a 在水平对称中心线上，W 面投影 a'' 在垂直对称中心线上；b' 为不可见，且在垂直对称中心线上，故点 B 在平行于 W 面的最大圆的后半部，可由 b' 先求出 b''，最后求出 b。以上两点均为特殊位置点，可直接作图求出它们的另外两面投影。

由于点 c 在球面上不处于特殊位置，故需作纬圆求解。过 c' 作平行于 X 轴的直线，与球的 V 面投影交于点 e'、f'，以 $e'f'$ 为直径在 H 面上作水平圆，则点 C 的 H 面投影 c 必在此纬线圆上，由 c、c' 求出 c''；因点 C 在球的右下方，故其 H、W 面投影 c 与 c'' 均为不可见。

4.2.4　圆环

圆环是由圆环面所围成的立体。

1. 形成

由圆母线绕与圆在同一平面内，但不通过圆心的轴线旋转一周而成。

2. 圆环的投影

图 4-12 所示为圆环的投影图。由圆母线外半圆回转形成的曲面称为外环面；内半圆回转形成的曲面称为内环面。

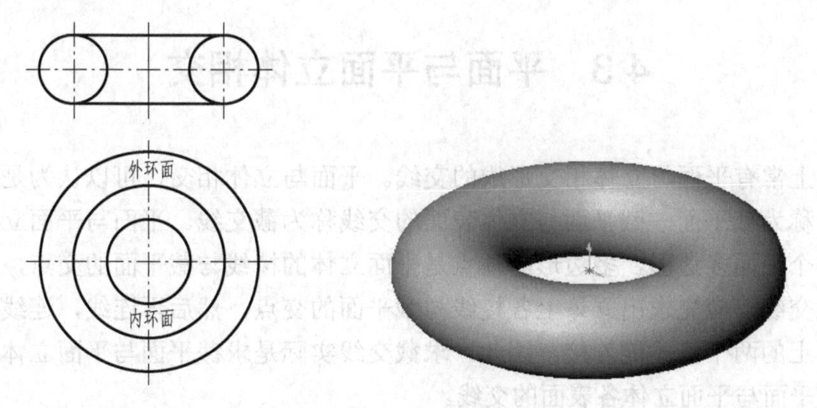

图 4-12　圆环

3. 圆环表面上取点

【例 4-4】如图 4-13 所示，已知圆环面上的点 A、B 的一个投影，求它们的另一个投影。

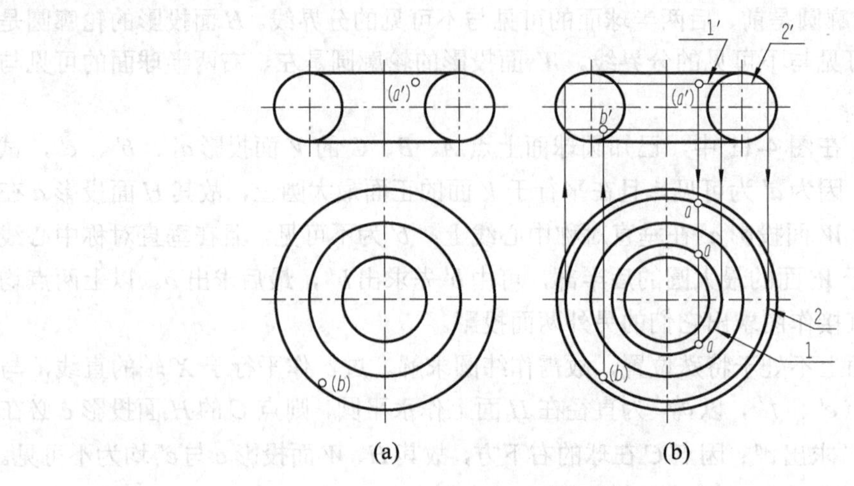

图 4-13 求点的投影

解 作图步骤如下。

① 求点 a。

② 过点 A 取辅助平面进行作图。

③ 过点(a')作垂直于轴线的辅助平面 P 的正面投影，它与圆环面相交于两水平圆，画出这两圆的水平投影(平面 P 与内、外环面的交点为半径)。因为 a' 不可见是已知，所以在水平投影的内环面上、外环面上作出点 a 共有三解。

④ 求点 b。

⑤ 过点(b)作辅助圆，由此求出该圆的正面投影，点 b' 必属其上。点 b' 只有一解。

4.3 平面与平面立体相交

在构件上常有平面与立体相交形成的交线。平面与立体相交，可以认为是平面截切立体，该平面称为截平面，截平面与立体表面的交线称为截交线。平面与平面立体相交所得截交线是一个平面多边形，多边形的顶点是平面立体的棱线与截平面的交点，因此，求平面立体的截交线，应先求出立体上各棱线与截平面的交点，然后再连线，连线时必须是位于同一棱面上的两个点才能连接。因此，求截交线实际是求截平面与平面立体各棱线的交点，或求截平面与平面立体各表面的交线。

4.3.1 平面与棱柱相交

图 4-14(a)表示三棱柱被正垂面 P 截断，图 4-14(b)表示截断后三棱柱投影的画法，图中符号 P_V 表示特殊面 P 的正面投影是一条直线(有积聚性)，这条直线可以确定该特殊面的空间位置。

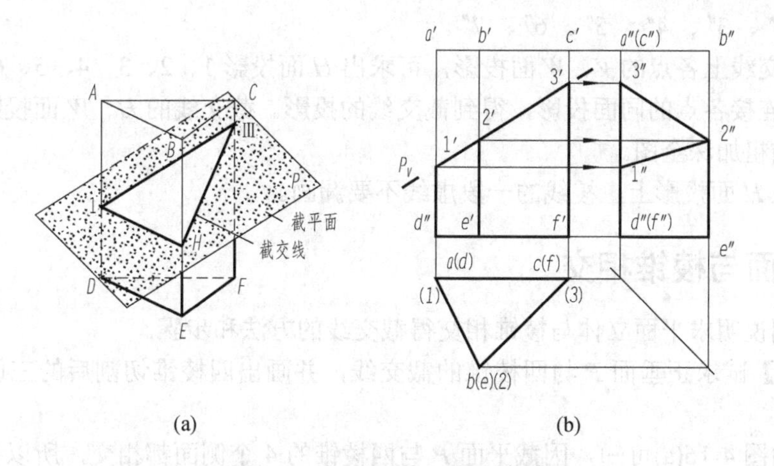

(a)　　(b)

图 4-14　正垂面与三棱柱相交

由于截面 P 是正垂面，因此位于正垂面上的截交线正投影必然位于截平面的积聚投影 P_V 上，而且 3 条棱线与 P_V 的交点1′、2′、3′就是截交线的 3 个顶点。

又由于三棱柱的棱面都是铅垂面，其水平投影有积聚性，因此位于三棱柱棱面上的截交线水平投影必然落在棱面的积聚投影上。

至于截交线的侧面投影，只需通过1′、2′、3′点向右作投影联系线即可在对应的棱线上找到1″、2″、3″，将此三点依次连成三角形，就得到截交线的侧面投影。最后擦掉切掉部分图线，完成截断后三棱柱的三面投影图。

【例 4-5】试画出图 4-15 所示四棱柱被 P、Q 两平面切去一角后的三面投影图。

分析：四棱柱被正垂面 Q 和侧平面 P 截切，正垂面 Q 与四棱柱的 4 个侧面和一个端面相交。侧平面 P 与四棱柱的两个侧面相交。P、Q 两平面都垂直于 V 面，P 与 Q 的交线为正垂线，因此，截交线的 V 面投影为两相交直线。据此可求出其他投影。

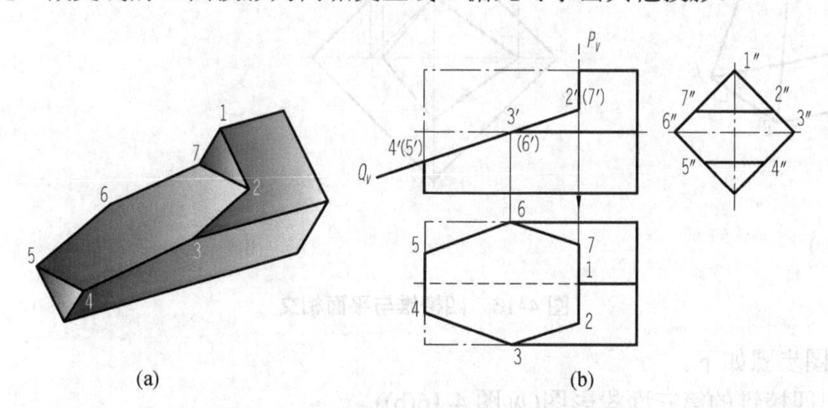

(a)　　(b)

图 4-15　四棱柱与正垂面和侧平面相交

解　作图步骤如下。

① 画出四棱柱的三面投影图。

② 根据 P、Q 两截平面的位置，画出它们的 V 面投影。标出截交线上各点的 V 投影1′、2′、3′、4′、5′、6′、7′。

③ 由于四棱柱的各棱面均为侧垂面，可由截交线上各点的 V 面投影，直接求出它们的

W 投影1″、2″、3″、4″、5″、6″、7″。

④ 由截交线上各点的 V、W 面投影，可求出 H 面投影 1、2、3、4、5、6、7。

⑤ 依次连接各点的同面投影，得到截交线的投影。截交线的 H、W 面投影均可见，画成粗实线。描粗加深全图。

注意：在 H 面投影上，棱线的一段虚线不要漏画。

4.3.2 平面与棱锥相交

下面举例说明求平面立体与棱锥相交得截交线的方法和步骤。

【例 4-6】 试求正垂面 P 与四棱锥的截交线，并画出四棱锥切割后的三面投影图，如图 4-16 所示。

分析：由图 4-16(a)可知，因截平面 P 与四棱锥的 4 个侧面都相交，所以截交线为四边形。四边形的 4 个顶点为四棱锥 4 条棱线与截平面 P 的交点。由于截平面 P 是正垂面，截交线的 V 面投影积聚为一斜线(用 P_V 表示)，由 V 面投影可求出其 H 面投影与 W 面投影。

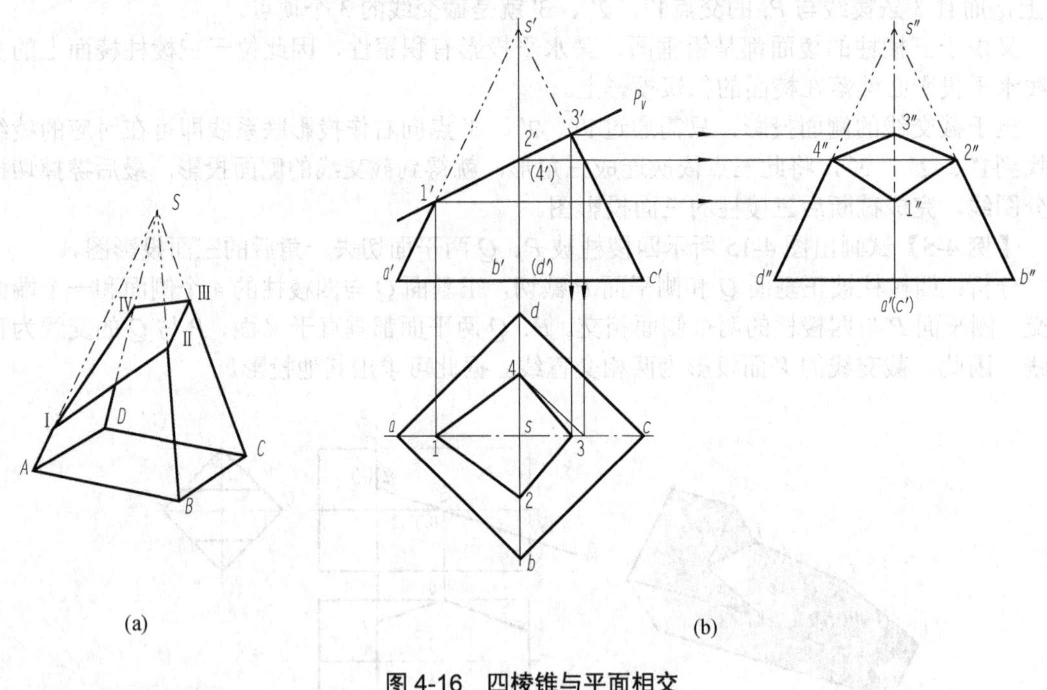

图 4-16 四棱锥与平面相交

解 作图步骤如下。

① 画出四棱锥的第三面投影图(见图 4-16(b))。

② 因 P 面为正垂面，四棱锥的 4 条棱线与 P 面交点的 V 面投影1′、2′、3′、4′可直接求出。

③ 根据直线上点的投影性质，在四棱锥各棱线的 H、W 面投影上，求出相应点的投影 1、2、3、4 和1″、2″、3″、4″。

④ 将各点的同面投影依次连接起来，即得到截交线的投影，它们是两个类似的四边形 1234 和1″2″3″4″。在图上去掉被截平面切去的部分，即完成截头四棱锥的三面投影图。

注意：在 W 面投影图上，棱线 SA 的一段虚线不要漏画。

4.4　平面与曲面立体相交

平面与曲面立体相交所得截交线的形状可以是曲线围成的平面图形，也可以是曲线和直线围成的平面图形或是平面多边形。

求作曲面立体截交线的投影时，通常是先选取一些能确定截交线形状和范围的特殊点，这些特殊点包括投影轮廓线上的点、椭圆长短轴端点、抛物线和双曲线的顶点等，然后按需要再选取一些一般点。

4.4.1　平面与圆柱相交

当平面与圆柱面的轴线平行、垂直、倾斜时，所产生的交线分别是矩形、圆、椭圆，如表 4-1 所示。

表 4-1　平面与圆柱的 3 种截交线

截平面的位置	平行于轴线	垂直于轴线	倾斜于轴线
交线的形状	矩形	圆	椭圆
立面图	P	P	P
投影图			

(1) 当截平面通过圆柱的轴线或平行于轴线时，截交线为两条素线。

(2) 当截平面垂直于圆柱的轴线时，截交线为圆。

(3) 当截平面倾斜于圆柱的轴线时，截交线为椭圆。

下面举例说明平面与圆柱面截交线投影的作图方法和步骤。

【例 4-7】 求正垂面 P 截切圆柱的截交线(见图 4-17)。

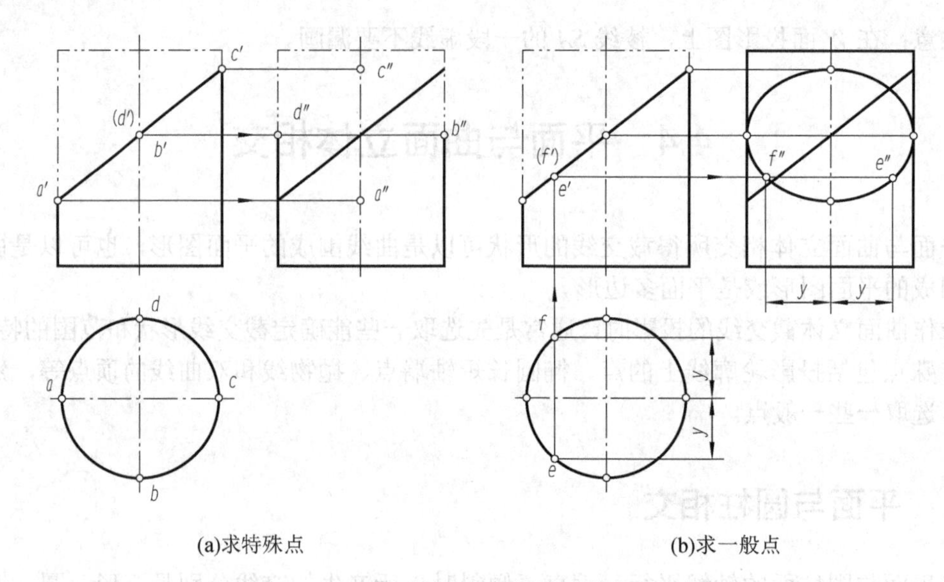

图 4-17　平面与圆柱面轴线斜交时截交线的求解

分析：

(1) 由图 4-17 可知，截平面 *P* 倾斜于圆柱轴线，截交线的空间形状为椭圆。

(2) 由于圆柱的轴线为铅垂线，截平面 *P* 为正垂面，因此截交线的 *V* 面投影重合在直线 *a'c'* 上，*H* 面投影重合在圆上，*W* 面投影则为椭圆，若截平面与圆柱轴线成 45° 相交时，则 *W* 面投影为圆。

解　作图步骤如下。

① 求特殊点。从图 4-17(a)可看出，点 *A* 和点 *C* 分别是截交线的最低点、最高点，点 *B* 和点 *D* 分别是截交线的最前点、最后点，它们也是椭圆长短轴的端点。它们的 *V* 面、*H* 面投影可利用积聚性直接求得，然后根据 *V* 面投影 *a'*、*c'* 和 *b'*、*d'* 以及 *H* 面投影 *a*、*c* 和 *b*、*d* 求得 *W* 面投影 *a''*、*c''* 和 *b''*、*d''*。由于 *b''d''* 和 *a''c''* 互相垂直，且 $b''d'' > a''c''$，所以截交线的 *W* 面投影中以 *b''d''* 为长轴、*a''c''* 为短轴。

② 求一般位置点。为使作图准确，还须作出若干一般点。如图 4-17(b)所示，先在 *H* 面投影上取对称于水平中心线的点 *e*、*f*，在 *V* 面投影上即可得到 *e'*、*f'*，再求出 *e''*、*f''*。用同样方法还可作出其他若干点。

③ 依次光滑连接 *a''*、*e''*、*b''*…，即得截交线的 *W* 面投影。

此题也可根据椭圆长、短轴用四心圆法近似画出椭圆。

4.4.2　平面与圆锥相交

平面与圆锥相交所产生的截交线形状，取决于平面与圆锥轴线的位置。表 4-2 列出了平面与圆锥轴线处于不同相对位置时所产生的 5 种交线。

截交线的形状不同，其作图方法也不一样。交线为直线时，只需求出直线上两点的投影，连直线即可；截交线为圆时，应找出圆的圆心和半径；当截交线为椭圆、抛物线和双曲线时，需作出截交线上一系列点的投影。

表 4-2　平面与圆锥轴线处于不同相对位置下所产生的 5 种交线

截平面的位置		截交线的形状	立体图	投影图
与轴线垂直		圆		
过锥顶		三角形		
与轴线倾斜	与所有素线相交	椭圆		
	平行于一条素线	抛物线加直线段		
与轴线平行		双曲线加直线段		

图 4-18 所示为一直立圆锥被正垂面截切，对照表 4-2 可知，截交线为一椭圆。由于圆锥前后对称，所以此椭圆也一定前后对称，椭圆的长轴就是截平面与圆锥前后对称面的交线(正平线)，其端点在最左、最右转向线上。而短轴则是通过长轴中点的正垂线。截交线的 V 面投影积聚为一直线，其 H 面投影和 W 面投影通常为一椭圆。它的作图步骤如下。

(1) 求特殊点。最低点Ⅰ、最高点Ⅱ是椭圆长轴的端点，也是截平面与圆锥最左、最右转向线的交点，可由 V 面投影1′、2′作出 H 面投影 1、2 和 W 面投影1″、2″。圆锥的最前、最后转向线与截平面的交点Ⅴ、Ⅵ，其 V 面投影5′、(6′)为截平面与轴线 V 面投影的交点，根据5′、(6′)作点5″、6″，再由5′、(6′)和5″、6″求得 5、6。

椭圆短轴的端点Ⅲ、Ⅳ在 V 面上的投影3′、(4′)应在1′2′的中点处。H 面投影 3、4 可利用辅助纬圆法(或辅助素线法)求得。再根据3′、(4′)和 3、4 求得3″、4″。

(2) 求一般点。为了准确作图，在特殊点之间作出适当数量的一般点，如Ⅶ、Ⅷ两点，可用辅助纬圆法作出其各投影。

(3) 依次连接各点即得截交线的 H 面投影与 W 面投影。

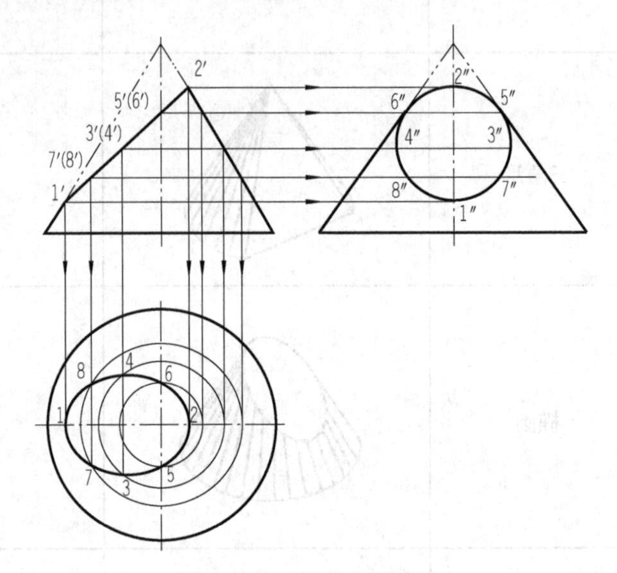

图 4-18　平面与圆锥相交

4.4.3　平面与球面相交

球被截平面截切后所得的截交线都是圆。如果截平面是投影面的平行面，在该投影面上的投影为圆的实形，其他两投影积聚成直线，长度等于截交圆的直径。如果截平面是投影面垂直面，则截交线在该投影面上的投影为一直线，其他两投影均为椭圆。

图 4-19 所示为一球被正垂面截切，截交线的 V 面投影积聚为一直线，且等于截交圆的直径，H 面投影为一椭圆。作图步骤如下。

(1) 确定椭圆长、短轴的端点 1、2、3、4。在 V 面投影上作出两点1′、2′，在其中再作出两点3′、(4′)。由于两点Ⅰ、Ⅱ在球面平行于 V 面的最大圆上，由1′、2′即可求出两点 1、2。过两点Ⅲ、Ⅳ在球面上作一水平圆，即可得两点Ⅲ 、Ⅳ的 H 面投影 3、4，如图 4-19(a)所示。

(2) 确定截交线 H 面投影与轮廓线的交点 5、6。由于两点Ⅴ、Ⅵ在球面平行于 H 面的转向圆上，由 5′、(6′)即可求出 H 面投影 5、6，如图 4-19(b)所示。

(3) 根据长轴 34 和短轴 12 画出椭圆，并检查 5、6 是否在椭圆上，如图 4-19(c)所示。

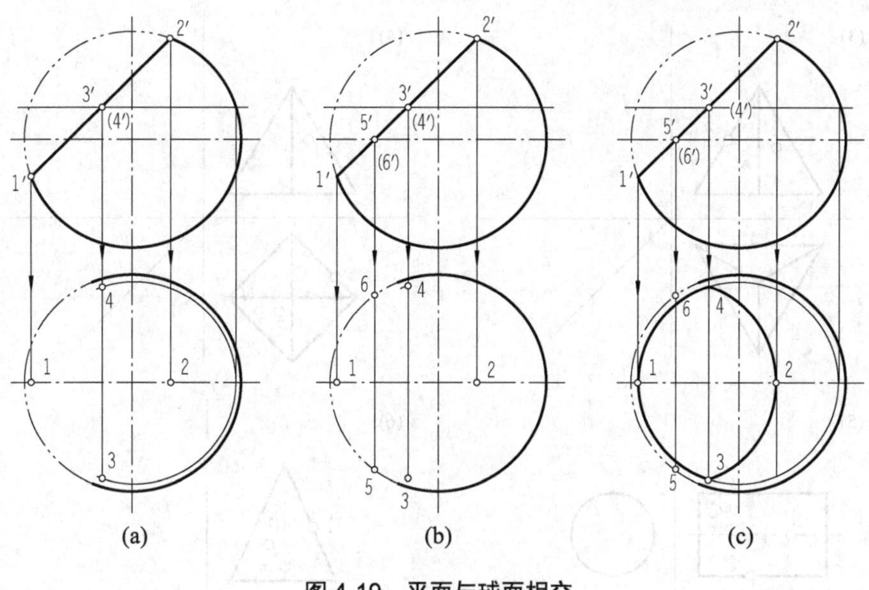

图 4-19　平面与球面相交

思　考　题

4-1　棱柱、棱锥、圆柱、圆锥、球的投影有哪些特性？

4-2　平面与平面立体相交时，其截交线是三面性质的线，怎样作图？

4-3　平面立体与曲面立体的相贯线是什么样的线？怎样作图？

绘 图 练 习

如图 4-20 所示，补全立体的侧面投影，并补全表面上各点的三面投影。

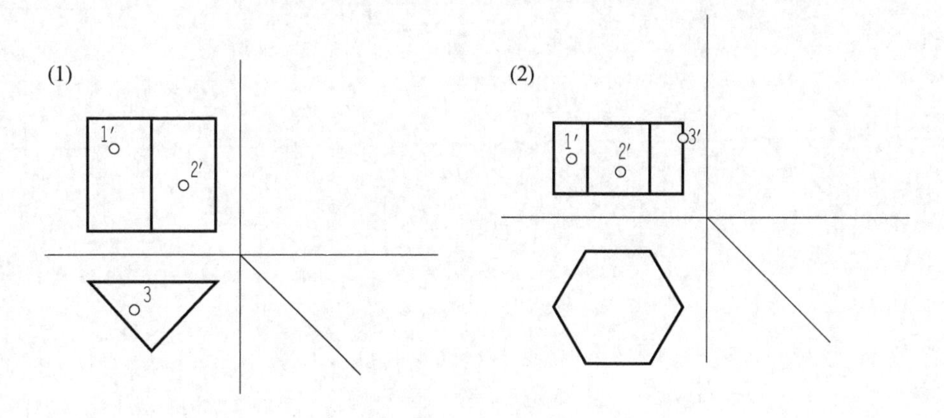

图 4-20　练习题图

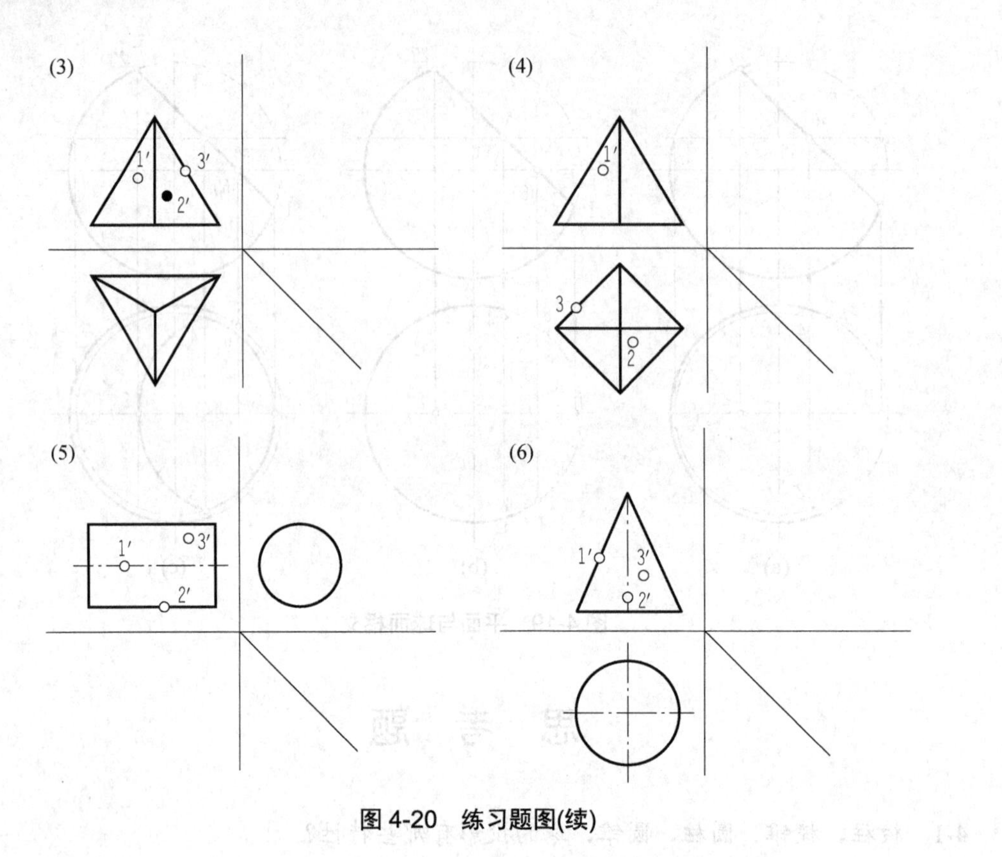

图 4-20　练习题图(续)

第 5 章　组合体的投影图

教学目标和要求

- 掌握组合体的形体分析及三视图画法。
- 掌握组合体的尺寸标注。
- 掌握组合体三视图的读图训练(形体分析、线面分析)。
- 掌握完成组合体画图、读图、标注尺寸。

本章重点和难点

- 掌握组合体投影图的画法。
- 掌握组合体投影图的读法。

5.1　组合体的形体分析

工程建设中一些较为复杂的形体，如图 5-1 所示，一般都可以看作由基本几何体(如棱柱、棱锥、棱台、圆柱、圆锥、圆台、球等)按照一定的构形方式加工、组合而成。常见形体的构形方式一般有立体相加和相减两大类，相加包括前面讲过的简单叠加和相交连接，相减即前面讲过的切割(或挖切)。有些复杂的形体也可能同时由几种构形方式综合而成。

由基本几何体经过这些加工、组合构造出来的形体，称为组合体。

分析组合体的形成方法，叫形体分析。形体分析是认识形体、表达形体、想象形体和几何造型的基本思维方法。

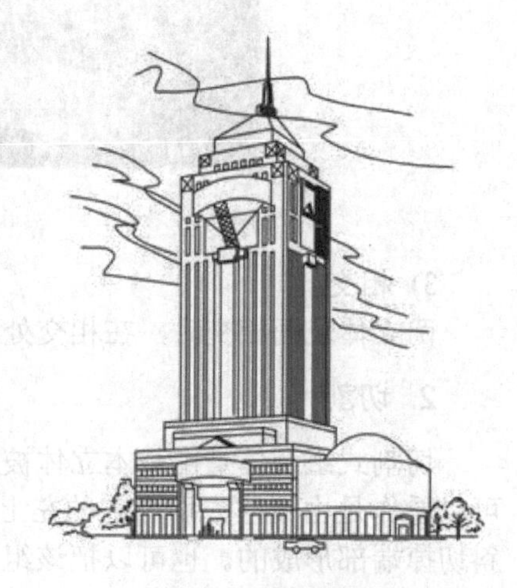

图 5-1　某高层建筑

1. 叠加

叠加就是把基本几何体重叠地摆放在一起而构成组合体。根据形体相互间的位置关系，叠加分为 3 种形式。

1) 平齐

简单叠加是基本立体之间的自然堆积，只有接触面，不另外产生表面交线。如图 5-2 所示的组合体，可看作是由两个四棱柱和一个三棱柱叠加而成的。叠加时基本立体的表面贴在一起，但是没有接缝。叠加后当两基本立体的某处表面连成一个平面时，这两个表面间没有分界线，因此画图时共面处不应画线。

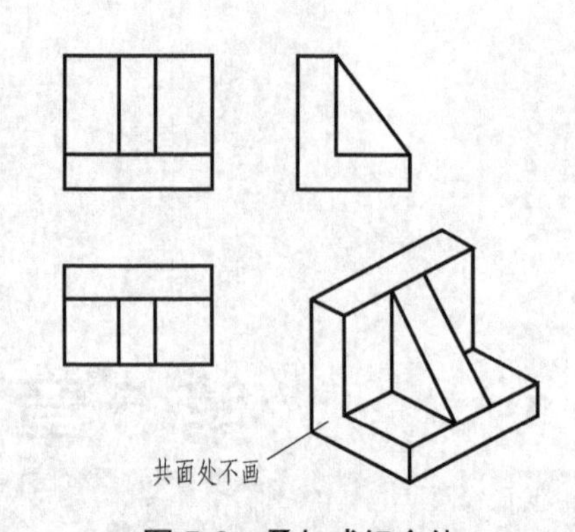

图 5-2　叠加式组合体

2) 相切

相交连接起来的组合体，表面之间可能产生交线(截交线或相贯线)，画图时要画全这些交线。如图 5-3 所示的组合体是由圆柱与一个倒 T 形棱柱交接在一起形成的，在表面相交处应画出交线，在平面与曲面相切处则不应画线。

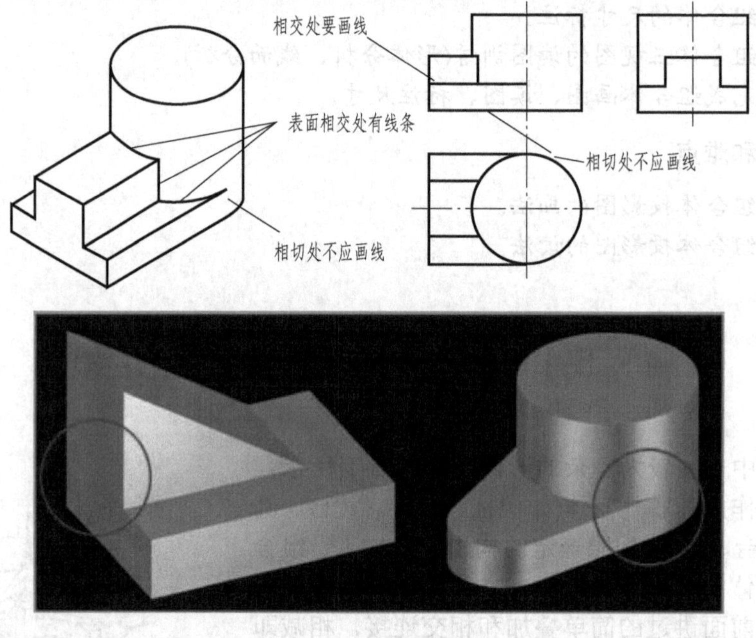

图 5-3　相切式组合体

3) 相交

两立体表面相交时，在相交处表面必然形成交线，应画出交线的投影。

2. 切割

切割式组合体是由基本立体被一些平面或曲面切割形成的。如图 5-4(a)所示的组合体，可以看作是由棱柱先切去它的左上角，再挖去一个小棱柱；或者反过来，先挖切出槽，再斜切掉端部形成的。也可以把该组合体看作是 U 形八棱柱被斜切一次形成的。如图 5-4(b)所示的组合体是由立方体挖去了 1/4 圆柱，并用两个截平面又切去了一个角形成的。画切割式组合体一般是先画出切割前的原始形状，然后逐步画出有关的部分。

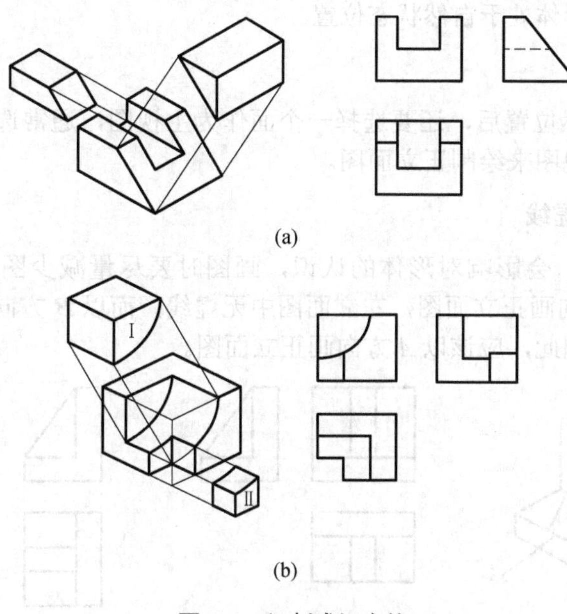

图 5-4　切割式组合体

在更多的情形下，形体可能是由多种构形方式综合形成的。需要指出，形体分析时分析的思路不是唯一的。同样一个形体，往往可以从不同的角度分析它的形成方式。

5.2　组合体的视图画法

对于一个组合体，可以画出它的 6 个基本视图或者一些辅助视图，究竟用哪些视图来表达组合体最简单、最清楚、最准确而且视图的数量又最少呢？问题的关键是视图的选择。

在工程图样中，正立面图是基本图样。通过阅读正立面图，可以对形体的长、高方面有个初步的认识，然后再选择其他必要的视图来认识形体，通常的形体用三视图即可表示清楚。根据形体的繁简情况，有些形状复杂或特殊的形体可能需要的视图更多些，简单的形体需要的视图则会少些。下面是选择视图的基本原则。

5.2.1　主视图的选择

主视图是三视图中最重要的视图，画图、读图通常都是从主视图开始。确定主视图也就是正立面图，就是要解决好组合体怎样放置和从哪个方向投射两个问题。通常选择能将组合体各组成部分的形状和相对位置明显地显示出来的方向作为主视图的投射方向，并按自然安放位置放置，使其各表面能较多地处于特殊位置，同时还要兼顾其他两个视图的表达。因此，主视图的选择起主导作用，选择正立面图应遵循以下各项原则。

1. 形体的自然状态位置

形体在通常状态下或使用状态下所处的位置叫作自然状态位置。例如，桌椅在通常状态下或试用状态下，腿总是朝下的。当某些形体的通常状态与使用状态不同时，以人们的习惯为准。例如，一张床使用时是四腿朝下平放在地面上，而不使用时，为了节省用地面积也可以立着放置，但人们看床的习惯还是平放，因此它的自然状态位置就是平放位置。

画正立面图时，要使形体处于自然状态位置。

2. 形状特征明显

确定了形体的自然位置后，还要选择一个面作为主视图，通常选择能够反映形体主要轮廓特征的一面作为视图来绘制正立面图。

3. 视图中要减少虚线

视图中虚线过多，会影响对形体的认识，画图时要尽量减少图中的虚线。例如，如图 5-5 所示，以 *A* 方向画正立面图，左立面图中无虚线，而以 *B* 方向画正立面图，则左侧立面图中出现虚线。因此，应该以 *A* 方向画正立面图。

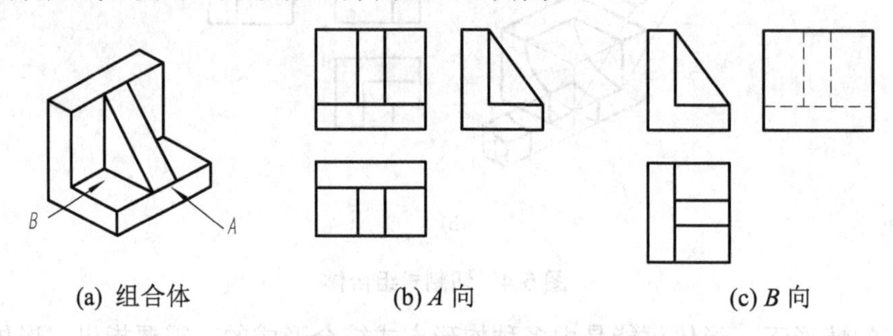

(a) 组合体　　(b) *A* 向　　(c) *B* 向

图 5-5　主视图方向的选择

4. 画面布图要合理

画正立面图时，除了要考虑前面的几个问题之外，还要考虑图面布置的合理性。例如，图 5-6(a)所示薄腹梁，一般选择较长的一面作正立面图，如图 5-6(a)所示，这样的视图所占的图幅较少，图形间匀称、协调。如果考虑用梁的横向特征面作正立面图，如图 5-6(b)所示，则所画的图形之间就明显不协调。

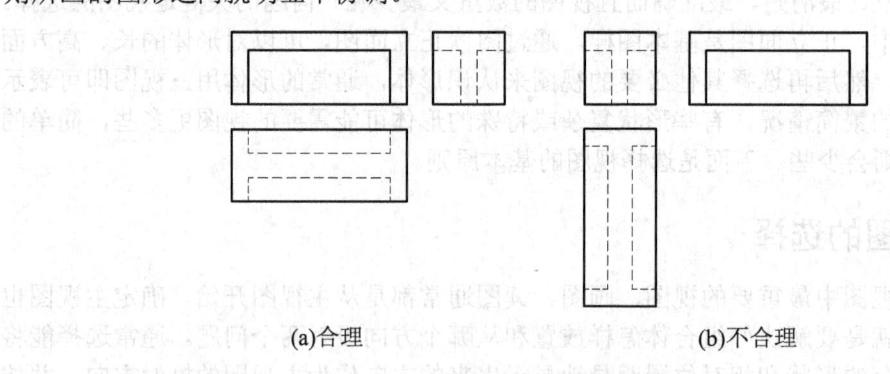

(a)合理　　(b)不合理

图 5-6　图面布置

5.2.2　视图数量的选择

为了清楚地表达形体，在正立面图确定以后，还需要选择其他视图，包括基本视图和辅助视图。选择哪些视图，应该根据形体的繁简程度及习惯画法来决定。原则是在能把形体表示清楚的前提下，视图的数量越少越好。对于常见的组合体，通常画出其正立面图、平面图和左侧立面图即可把组合体表示清楚。对于复杂的形体还要增加其他的视图。所以要把握好这个原则，选择最少的视图表达图形。

5.2.3　画图流程及示例

画组合体三面投影图的流程如下。

1. 形体分析

在画图之前，首先应对组合体进行形体分析，将其分解成几个组成部分，明确各基本形体的形状、组合形式、相对位置以及表面连接关系，以便对组合体的整体形状有个总的概念，为画图做准备。

2. 确定正立面图

在画三视图时，要根据形体的结构、组成情况确定其自然位置特征面。特征面应与 V 投影面平行，从而确定出正立面图。

3. 具体的画图步骤及示例

根据选定的图幅和比例，初步考虑 3 个视图的位置，应尽量做到布局合理、美观。

1) 画作图基准线

根据组合体的总长、总宽、总高，并注意各视图之间留有适当地方标注尺寸，匀称布图，画出作图基准线。

2) 画底稿

按形体分析法逐个画出各基本形体。首先从反映形状特征明显的视图画起，然后画其他两个视图，3 个视图配合进行。一般顺序是：先画整体，后画细节；先画主要部分，后画次要部分；先画大形体，后画小形体。

3) 检查

底稿画完以后，逐个仔细检查各基本形体表面的连接关系，纠正错误和补充遗漏。由于组合体内部各形体融合为一体，需检查是否画出了多余的图线。经认真修改并确定无误后，擦去多余的图线。

4) 描深

底稿经检查无误后，按“先描圆和圆弧，后描直线；先描水平方向直线，后描铅垂方向直线，最后描斜线”的顺序，根据国家标准规定线型，自上而下、从左到右描深图线。图 5-7 所示为一个台阶的画图步骤示例。

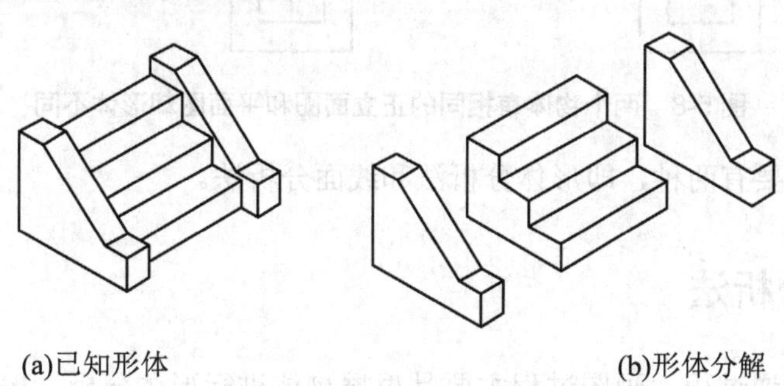

(a)已知形体　　(b)形体分解

图 5-7　台阶的画法

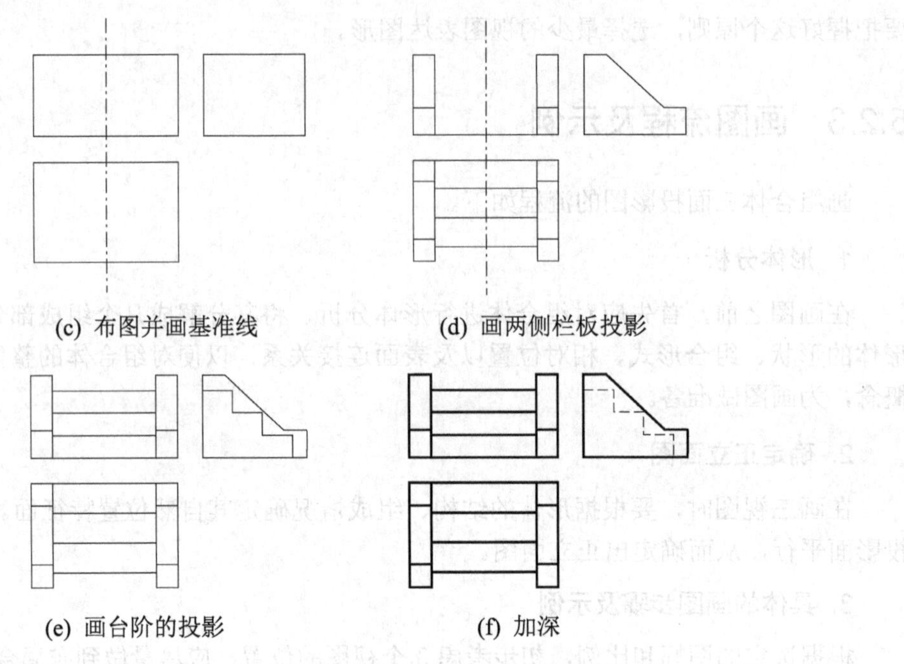

图 5-7 台阶的画法(续)

5.3 组合体的视图读法

读图就是根据物体的视图，通过分析、想象出被表达物体的原形。读图与画图是互逆的两个过程，其实质都是反映图、物之间的等价关系。因此，这两者在方法上是相通的。

在读图时要根据视图的对应关系，把各个视图联系起来看，通过分析想象出物体的空间形状。不能孤立地看一两个视图来确定物体的空间形状。例如，如图 5-8 所示的两个物体的正立面图和平面图是相同的，但两个形体不同。

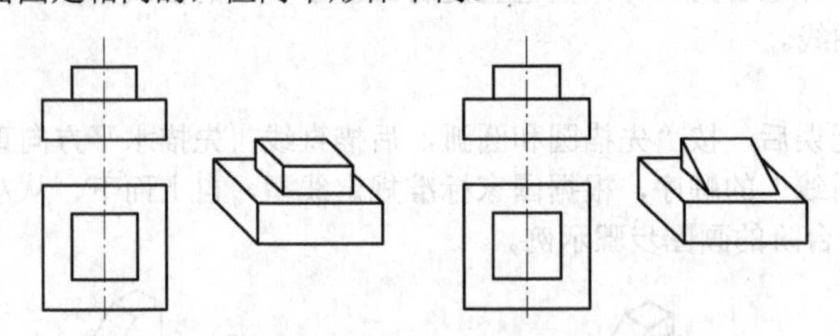

图 5-8 两个物体有相同的正立面图和平面图却形体不同

读图的方法主要有两种，即形体分析法和线面分析法。

5.3.1 形体分析法

看图是画图的逆过程。画图过程主要是根据物体进行形体分析，按照基本形体的投影特点，逐个画出各形体，完成物体的三视图。因此，看图过程应是根据物体的三视图(或两个视图)，用形体分析法逐个分析投影的特点，并确定它们的相互位置，综合想象出物体的结构、形状。下面以图 5-9(a)所示的三视图为例加以说明。

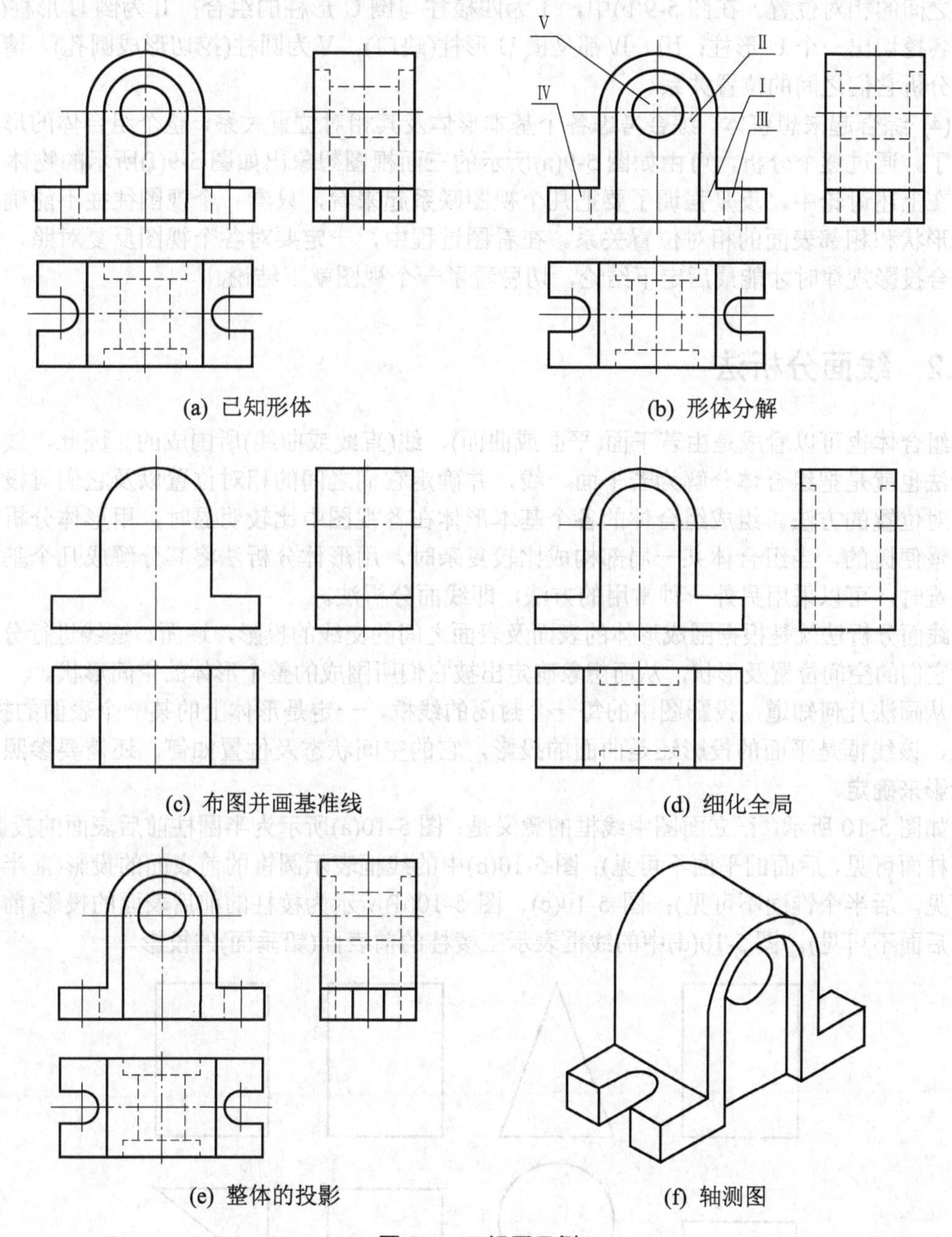

(a) 已知形体　(b) 形体分解

(c) 布图并画基准线　(d) 细化全局

(e) 整体的投影　(f) 轴测图

图 5-9　三视图示例

(1) 联系有关视图，看清投影关系。先从主视图看起，借助丁字尺、三角板、分规等工具，根据“长对正、高平齐、宽相等”的规律，把几个视图联系起来看清投影关系，做好看图准备。

(2) 把一个视图分成几个独立部分加以考虑。一般把主视图中的封闭线框(实线框、虚线框或实线与虚线框)作为独立部分。例如，将图 5-9(b)所示的主视图分成 5 个独立部分，即Ⅰ、Ⅱ、Ⅲ、Ⅳ、Ⅴ。

(3) 识别形体，定位置。根据各部分三视图(或两视图)的投影特点想象出形体，并确定它们之间的相对位置。在图 5-9(b)中，Ⅰ为四棱柱与倒 U 形柱的组合；Ⅱ为倒 U 形柱(槽)，前后各挖切出一个 U 形柱；Ⅲ、Ⅳ都是横 U 形柱(缺口)；Ⅴ为圆柱(挖切形成圆孔)。请读者自行分析它们之间的位置关系。

(4) 综合起来想整体。综合考虑各个基本形体及其相对位置关系，整个组合体的形状就清楚了。通过逐个分析，可由如图 5-9(a)所示的三面视图想象出如图 5-9(f)所示的物体。

在上述讨论中，反复强调了要把几个视图联系起来看，只看一个视图往往不能确定形体的形状和相邻表面的相对位置关系。在看图过程中，一定要对各个视图反复对照，直至都符合投影规律时才能最后定下结论，切忌看了一个视图就下结论。

5.3.2 线面分析法

组合体也可以看成是由若干面(平面或曲面)、线(直线或曲线)所围成的。因此，线、面分析法也就是把组合体分解为若干面、线，并确定它们之间的相对位置以及它们对投影面的相对位置的方法。组成组合体的各个基本形体在各视图中比较明显时，用形体分析法读图是最便捷的。当组合体某一局部构成比较复杂时，用形体分析法将其分解成几个基本形体困难时，可以采用另外一种常用的方法，即线面分析法。

线面分析法就是根据围成形体的表面及表面之间的交线的投影，逐面、逐线进行分析，找出它们的空间位置及形状，从而想象确定出被它们所围成的整个形体的空间形状。

从画法几何知道，投影图中的每一个封闭的线框，一定是形体上的某一个表面的投影。但是，该线框是平面的投影还是曲面的投影，它的空间状态及位置如何，还需要参照其他的投影来确定。

如图 5-10 所示，正立面图中线框的意义是：图 5-10(a)所示为半圆柱前后表面的投影(前半个柱面可见，后面的平面不可见)；图 5-10(b)中的线框表示圆锥的前表面的投影(前半个锥面可见，后半个锥面不可见)；图 5-10(c)、图 5-10(d)所示为棱柱的前后表面的投影(前面可见，后面不可见)。图 5-10(d)中的线框表示三棱柱的前表面(铅垂面)的投影。

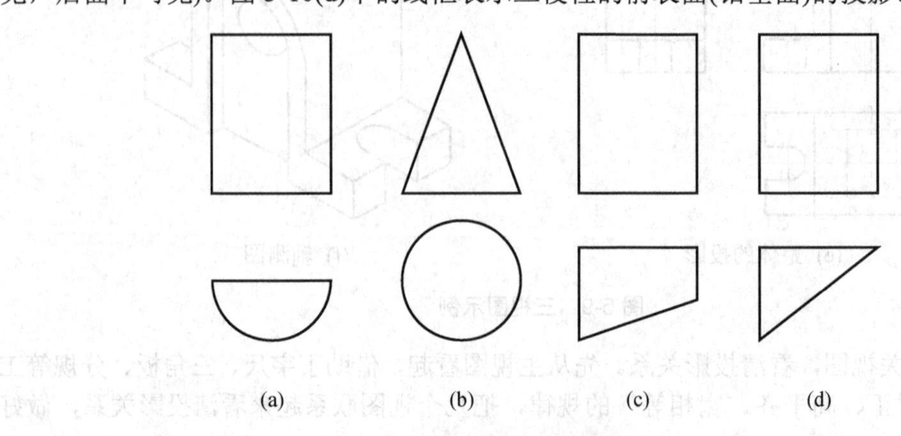

图 5-10 线框的意义

5.4　组合体的尺寸标注

构件的视图只表达其结构形状，它的大小必须由视图上所标注的尺寸来确定。建筑工程视图上的尺寸是建造、核准和检验的依据。因此，标注尺寸时必须做到正确(严格遵守国家标准规定)、完整和清晰。

下面在第 1 章介绍尺寸注法标准及平面图形尺寸注法的基础上，进一步介绍几何体和组合体的尺寸注法。

5.4.1　几何体的尺寸

常见的基本形体形状和大小的尺寸标注方法及应标注的尺寸数如图 5-11 所示。

任何几何体都需标注出长、宽、高三个方向的尺寸，虽因形状不同，标注形式可能有所不同，但基本形体的尺寸数量不能增减。

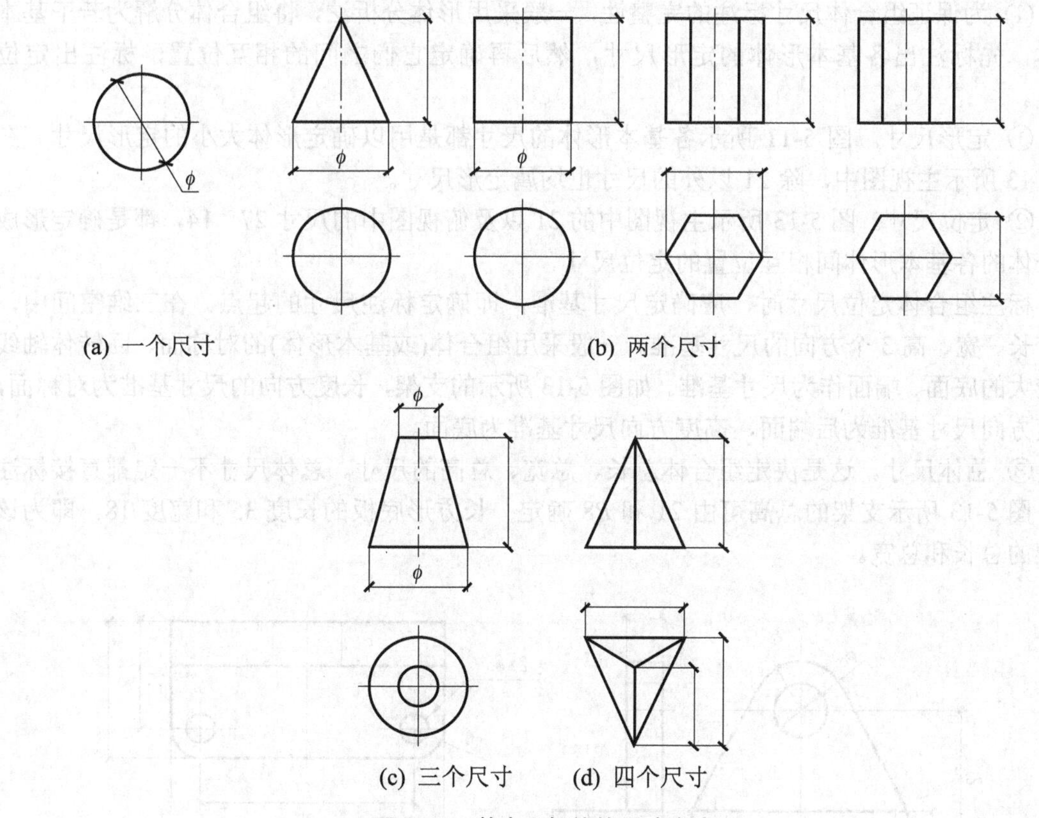

(a) 一个尺寸　　(b) 两个尺寸

(c) 三个尺寸　　(d) 四个尺寸

图 5-11　基本几何体的尺寸注法

图 5-12 所示为几个具有斜截面或缺口的几何形体的尺寸注法。

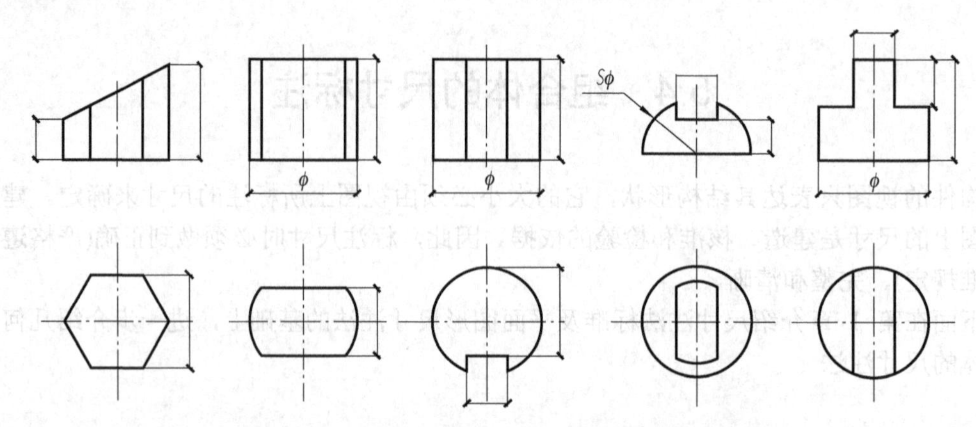

图 5-12　具有斜截面或缺口的几何体的尺寸标注

5.4.2　组合体的尺寸

标注组合体视图尺寸的基本要求是完整和清晰。现分述如下。

(1) 为保证组合体尺寸标注的完整性，一般采用形体分析法，将组合体分解为若干基本形体，先标注出各基本形体的定形尺寸，然后再确定它们之间的相互位置，标注出定位尺寸。

① 定形尺寸。图 5-11 所示各基本形体的尺寸都是用以确定形体大小的定形尺寸。在图 5-13 所示主视图中，除 21 以外的尺寸也均属定形尺寸。

② 定位尺寸。图 5-13 所示主视图中的 21 以及俯视图中的尺寸 27、14，都是确定形成组合体的各基本形体间相互位置的定位尺寸。

标注组合体定位尺寸时，应确定尺寸基准，即确定标注尺寸的起点。在三维空间中，应有长、宽、高 3 个方向的尺寸基准。一般采用组合体(或基本形体)的对称面、回转体轴线和较大的底面、端面作为尺寸基准。如图 5-13 所示的支架，长度方向的尺寸基准为对称面，宽度方向尺寸基准为后端面，高度方向尺寸基准为底面。

③ 总体尺寸。这是决定组合体总长、总宽、总高的尺寸。总体尺寸不一定都直接标注出。图 5-13 所示支架的总高可由 21 和 *R*8 确定；长方形底板的长度 35 和宽度 18，即为该支架的总长和总宽。

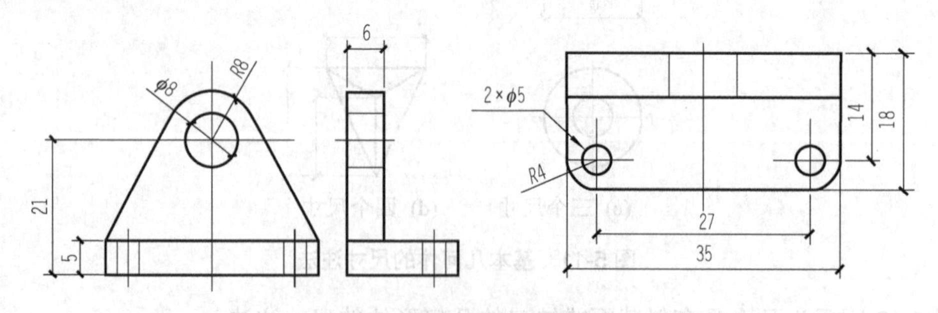

图 5-13　组合体的定位尺寸

(2) 要使尺寸标注清晰，应遵循以下原则。

① 尺寸应尽可能标注在形状特征最明显的视图上，半径尺寸应标注在反映圆弧的视图上。要尽量避免从虚线引出尺寸。

② 同一个基本形体的尺寸，应尽量集中标注。

③ 尺寸尽可能标注在视图外部，但为了避免尺寸界线过长或与其他图线相交，必要时也可注在视图内部。

④ 与两个视图有关的尺寸，尽可能标注在两个视图之间。

⑤ 尺寸布置要齐整，避免过分分散和杂乱。在标明同一方向的尺寸时，应该小尺寸在内、大尺寸在外，以免尺寸线与尺寸界线相交。

5.4.3　标注组合体尺寸的步骤

下面以图 5-14 所示图形为例，说明标注组合体尺寸的方法和步骤。

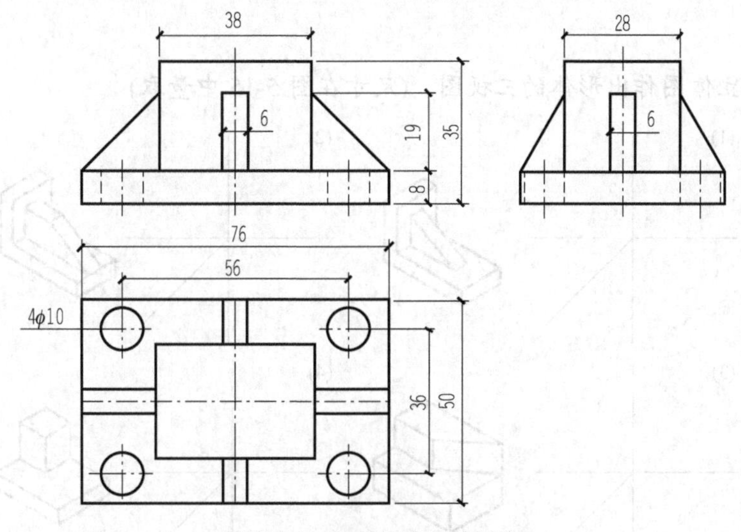

图 5-14　组合体的尺寸标注

(1) 形体分析。该组合体是由四棱柱(底板)、四棱柱、4 块三棱柱(支撑板)和 4 个圆柱孔组成。

(2) 选择基准。标注尺寸时，应先选定尺寸基准。这里选定该图形的左、右对称平面及前、后对称面以及底面作为长、宽、高 3 个方向的尺寸基准。

(3) 标注各基本形体的定形尺寸长宽高。图 5-14 中的 76、50、8 是长方形底板的定形尺寸；四棱柱的定形尺寸为 38、28、27；支撑板的定形尺寸为 19、6、19 和 6、11、19；圆柱孔的定形尺寸为 ϕ10。注：四棱柱尺寸中的高 27 是 35−8 得到的数。支撑板尺寸中第一个长 19 是(76−38)/2 得到的数。支撑板尺寸中宽 11 是(50−28)/2 得到的数。

(4) 标注定位尺寸。由于形体前后、左右对称，四棱柱与底板、支撑板与底板均以对称线为基准，不需要定位尺寸。4 个圆柱孔在长度方向上的定位尺寸是 56，在宽度方向上的定位尺寸是 36。

(5) 标注总体尺寸。76、50、35。

思　考　题

5-1　什么是形体分析法？

5-2　组合体的叠加有几种方式？

5-3　如何读组合体视图？

5-4　视图中的封闭线框可能是物体上哪些几何元素的投影？

5-5　组合体的尺寸标注有哪些基本要求？

5-6　已知组合体的两个视图，能否补画第三个视图？为什么？

绘 图 练 习

5-1　根据立体图作出形体的三视图。(尺寸在图 5-15 中量取)

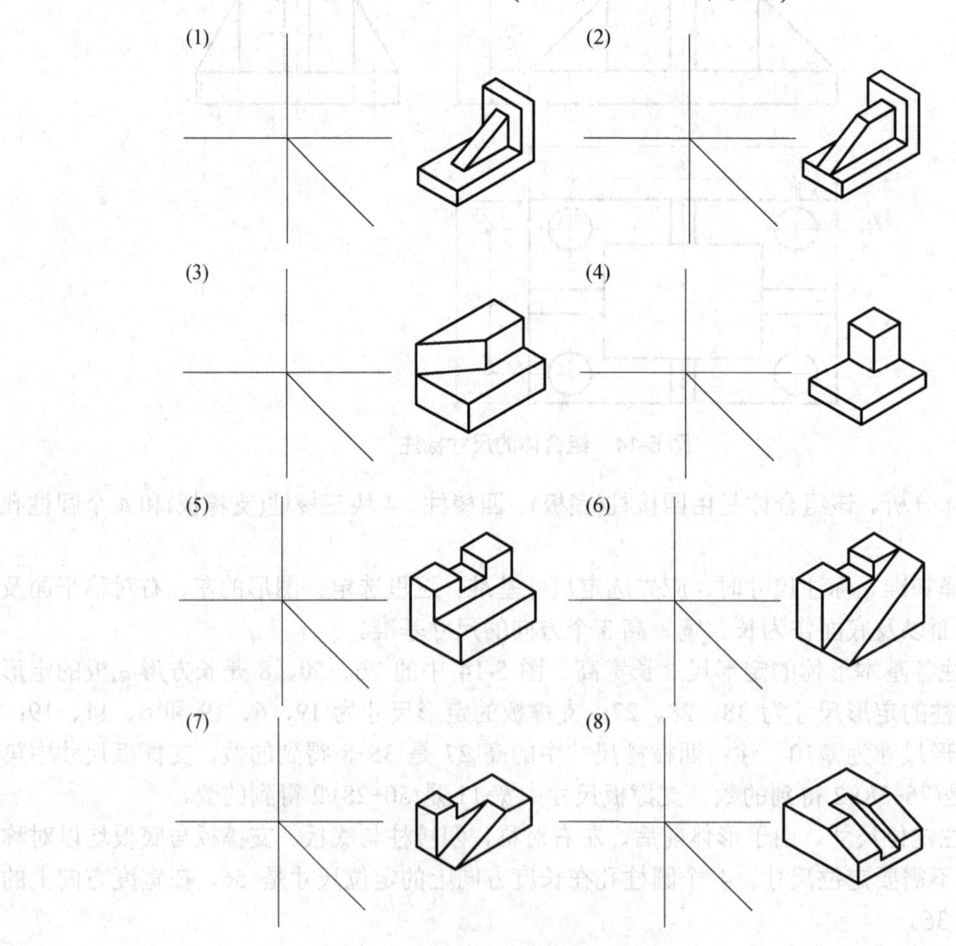

图 5-15　练习 5-1 图

5-2　根据组合体的两面投影(见图 5-16)补全第三面投影。

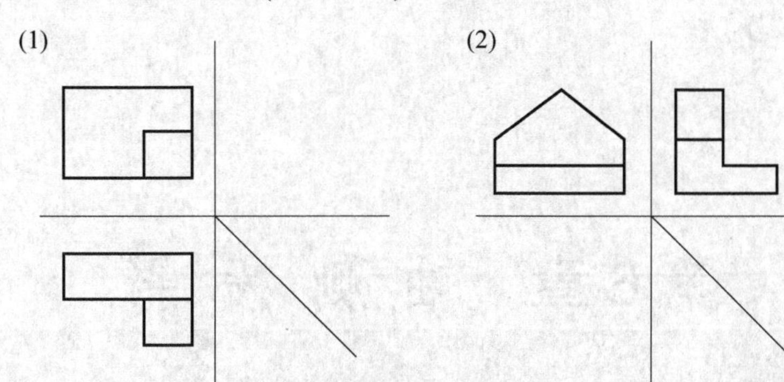

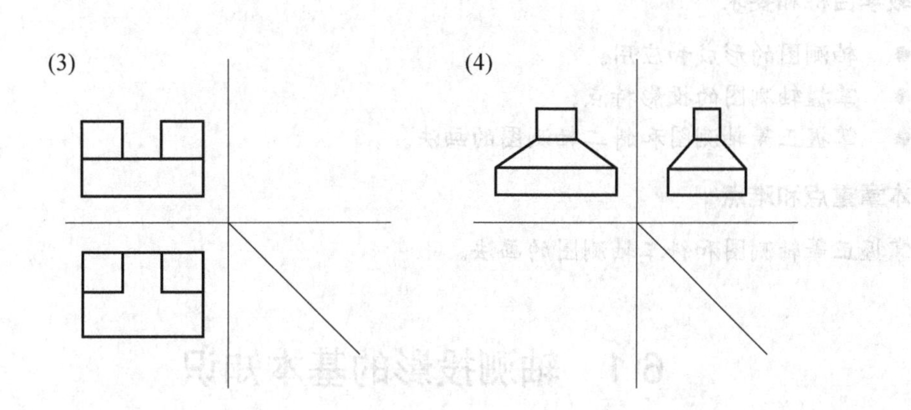

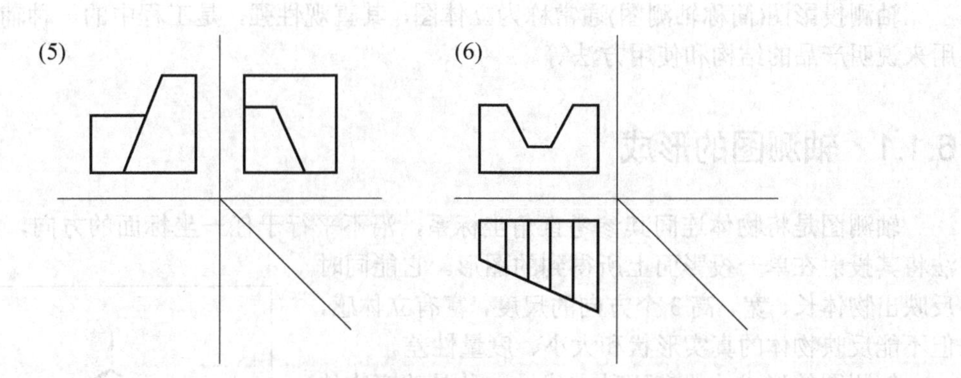

图 5-16　练习 5-2 图

第6章　轴测投影

教学目标和要求

- 轴测图的形成和应用。
- 掌握轴测图的投影特点。
- 掌握正等轴测图和斜二轴测图的画法。

本章重点和难点

掌握正等轴测图和斜二轴测图的画法。

6.1　轴测投影的基本知识

轴测投影图(简称轴测图)通常称为立体图，其直观性强，是工程中的一种辅助图样，常用来说明产品的结构和使用方法等。

6.1.1　轴测图的形成

轴测图是将物体连同其参考直角坐标系，沿不平行于任一坐标面的方向，用平行投影法将其投射在单一投影面上所得到的图形。它能同时反映出物体长、宽、高3个方向的尺度，富有立体感，但不能反映物体的真实形状和大小、度量性差。

轴测图的形成一般有两种方式：一种是改变物体相对于投影面的位置，而投影方向仍垂直于投影面，所得轴测图称为正轴测图；另一种是改变投影方向，使其倾斜于投影面，而不改变物体对投影面的相对位置，所得投影图为斜轴测图。

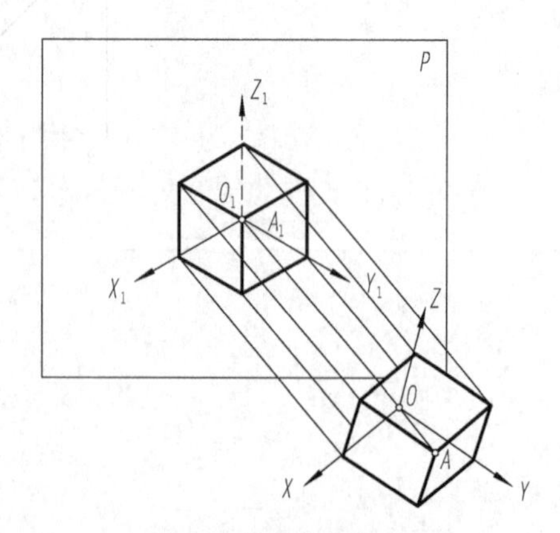

图6-1　轴测图的概念

如图6-1所示，改变物体相对于投影面位置后，用正投影法在P面上作出四棱柱及其参考直角坐标系的平行投影，得到了一个能同时反映四棱柱长、宽、高3个方向的富有立体感的轴测图。其中平面P称为轴测投影面；坐标轴 OX、OY、OZ 在轴测投影面上的投影 O_1X_1、O_1Y_1、O_1Z_1 称为轴测投影轴，简称轴测轴；每两根轴测轴之间的夹角 $\angle X_1 O_1 Y_1$、$\angle X_1 O_1 Z_1$、$\angle Y_1 O_1 Z_1$，称为轴间角；空间点 A 在轴测投影面上的投影 A_1 称为轴测投影；直角坐标轴上单位长度的轴测投影长度与对应直角坐标轴上单位长度的比值，称为轴向伸缩系数，X、Y、Z 方向的轴向伸缩系数分别用 p、q、r 表示。

6.1.2　轴测图的分类

根据投影方向不同，轴测图可分为两类，即正轴测图和斜轴测图。根据轴向伸缩系数不同，每类轴测图又可分为三类：3 个轴向伸缩系数均相等的，称为等测轴测图；其中只有两个轴向伸缩系数相等的，称为二测轴测图；3 个轴向伸缩系数均不相等的，称为三测轴测图。

以上两种分类方法结合，得到 6 种轴测图，分别简称为正等测、正二测、正三测和斜等测、斜二测、斜三测。工程上使用较多的是正等测和斜二测，本章只介绍这两种轴测图的画法。

6.2　正等测投影

6.2.1　正等轴测图轴间角和轴向伸缩系数

在正投影情况下，当 $p=q=r$ 时，3 个坐标轴与轴测投影面的倾角都相等，均为 35°16′。由此可以证明，其轴间角均为 120°，3 个轴向伸缩系数均为 $p=q=r=\cos35°16′\approx0.82$。

在实际画图时，为了作图方便，一般将 O_1Z_1 轴取为铅垂位置，各轴向伸缩系数采用简化系数 $p=q=r=1$。这样，沿各轴向的长度均被放大 1/0.82≈1.22 倍，轴测图也就比实际物体大，但对形状没有影响。图 6-2 给出了轴测轴的画法和各轴向的简化轴向伸缩系数。

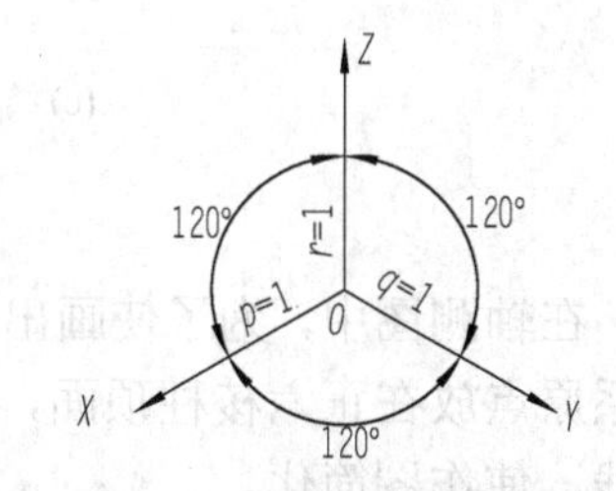

图 6-2　正等测图的轴间角和简化轴向伸缩系数

6.2.2　正等轴测图的画法

画平面立体正等测图的方法有坐标法、切割法和叠加法。下面举例说明正等测图的 3 种画法。

1. 坐标法

使用坐标法时，先在视图上选定一个合适的直角坐标系 $OXYZ$ 作为度量基准，然后根据物体上每一点的坐标定出它的轴测投影。

【例 6-1】画出正六棱柱的正等测图，如图 6-3(a)所示。

解 首先进行形体分析。将直角坐标系原点 O 放在顶面中心位置，并确定坐标轴，如图 6-3(b)所示；再作轴测轴，并在其上采用坐标量取的方法，得到顶面各点的轴测投影，如图 6-3(c)所示；接着从顶面 1_1、2_1、3_1、6_1 点沿 Z 向向下量取 h 高度，得到底面上的对应点，如图 6-3(d)所示；分别连接各点，用粗实线画出物体的可见轮廓，擦去不可见部分，得到六棱柱的轴测投影，如图 6-3(e)所示。

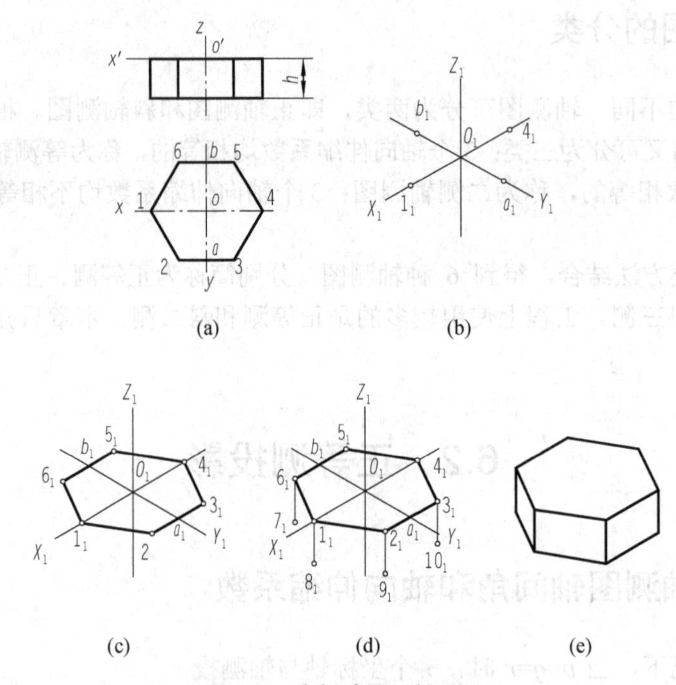

图 6-3 坐标法画正等测图

在轴测图中，为了使画出的图形明显起见，通常不画出物体的不可见轮廓，例 6-1 中坐标系原点放在正六棱柱顶面，有利于沿 Z 轴方向从上向下量取棱柱高度 h，避免画出多余作图线，使作图简化。

2. 切割法

切割法又称为方箱法，适用于画由长方体切割而成的轴测图，它是以坐标法为基础，先用坐标法画出完整的长方体，然后按形体分析的方法逐块切去多余的部分。

【例 6-2】 画出图 6-4(a)所示三视图的正等测图。

解 首先根据尺寸画出完整的长方体；再用切割法分别切去左上角的三棱柱、左前方的三棱柱；擦去作图线，描深可见部分，即得垫块的正等测图。

3. 叠加法

叠加法是先将物体分成几个简单的组成部分，再将各部分的轴测图按照它们之间的相对位置叠加起来，并画出各表面之间的连接关系，最终得到物体轴测图的方法。

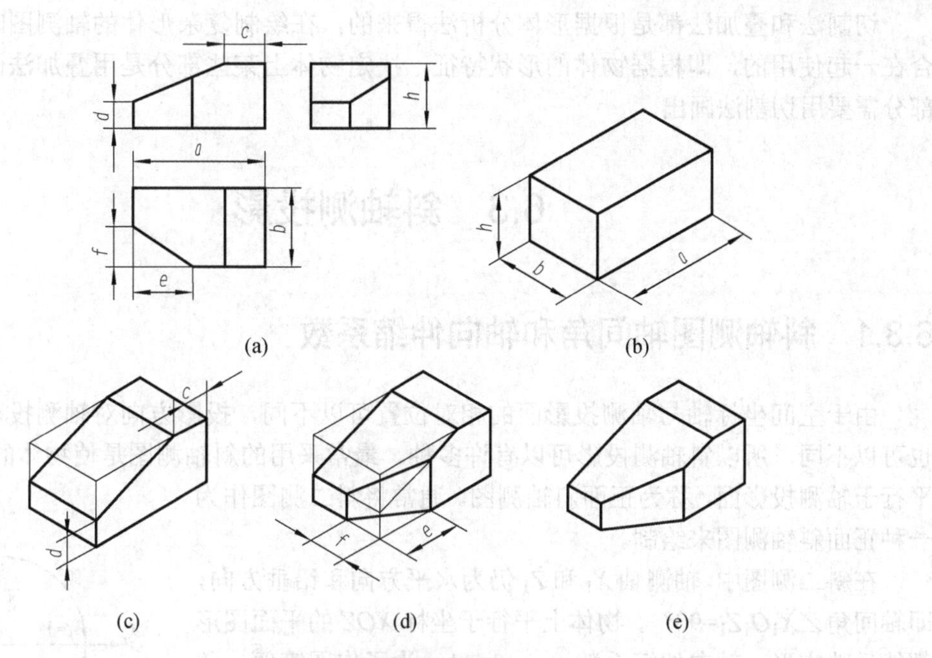

图 6-4　切割法画正等测图

【例 6-3】画出图 6-5(a)所示三视图的正等测图。

解　先用形体分析法将物体分解为底板Ⅰ、竖板Ⅱ和筋板Ⅲ这 3 个部分；再分别画出各部分的轴测投影图，擦去作图线，描深后即得物体的正等测图。

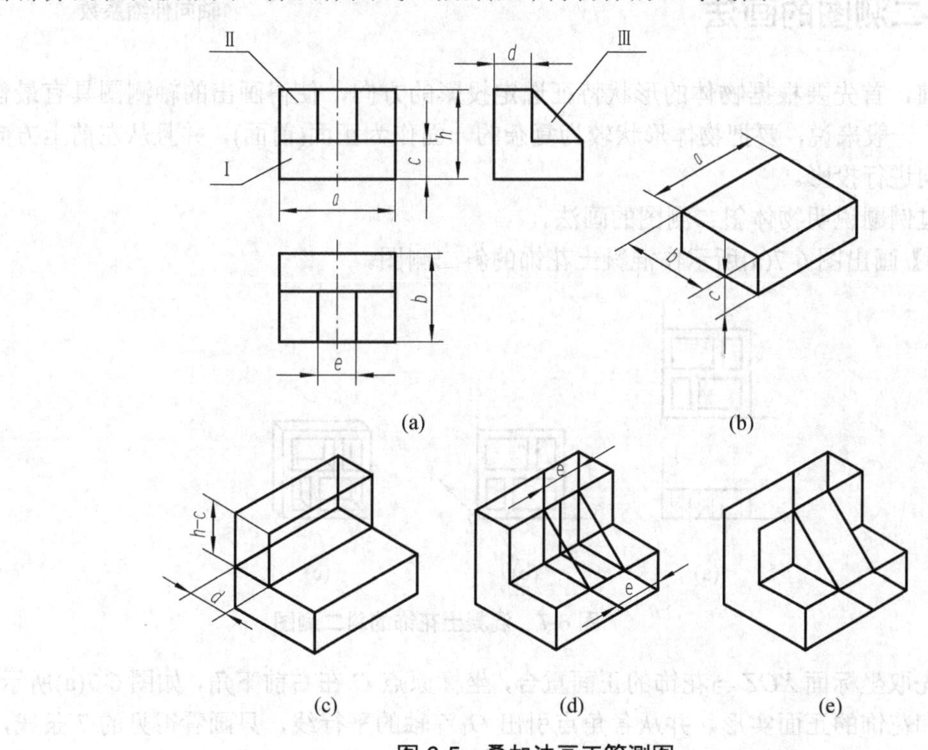

图 6-5　叠加法画正等测图

切割法和叠加法都是根据形体分析法得来的，在绘制复杂形体的轴测图时，常常是综合在一起使用的，即根据物体的形状特征，决定物体上某些部分是用叠加法画出，而另一部分需要用切割法画出。

6.3 斜轴测投影

6.3.1 斜轴测图轴间角和轴向伸缩系数

由于空间坐标轴与轴测投影面的相对位置可以不同，投影方向对轴测投影面倾斜角度也可以不同，所以斜轴测投影可以有许多种。最常采用的斜轴测图是使物体的 *XOZ* 坐标面平行于轴测投影面，称为正面斜轴测图。通常将斜二测图作为一种正面斜轴测图来绘制。

在斜二测图中，轴测轴 X_1 和 Z_1 仍为水平方向和铅垂方向，即轴间角 $\angle X_1O_1Z_1=90°$，物体上平行于坐标 *XOZ* 的平面图形都能反映实形，轴向伸缩系数 $p=r=2q=1$。为了作图简便，并使斜二测图的立体感强，通常取轴间角 $\angle X_1O_1Y_1=\angle Y_1O_1Z_1=135°$。图 6-6 给出了轴测轴的画法和各轴向伸缩系数。

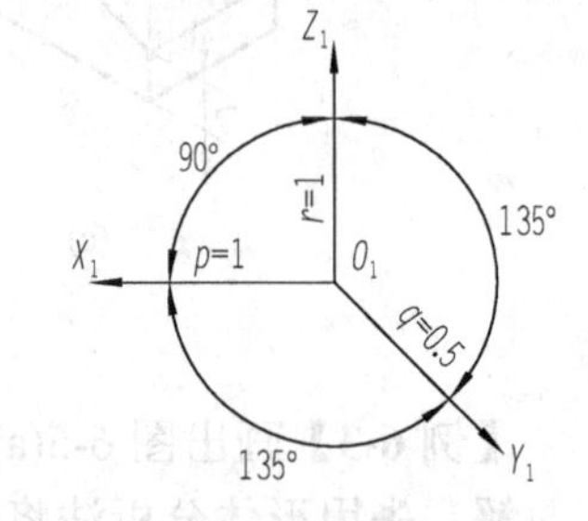

图 6-6　斜二测图的轴间角和轴向伸缩系数

6.3.2 斜二测图的画法

画图之前，首先要根据物体的形状特征选定投影的方向，使得画出的轴测图具有最佳的表达效果。一般来说，要把物体形状较为复杂的一面作为正面(前面)，并且从左前上方向或右前上方向进行投影。

下面通过例题说明物体斜二测图的画法。

【**例 6-4**】画出图 6-7(a)所示作混凝土花饰的斜二测图。

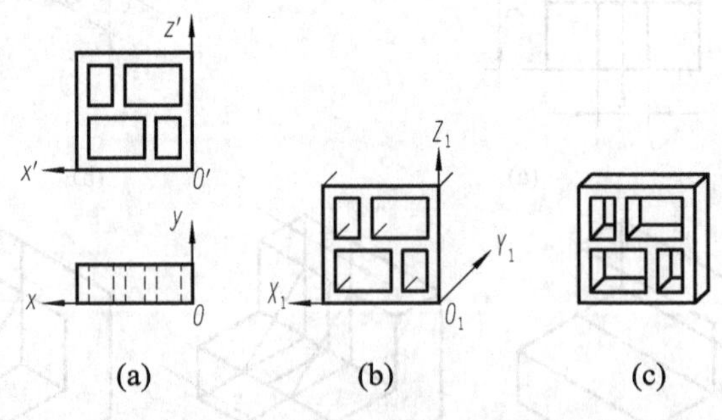

图 6-7　混凝土花饰的斜二测图

解　首先取坐标面 *XOZ* 与花饰的正面重合，坐标原点 *O* 在右前下角，如图 6-7(a)所示；画出轴测轴和花饰的正面实形，并从各角点引出 O_1Y_1 轴的平行线，只画看得见的 7 条线，如图 6-7(b)所示；在引出的平行线上截取花饰宽度的一半，并画出花饰后面可见的轮廓线，去掉轴测轴，加深图线，即得花饰的斜二测图，如图 6-7(c)所示。

6.4　圆的轴测投影

6.4.1　圆的正等轴测图的画法

常见的回转体有圆柱、圆锥、圆球、圆台等。在作回转体的轴测图时，首先要解决圆的轴测图画法问题。圆的正等测图是椭圆，3 个坐标面或其平行面上的圆的正等测图是大小相等、形状相同的椭圆，只是长、短轴方向不同，如图 6-8 所示。

在实际作图时中，一般不要求准确地画出椭圆曲线，经常采用“菱形法”进行近似作图，将椭圆用四段圆弧连接而成。下面以水平面上圆的正等测图为例，说明“菱形法”近似作椭圆的方法。如图 6-9 所示，其作图过程如下。

(1) 通过圆心 O 作坐标轴 OX 和 OY，再作圆的外切正方形，切点为 1、2、3、4(见图 6-9(a))。

(2) 作轴测轴 O_1X_1、O_1Y_1，从点 O_1 沿轴向量得切点 1_1、2_1、3_1、4_1，过这 4 点作轴测轴的平行线，得到菱形，并作菱形的对角线(见图 6-9(b))。

(3) 过 1_1、2_1、3_1、4_1 各点作菱形各边的垂线，在菱形的对角线上得到 4 个交点，即 O_2、O_3、O_4、O_5，这 4 个点就是代替椭圆弧的四段圆弧的中心(见图 6-9(c))。

(4) 分别以 O_2、O_3 为圆心，O_21_1、O_33_1 为半径画圆弧 1_12_1、3_14_1；再以 O_4、O_5 为圆心，O_41_1、O_52_1 为半径画圆弧 2_13_1、1_14_1，即得近似椭圆(见图 6-9(d))。

(5) 加深四段圆弧，完成全图(见图 6-9(e))。

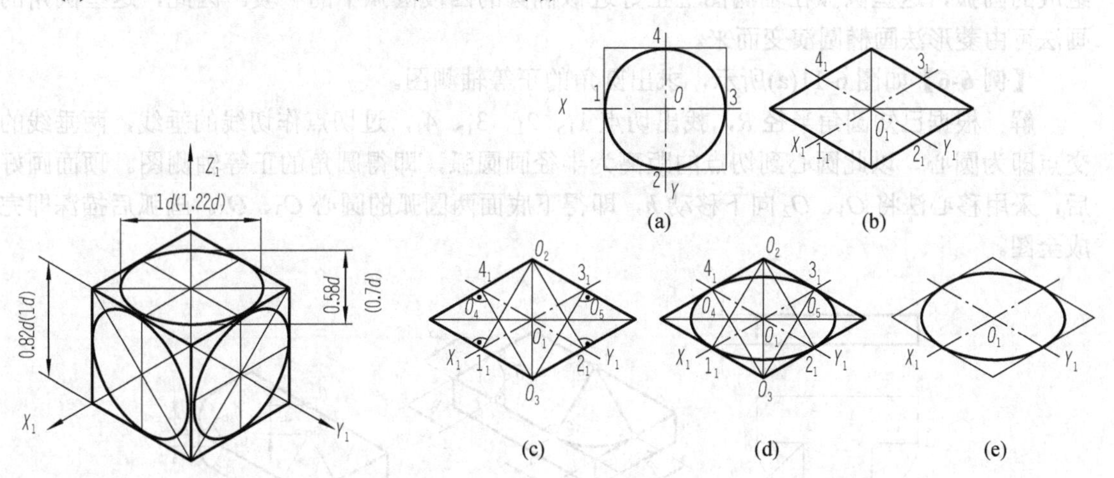

图 6-8　平行于坐标面圆的正等测投影

图 6-9　菱形法求近似椭圆

【例 6-5】画出图 6-10(a)所示圆柱的正等测图。

解　先在给出的视图上定出坐标轴、原点的位置，并作圆的外切正方形；再画轴测轴及圆外切正方形的正等测图的菱形，用菱形法画顶面和底面上的椭圆；然后作两椭圆的公切线；最后擦去多余作图线，描深后即完成全图。

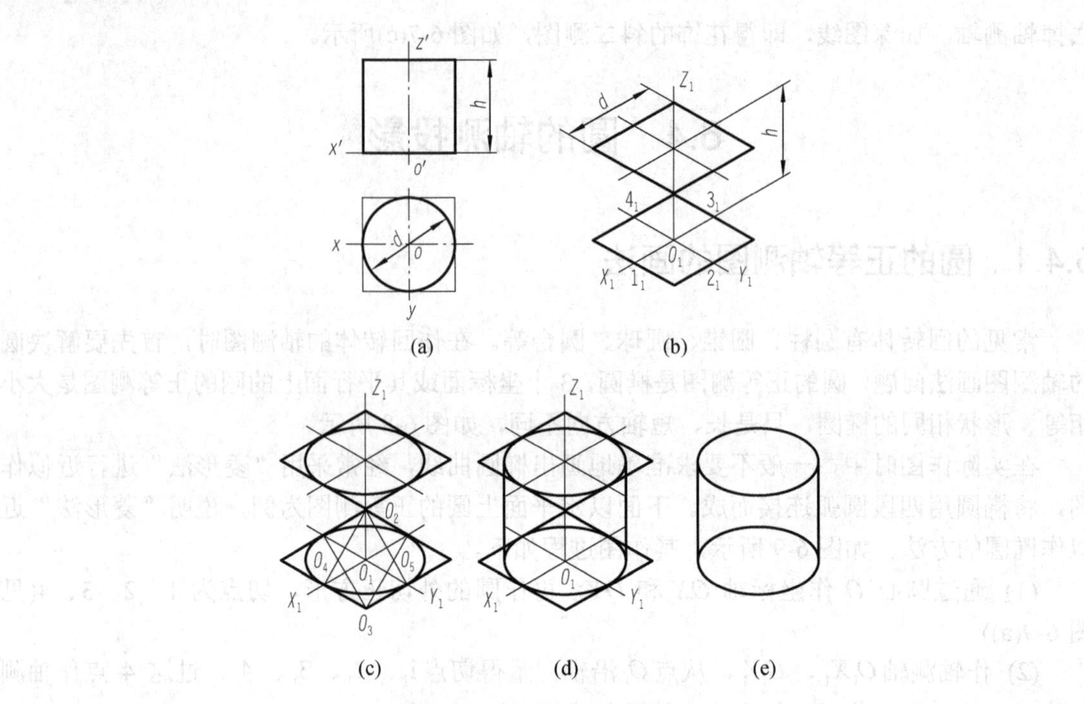

图 6-10 作圆柱的正等测图

6.4.2 圆角的正等轴测图的画法

在产品设计上，经常会遇到由 1/4 圆柱面形成的圆角轮廓，画图时就需画出由 1/4 圆周组成的圆弧，这些圆弧在轴测图上正好近似椭圆的四段圆弧中的一段。因此，这些圆角的画法可由菱形法画椭圆演变而来。

【例 6-6】如图 6-11(a)所示，求出圆角的正等轴测图。

解 根据已知圆角半径 R，找出切点 1_1、2_1、3_1、4_1，过切点作切线的垂线，两垂线的交点即为圆心。以此圆心到切点的距离为半径画圆弧，即得圆角的正等轴测图。顶面画好后，采用移心法将 O_1、O_2 向下移动 h，即得下底面两圆弧的圆心 O_3、O_4。画弧后描深即完成全图。

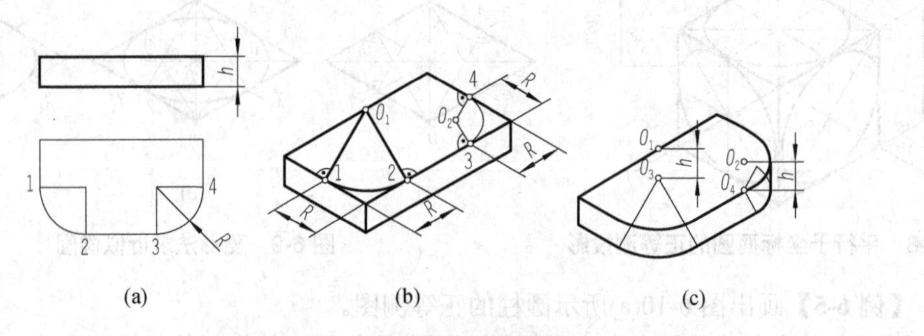

图 6-11 作圆角的正等测图

6.4.3　圆角的斜二测图的画法

平行于 $X_1O_1Z_1$ 面上的圆的斜二测投影还是圆，大小不变。平行于 $X_1O_1Y_1$ 和 $Z_1O_1Y_1$ 面上的圆的斜二测投影都是椭圆，且形状相同，它们的长轴与圆所在坐标面上的一根轴测轴成 7° 9′20″(可近似为 7°)的夹角。根据理论计算，椭圆长轴长度为 1.06d，短轴长度为 0.33d。如图 6-12 所示，由于此时椭圆作图较烦琐，所以当物体的某两个方向有圆时，一般不用斜二测图，而采用正等测图。

用“八点法”画水平圆斜二测的步骤如下。

(1) 作圆的外切正方形 $abcd$ 与圆相切于 1、2、3、4 这 4 个切点，连接正方形对角线与圆相交于 5、6、7、8 这 4 个交点，如图 6-13(a)所示。

(2) 根据 1、2、3、4 四点的坐标，在轴测图上定出 1_1、2_1、3_1、4_1 四点的位置，并作出外切正方形 $abcd$ 的斜二测——平行四边形 $a_1b_1c_1d_1$，如图 6-13(b)所示。

(3) 连接平行四边形的对角线 a_1c_1、b_1d_1，由 4_1 点向 b_1c_1 的延长线作垂线得垂足 e_1，以 4_1 为圆心、4_1e_1 为半径画圆弧与 c_1d_1 边交于 f_1、g_1 两点，过 f_1、g_1 分别作两条直线与 a_1d_1 平行并与平行四边形的对角线交于 5_1、6_1、7_1、8_1 这 4 个点，如图 6-13(c)所示。

(4) 用曲线光滑地连接 1_1、2_1、…、8_1 这 8 个点，即为所画的椭圆，如图 6-13(d)所示。

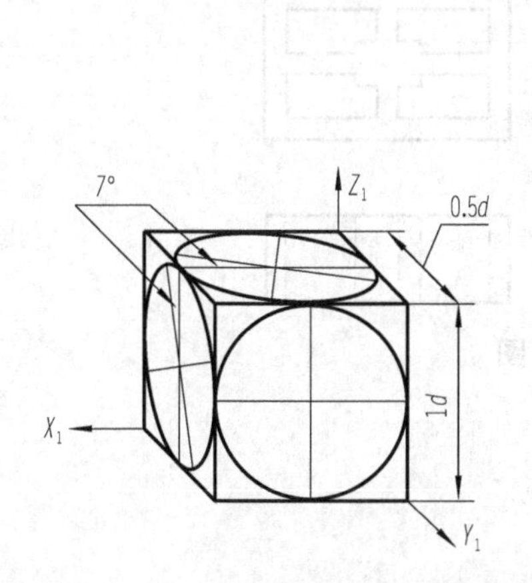

图 6-12　平行于坐标面圆的斜二测投影

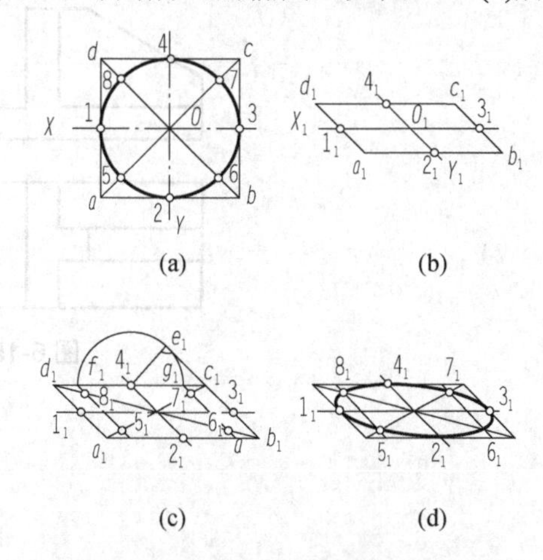

图 6-13　平行于坐标面圆的斜二测投影

思　考　题

6-1　轴测投影是如何形成的？轴测轴和坐标轴之间的对应关系如何？

6-2　试述轴测投影的分类。轴测投影有何投影特性？

6-3　什么是轴向伸缩系数？什么是轴间角？

6-4　在画回转体的正等测图时，如何确定各坐标面上椭圆的长、短轴的方向？

6-5　正等测图的轴向伸缩系数和轴间角各是多少？

6-6 斜二测图的轴间角和轴向伸缩系数各为多少？在什么情况下采用斜二测图较为简单？

6-7 什么是简化系数？采用简化系数后，坐标面上的圆的投影——椭圆的变化如何？

绘图练习

6-1 根据图 6-14 所示的投影图作出正等轴测图。

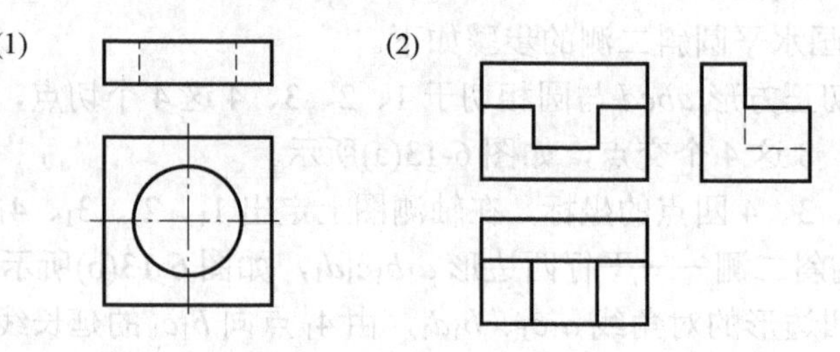

图 6-14 练习 6-1 图

6-2 根据图 6-15 所示的投影图作出斜二测图。

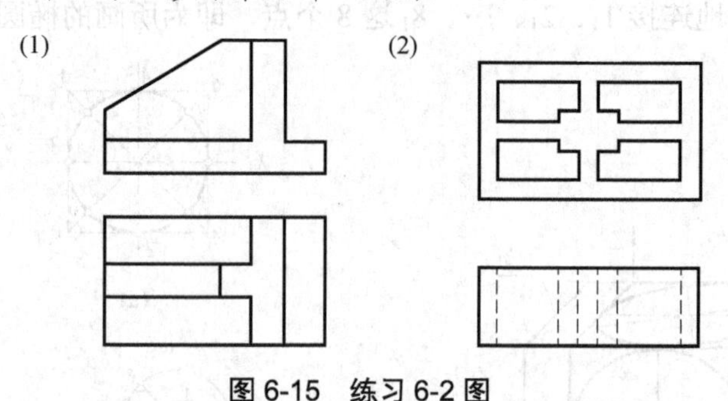

图 6-15 练习 6-2 图

第7章　剖面图与断面图

教学目标和要求

- 掌握剖面图与断面图的种类。
- 掌握剖面图与断面图的绘制用途。
- 掌握剖面图与断面图的绘制方法。

本章重点和难点

- 掌握剖面图与断面图的绘制方法。
- 局部放大图，各种规定的画法。

7.1　剖　面　图

形体的基本视图和辅助视图主要表示形体的外部形状。在视图中形体内部形状的不可见轮廓线需要用虚线画出。如果形体内部形状复杂，虚线就会过多，则在图画上就会出现内外轮廓线重叠、虚线之间交叉、混杂不清，既影响读图又影响尺寸标注，甚至会出现错误。例如，如图7-1所示，在形体的正立面图和左侧立面图中，就出现了表示形体内部构造的虚线。

为了清楚地表示形体的内部构造，工程上通常用不带虚线的剖面图替换带有虚线的视图。

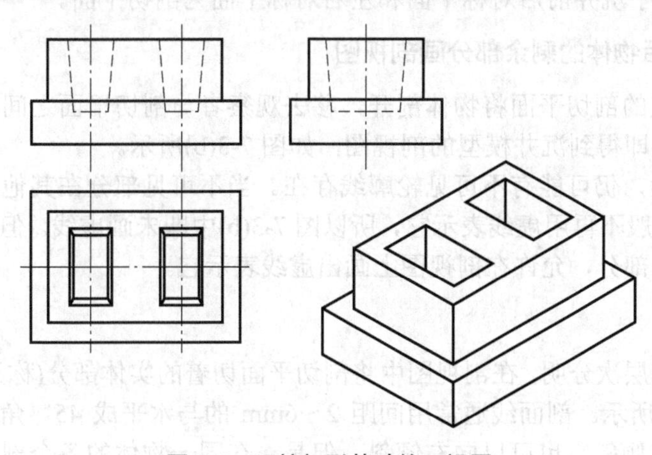

图7-1　双柱杯形基础的三视图

7.1.1 剖视图的形成

假想用剖切面在适当的部位剖开物体，把处于观察者和剖切面之间的部分移去，而将余下的部分向投影面投射，使原来看不见的内部结构成为可见的。用这种方法得到的图形称为剖视图，简称剖视。在有些专业工程图上剖视图也称为剖面图或剖面。

如图 7-2(a)所示，假想用基础的前后对称平面为剖切面将基础切开，移去剖切平面前面的部分，画出剩余部分的正面投影，就得到了双柱杯形基础的剖视图，如图 7-2(b)所示。

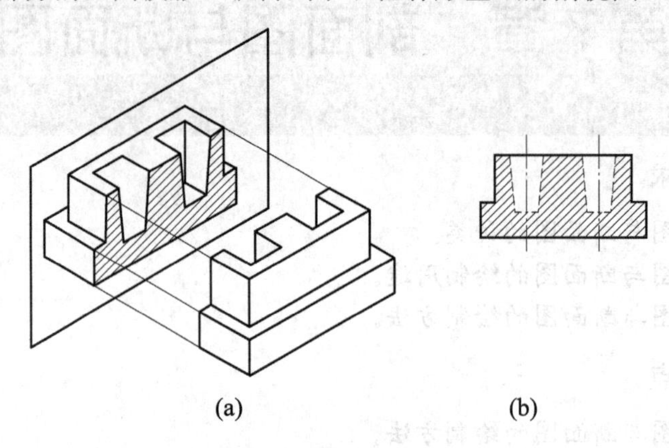

(a) (b)

图 7-2 剖视图的形成

由于剖切是假想的，实际上物体并没有因为剖切而缺少一部分，所以把物体的一个视图画成剖视图，并不影响其他视图的完整性。而且根据需要，对一个物体可以作几个剖视，每次作剖视都是从完整的物体上经过剖切而得到的。

7.1.2 剖视图的画法

1. 确定剖切平面的位置

剖切平面的位置应根据需要确定，一般情况下应选用平行于投影面的平面作为剖切平面，并使其通过需要显露的孔、洞、槽等不可见部分的中心线，使内部形状得以表达清楚。图 7-3 中分别选用了沉井前后对称平面和左右对称平面为剖切平面。

2. 根据剖切后物体的剩余部分画剖视图

设想用所选定的剖切平面将物体剖开，移去观察者与剖切平面之间的部分，将剩余部分向投影面投射，即得到沉井模型的剖视图，如图 7-3(b)所示。

物体被剖切后，仍可能有不可见轮廓线存在。当不可见部分在其他视图上可以表达清楚时，剖视图上一般不再用虚线表示它，所以图 7-3(b)中即未画虚线。但对于在其他视图上也难以表达清楚的部分，允许在剖视图上画出虚线表示它。

3. 画剖面线

为了使剖视图层次分明，在剖视图中将剖切平面切着的实体部分(称为剖面区域)画上剖面线，如图 7-3(c)所示。剖面线通常用间距 2～6mm 的与水平成 45°角、间隔均匀的细实线绘制，可以向左倾斜，也可以向右倾斜。但是，在同一物体的各个剖视图中，剖面线的倾斜方向及剖面线间的间隔必须一致。如果有两个物体接触，则相邻两物体的剖面线应该方向相反或间隔不等。

在可以说明剖切平面位置和投射方向的视图上应画出剖切符号，剖切符号由剖切位置线和投射方向线组成。剖切位置线用 6～10mm 长的粗短画表示，投射方向线用 4～6mm 长的粗短画或箭头表示。投射方向线的末端要注写剖切符号的编号，编号可用阿拉伯数字或大写的拉丁字母表示，如图 7-3(d)所示。绘制时，剖切符号不宜与图的轮廓线相接触。与剖切符号相对应的剖视图上，应使用相应的编号作为视图名称注在视图的下方或上方。为了更清楚地表达剖切符号的用法和意义，用图 7-4 所示的剖切符号的标注更清晰。

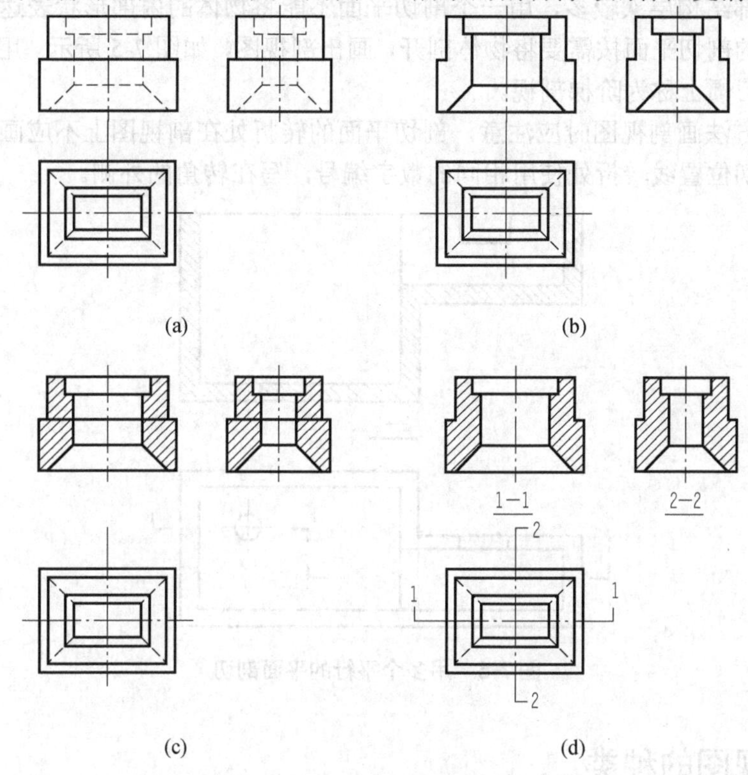

图 7-3　剖面图的形成及画法

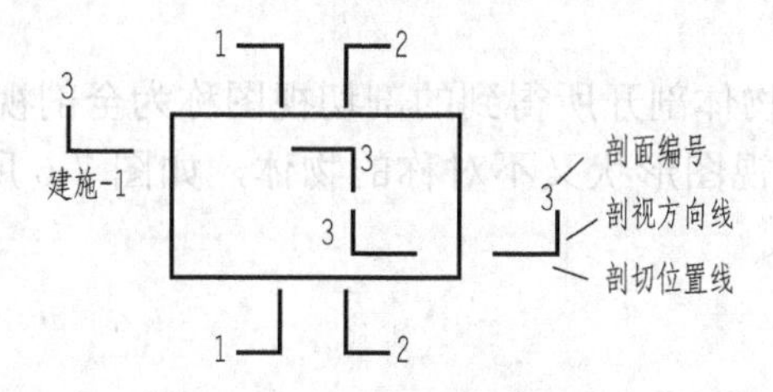

图 7-4　剖切符号的标注

7.1.3　常用的剖切画法

剖切面的种类主要有以下几种，可视物体的结构特点从中选用。

1. 用单一剖切平面剖切

这里所说的是作一个剖视图只使用一个剖切平面。这种剖切方法适用于仅用一个剖切平面剖切后就能将内部构造显露出来的物体，如图 7-3(d)中的 1—1、2—2 剖视图用的都是这种剖切方法。

2. 用几个平行的剖切平面剖切

当物体内部结构层次较多，用一个剖切平面不能将物体的内部形状表达清楚时，可用几个相互平行的剖切平面按需要将物体剖开，画出剖视图，如图 7-5 所示。用这种剖切方法得到的剖视图习惯上称为阶梯剖视。

采用这种方法画剖视图时应注意，剖切平面的转折处在剖视图上不应画线。在标注剖切符号时，剖切位置线转折处使用相同的数字编号，写在转角的外侧。

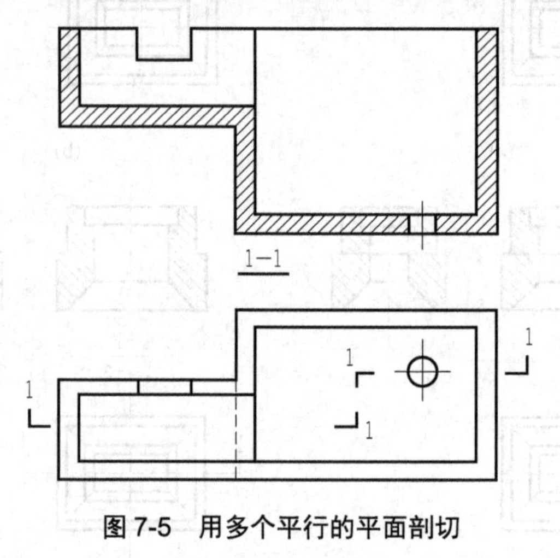

图 7-5　用多个平行的平面剖切

7.1.4　剖视图的种类

1. 全剖视图

用剖切平面完全地将物体剖开所得到的剖切视图称为全剖视图。全剖视图常用于外形不太复杂，而所得到的剖视图形状又不对称的物体，如图 7-6 所示的基础模型的 1—1 和 2—2 剖视图即为全剖视图。

2. 半剖视图

当物体具有对称平面时，向垂直于对称平面的投影面上投射所得的图形，以对称轴为界，一半画成剖视图，另一半画成外形视图(外形视图上可省去虚线不画)，这种剖视图称为半剖视图。图 7-6 中的基础左右、前后都具有对称平面，所以正面图和侧面图上均可作成半剖视图，如图 7-7 所示。对于半剖视图的标注，剖切符号仍可画成贯通全图的形式。

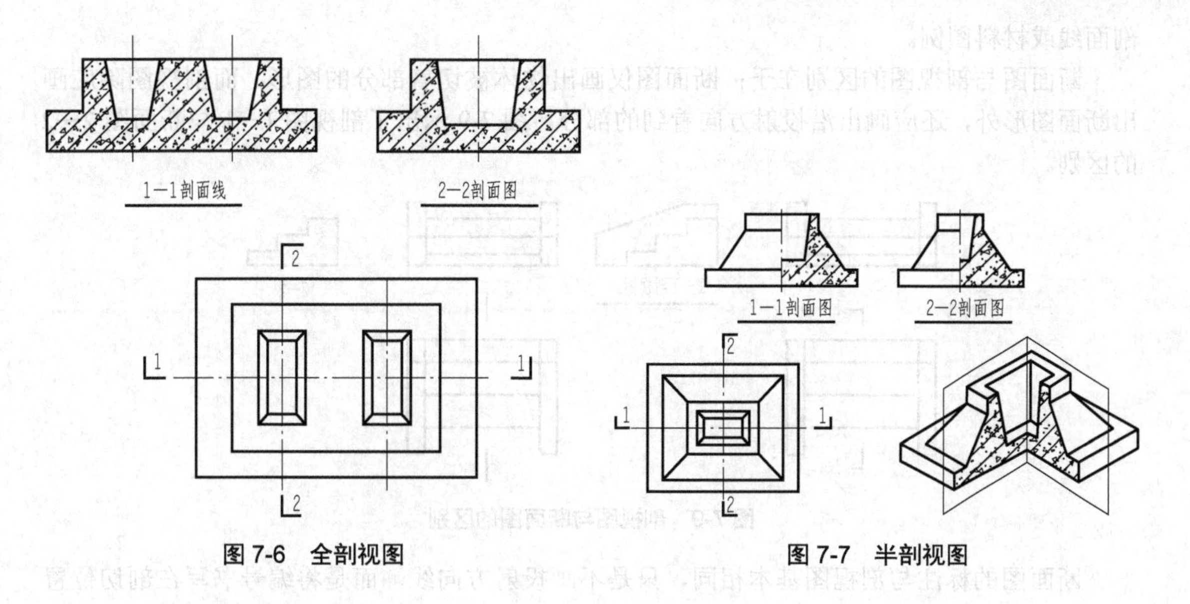

图 7-6　全剖视图　　　　图 7-7　半剖视图

3. 局部剖视图

用剖切面局部地剖开物体所得的剖视图，称为局部剖视图，如图 7-8 所示。局部剖视图用波浪线作为分界线，将其与外形部分分开。波浪线既不能超出轮廓线，也不能与图上其他线条重合。局部剖视图不需要标注剖切符号，也不用另外注写视图名称。

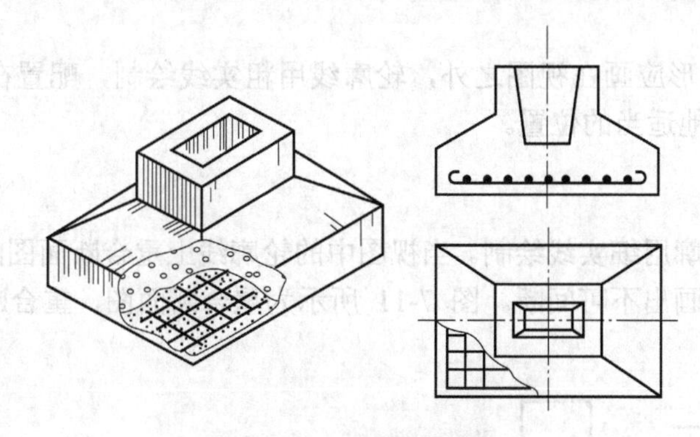

图 7-8　局部剖视图

7.2 断　面　图

在实际工程中，当需要表示形体的截断面形状时，通常画出其断面图。

7.2.1 断面图的形成

假想用剖切面将物体的某处切断，仅画出该剖切面与物体接触部分的图形，即截交线所围成的图形，这种图称为断面图，简称断面，也称截面图或截面。断面图上同样要画出剖面线或材料图例。

断面图与剖视图的区别在于：断面图仅画出物体被切着部分的图形，而剖视图除应画出断面图形外，还应画出沿投射方向看到的部分。图 7-9 示出了剖视图 1—1 与断面图 2—2 的区别。

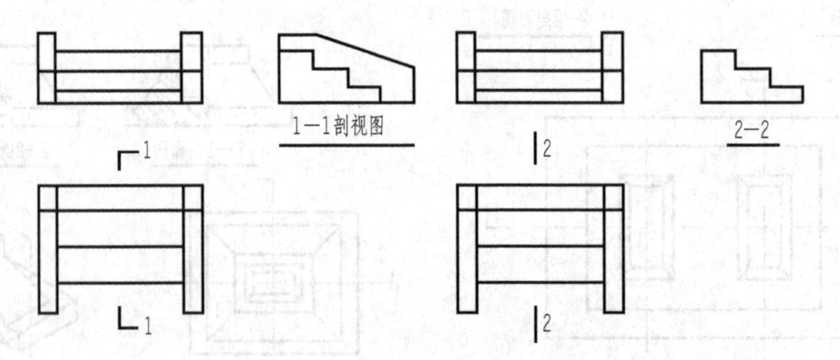

图 7-9　剖视图与断面图的区别

断面图的标注与剖视图基本相同，只是不画投射方向线，而是将编号书写在剖切位置线的一侧以指示投射方向，编号写在哪一侧即代表了该断面的投射方向是指向哪一侧。

7.2.2　断面图的种类

1. 移出断面图

移出断面图的图形应画在视图之外，轮廓线用粗实线绘制，配置在剖切位置线的延长线上(见图 7-10)或其他适当的位置。

2. 重合断面图

重合断面图的轮廓用细实线绘制。当视图中的轮廓线上重合断面图的图形重叠时，视图中的轮廓线要连续地画出不可间断。图 7-11 所示为重合断面图，重合断面图不需要标注剖切符号。

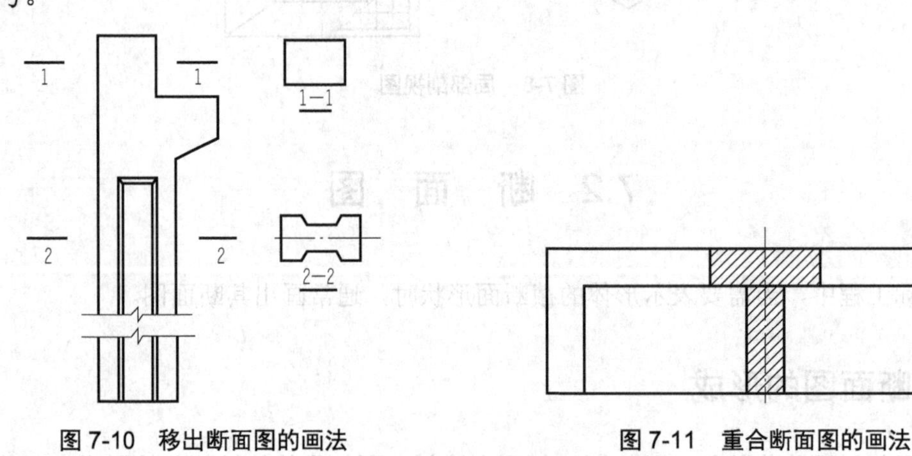

图 7-10　移出断面图的画法　　　　图 7-11　重合断面图的画法

思考题

7-1 什么是剖面图？剖面图有哪几种？分别用于什么情况？
7-2 画半剖面图应注意哪些问题？
7-3 什么是断面图？断面图有哪几种？
7-4 断面图与剖视图的区别是什么？

绘图练习

如图7-12所示，根据2—2剖面图、立面图绘制1—1剖面图(要求：绘制建筑物提示位置的剖面图，尺寸位置要准确、齐全)。

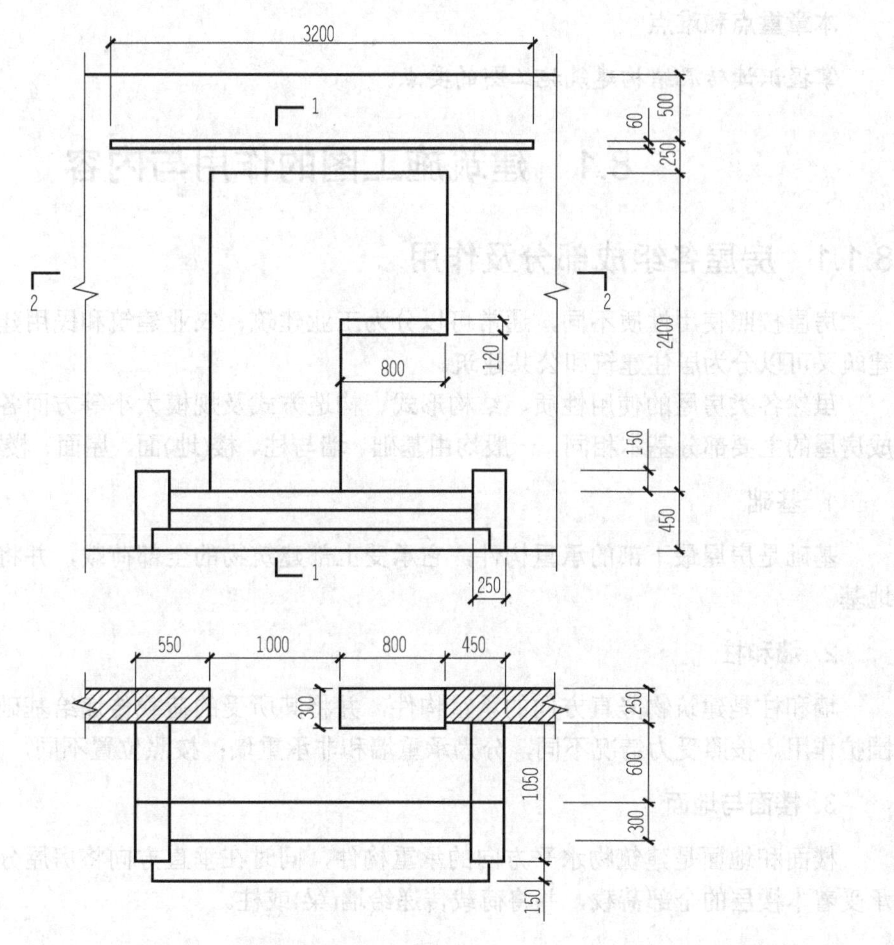

图7-12 2—2剖面图

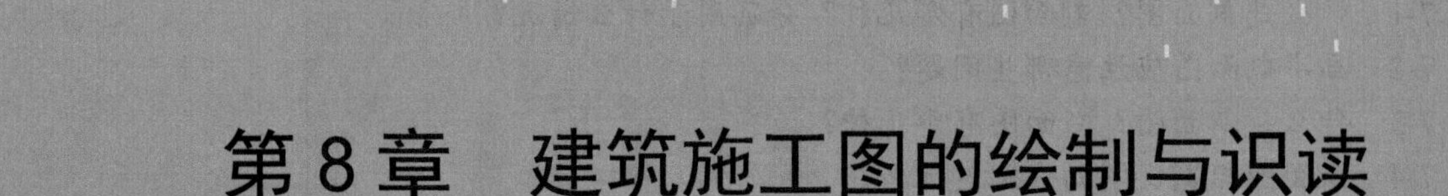

第 8 章　建筑施工图的绘制与识读

教学目标和要求

- 掌握识读砖混结构建筑施工图的要点。
- 学会分析砖混结构建筑施工平、立、剖面图及详图。

本章重点和难点

掌握识读砖混结构建筑施工图的要点。

8.1　建筑施工图的作用与内容

8.1.1　房屋各组成部分及作用

房屋按照使用性质不同，通常可以分为工业建筑、农业建筑和民用建筑三大类。民用建筑又可以分为居住建筑和公共建筑。

虽然各类房屋的使用性质、结构形式、构造方式及规模大小等方面各不相同，但是构成房屋的主要部分基本相同，一般均由基础、墙与柱、楼(地)面、屋面、楼梯、门窗等组成。

1. 基础

基础是房屋最下部的承重构件，它承受上部建筑物的全部荷载，并将这些荷载传递给地基。

2. 墙和柱

墙和柱是建筑物竖直方向的承重构件，并将其所受的荷载传递给基础。其中外墙起到围护作用。按照受力情况不同，分为承重墙和非承重墙；按照位置不同，分为外墙和内墙。

3. 楼面与地面

楼面和地面是建筑物水平方向的承重构件，同时在垂直方向将房屋分隔为若干层。它承受着本楼层的全部荷载，并将荷载传递给墙(梁)或柱。

4. 楼梯

楼梯属于建筑物中垂直方向的交通设施。楼梯由楼梯段、休息平台、栏杆和扶手组成。

5. 屋顶

屋顶是建筑物顶部的围护和承重构件，主要起到防水、隔热和保温的作用。

6. 门和窗

门和窗在建筑物中起到室内外交通、采光、通风的作用。

上述为房屋的基本组成部分，此外，一般还有散水、勒脚、台阶、雨篷、雨水管、阳台以及其他各种构配件和装饰等。

8.1.2　建筑工程图的用途和内容

建筑工程图是用来指导施工的图样，一套完整的建筑工程图一般包括目录、施工总说明、建筑施工图、结构施工图、设备施工图等。各个专业的施工图的编排顺序一般是：全局性的图纸在前，局部性的图纸在后。

8.1.3　施工图的编排顺序

1. 图纸目录

图纸目录应列出全套图纸的目录、类别、各类图纸的图名和图号。其目的是为了便于查找图纸。

2. 设计总说明

设计总说明主要作用为叙述工程概况和施工总要求，主要内容包括设计依据、设计标准、施工要求等。

3. 建筑施工图

建筑施工图(简称“建施”)主要反映建筑物的规划位置、构造及施工要求、内外平面布置等。主要内容包括设计总说明、总平面图、平面图、立面图、剖面图和建筑详图等。

4. 结构施工图

结构施工图(简称“结施”)主要反映建筑物承重构件的布置以及材料和构造做法等。主要内容包括设计总说明、基础图、结构布置图和构件详图等。

5. 设备施工图

设备施工图(简称“设施”)主要反映建筑物的给排水、采暖、通风等设备的布置及安装要求等。主要内容包括设计总说明、给排水施工图、采暖通风施工图及电气施工图等。

8.1.4　建筑施工图的绘图规定

建筑施工图的绘制应遵守《房屋建筑制图统一标准》(GB/T 50001—2010)、《总图制图标准》(GB/T 5010—2010)及《建筑制图标准》(GB/T 50104—2010)等有关规定。

8.2 图纸首页

图纸首页如图 8-1 和图 8-2 所示。

施工设计说明

1. 设计依据

1.1 本施工图编制依据为 ____年____月____日经________单位批准的初步设计（方案设计）及有关文件.

1.2 现行国家有关建筑设计规范、标准.

《建筑设计防火规范》 GB 50016-2006

《建筑内部装修设计防火规范》 GB 50222-95

《屋面工程技术规范》 GB 50345-2004

《建筑制图标准》 GB/T 50104-2010

《总图制图标准》 GB/T 50103-2010

《房屋建筑制图统一标准》 GB/T 50001-2010

《建筑玻璃应用技术规程》 JGJ 113-2003

2. 工程概况

2.1 建筑名称：别墅式公寓.

2.2 建设地点：河北省保定地区.

2.3 工程性质：居住.

2.4 建设单位：________.

2.5 建筑面积：$642.00m^2$，其中客楼 $21.70m^2$.

2.6 建筑基底面积：$261.58\ m^2$.

2.7 主体设计使用年限为 50 年.

2.8 建筑层数和檐口高度 局部三层，女儿墙高距室外地坪高 11.68m.

2.9 防火设计建筑分类和耐火等级 二级耐火.

2.10 人防工程抗力（防护）等级 无人防工程.

2.11 屋面防水等级为 三 级.

2.12 抗震设防烈度：7 度(0.10g).

2.13 结构类型：砖混结构.

2.14 本工程相对标高 ±0.000 相当于高出本建筑东侧现有道路 0.950m.（或由业主根据现场实际协商确定）.

3. 基本要求

3.1 本施工图设计说明与施工图互为补充，施工单位应在施工前熟悉图纸，经我院各专业技术交底后方能施工。如遇图纸交代不清或做法不当时，请及时与设计人联系解决，未经同意不得擅自变更设计.

3.2 本工程总平面图高程及尺寸以米（m）为单位，其他图纸尺寸以毫米（mm）为单位.

3.3 各层标高为完成面标高，屋面标高为结构面标高.

3.4 所有尺寸均以图面标注为准，不可直接从图纸量取；所有尺寸均须在现场校核准确方准施工.

3.5 有关施工质量、操作规程、验收标准均以国家部委和本市颁发的有关规范、规程、验收标准为准.

4. 楼地面工程

4.1 房心土、还槽土除注明者外均用原槽土或黏土回填分层夯实，对其中掺杂的垃圾、草根、杂物应清除干净.

4.2 大面积水泥地面面层宜分格，每格不大于 $25\ m^2$，分格线位置与垫层伸缩缝位置重合。垫层伸缩缝纵向缝采用平头缝或企口缝间距 3~6m，横向缝采用假缝，间距 6~12m，缝宽 5~20mm.

4.3 所有室外台阶、坡道地面标高均低于室内地面 15 mm，以缓坡过渡.

4.4 卫生间地面标高最高处不高于相邻房间、走道地面，并向地漏处找 0.5% 的泛水，并按相关要求做地面蓄水试验，经检查 24 小时无渗漏、无积水为合格.

5. 墙砌体、混凝土工程

5.1 外墙：墙体材料 240 厚普通黏土砖，强度等级 MU10.

5.2 内墙：墙体材料 240 厚普通黏土砖，强度等级 MU10.

5.3 砌筑砂浆类别和强度等级 M10 水泥砂浆

5.4 墙体留洞：钢筋混凝土墙预留洞，见结构和设备专业图纸，砌体承重墙和非承重墙预留洞，见建筑和设备专业施工图纸.

5.5 墙身防潮层一般为钢筋混凝土地圈梁，无地圈梁处在－0.020 处做高效有机硅防水砂浆 20mm 厚，当墙身两侧的室内地面标高有高差时，应分别在两个地坪以下 60mm 处设置防潮层，在较低地坪一侧墙身外表面抹 1：2.5 水泥砂浆 25mm 厚的垂直防潮层，表面压光不得空鼓、裂纹，保证防潮层作法的连续性.

5.6 墙体上的预埋件及孔洞应在砌筑时预留，不准事后剔凿，木门窗洞口木砖留设位置，应距洞口上下各四皮砖，中距不大于 70 cm，塑钢门窗应预留埋卡或射钉枪固定钢板埋件，空心砌块及轻质隔墙板门窗固定方法由厂家提供.

5.7 建筑变形缝内不得有砖头、砂石等杂物，缝口处理必须严格按图施工.

5.8 室内隔墙若采用加气混凝土或石膏板等吸水性强的轻质墙体，先在地面作 100~150mm 高的混凝土带，再于其上安装墙体。卫生间轻质墙体下部做 150 mm 高的 C20 混凝土带同轻墙宽，地面防水材料卷起 150 mm 高.

5.9 砌体墙阳角处均做 1:2.5 水泥砂浆 20 厚护角，做于洞口时抹过墙角各 20mm，做于门窗时一侧抹过 120 mm 另一侧压入框料灰口线内，其高度在门窗口时同门窗高度，在洞口楼梯间阳角处为通高.

5.10 内外窗台、台阶、露台、散水做到内高外低，女儿墙、檐口顶、地漏处做到外高内低，做到不积水，杜绝倒水现象.

5.11 窗套、窗台下、压顶、雨罩、檐头、腰线等凡突出墙面 60mm 以下者板上面做流水坡度，下面做滴水线。雨罩、挑檐、遮阳板、窗楣等凡突出墙面 60mm 以上者，板上面按图纸要求抹出流水坡度，板下面做滴水槽.

5.12 窗立口未注明者应为中立口，凡未注明的室内窗台板用 1:2.5 水泥砂浆抹面，正面突出内墙外 10mm 厚，两侧伸出窗口各 30mm，正面高 30mm，并压光做小圆角.

5.13 预留孔洞要求位置准确，严禁剔凿、断筋、孔洞采用防水套管，且用 C20 细石混凝土浇灌严密，并做闭水试验.

（设计单位）						
工程主持人		月 日	工程名称	（建设单位）	工 号	100012
主任工程师		月 日				
专业负责人		月 日	工程项目	别墅式公寓	分 号	1
审 核		月 日				
校 正		月 日	图 名	施工设计说明一1	图 号	建施说-2
设 计		月 日				
制 图		月 日				

图 8-1 图纸首页一

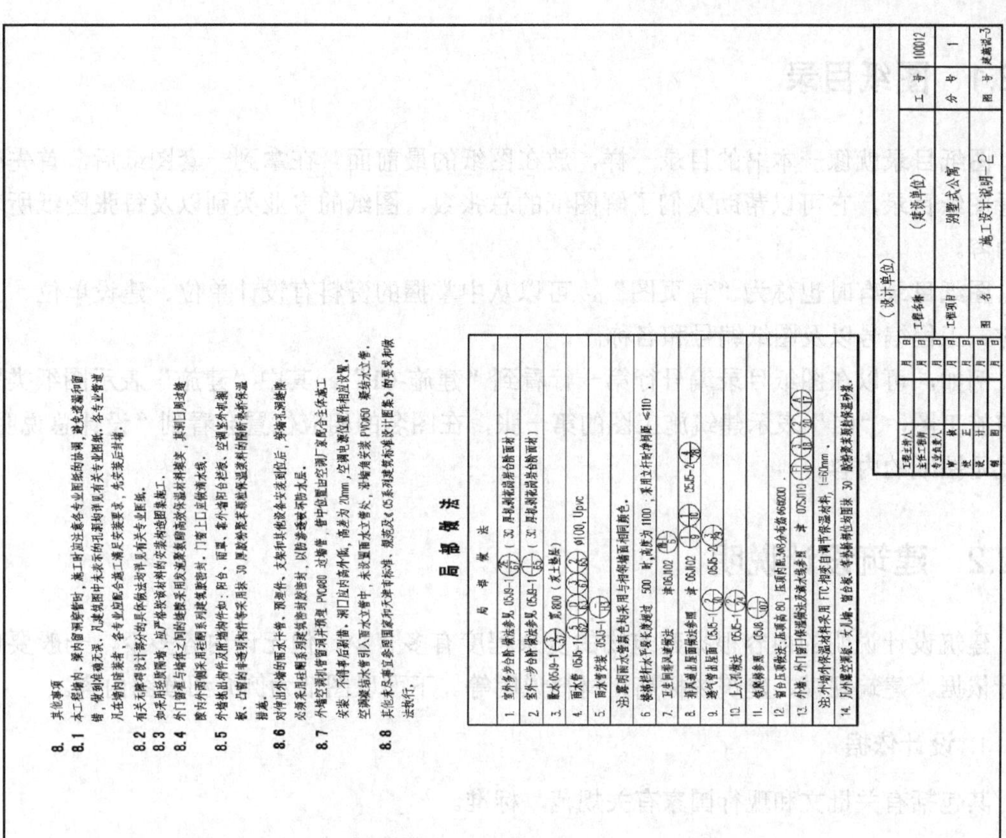

施工设计说明(续)

5.17 在结构构件中(如梁、板、挑檐)为安装建筑配件的预埋件、窗预埋件、电梯预埋件等均由相关厂家提供给施工单位，所有预埋件做防锈处理。

5.18 墙体拉结筋、构造柱、圈梁均详结构专业图纸。

6. 屋面工程

6.1 本工程屋面防水等级根据《屋面工程技术规范》确定为 三 级，设防要求为 一 道。

6.2 凡采用焦渣找坡必须经过筛分，粒径控制在5~40mm，其中不应含有有机物、石块、土块、矿渣块和未燃煤块。如局部采用混凝土找坡，均采用C20细石混凝土找坡，并与水平面成6度角。

6.3 屋面突出部位及转角处的找平层，抹成平缓的半圆弧形，半径控制在100mm~120mm，弧度要求一致。

6.4 高低跨屋面相接部位的高跨屋面雨水管位置处，在低跨(非上人)屋面上铺设600×600×40 C20混凝土预制块或预制混凝土簸箕保护。

6.5 卷材天沟内排水及泛水等部位均在防水层下面铺卷材一层，雨水口周围加铺卷材二层。水落口周围直径 500 mm 范围内坡度≥5%。

6.6 凡排水雨水管收水处设镀锌网罩或箅子，安装时注意与屋面卷材交接严密，避免渗漏现象。凡采用金属管材者，雨水管外刷防锈漆一道，调和漆二道，内刷防锈漆二道。雨水管安装应弹立线，做到垂直、牢固，雨水管的屋铁卡必须用膨胀螺栓或埋件固定，不得用木楔直接钉入砖缝。

7. 内外装修工程

7.1 油漆工程基层的含水，混凝土和抹灰不得大于 8%。冬季施工室内油漆工程应在室内采暖条件下进行，室温保持均衡不得突然变化。

7.2 混凝土表面和抹灰表面油漆前应干燥洁净，不得有起皮、松散等现象，粗糙处磨光，缝隙和小孔洞等应用腻子补平。

7.3 所有油漆颜色均由设计人员提出基本色，施工单位做出样板，由我院会同建设单位共同决定。

7.4 金属材料必须除锈并刷防锈漆一道，再依据设计要求刷面漆。凡预埋木砖必须做防腐处理。

7.5 门窗洞口须镶花岗岩板时所留缝隙应与门窗制造厂家及外饰面施工单位共同协商决定。有吊顶处，门应结合吊顶标高及节点情况确定门的高度和立框构造。

7.6 门窗上的五金均采用优质产品，由建设单位与设计人员共同协商决定。卫生间、防火门，均设闭门器，所有门窗必须与墙体有牢固的连接，以确保安全。

7.7 门窗隔断上的玻璃除图说规定外，凡无注明要求者应符合《建筑玻璃应用技术规程》(JGJ113-2003)附录A的要求。

7.8 采用木压条的门窗，木压条与裁口紧贴，割角整齐，不留钉帽。

7.9 外檐石材幕墙的设计、安装施工应由具有设计资质的专业生产厂家负责，其设计应遵循国家现行规范及本工程总体设计意图，提供石材分板、分格、构造详图、预埋件尺寸位置等，经我院设计人确认后方可施工。

7.10 外檐抹灰、涂料、板材的材质及颜色，应由施工单位按照设计的要求事先提供样板或样品，经与建设单位共同确认后方可定货施工。

8. 其他事项

8.1 本工程墙内、梁内留洞穿管时，施工时应注意各专业图纸的协调，避免遗漏和留错，做到准确无误。凡建筑图中未表示的孔洞均详见有关专业图纸。各专业管道凡在墙内暗装者，各专业应配合施工满足安装要求，先安装后封堵。

8.2 有关无障碍设计部分的具体做法均详见有关专业图纸。

8.3 如采用轻质隔墙，应严格按该材料的安装构造图集施工。

8.4 外门窗框与墙体之间的缝隙采用发泡聚氨酯高效保温材料填实，其洞口周边缝隙内外两侧采用硅酮系列建筑胶密封。门窗上口应做滴水线。

8.5 外墙挑出构件及附墙构件如：阳台、雨罩、靠外墙阳台栏板、空调室外机搁板、凸窗的非透明构件等采用抹 30 厚胶粉聚苯颗粒保温浆料的隔断热桥保温措施。

8.6 对伸出外墙的雨水卡管、预埋件、支架和其他设备安装到位后，穿墙孔洞缝隙必须采用硅酮系列建筑密封胶密封，以防渗透破坏防水层。

8.7 外墙空调机管留洞并预埋 PVCø80 过墙管，管中位置由空调厂家配合主体施工安装，不得事后剔凿。洞口应内高外低，高差为20mm，空调电源位置作相应设置。空调凝结水管引入雨水立管中，未设置雨水立管处，沿墙角安装 PVCø50 凝结水立管。

8.8 其他未尽事宜参照国家和天津市标准、规范及《05系列建筑标准设计图集》的要求和做法执行。

局部做法

局 部 做 法
1. 室外多步台阶 做法参见 05J9-1 (26/67) (30 厚机刨花岗岩台阶面材)
2. 室外一步台阶 做法参见 05J9-1 (1/65) (30 厚机刨花岗岩台阶面材)
3. 散水 05J9-1 (3/57) 宽 800 (灰土垫层)
4. 雨水管 05J5-1 (5/62) (D/63) (3/67) (2/65) ø100, Upvc
5. 雨水管安装 05J3-1 (—/H3)
注:露明雨水管颜色均采用与相邻墙面相同颜色。
6. 楼梯栏杆水平段长度超过 500 时，高度为 1100；采用立杆时净间距 ≤110。
7. 卫生间排风道做法 津06J102 (附1/5)
8. 排风道出屋面做法参照 津 06J102 (1/9) (1/10) 05J5-2 (4/28)
9. 透气管出屋面 05J5-1 (2/30) 05J5-2 (3/29)
10. 上人孔做法 05J5-1 (2/24)
11. 铁爬梯参照 05J8 (1/107)
12. 窗台压顶做法:压顶高 80，压顶内配 3ø8 分布筋 ø6@200。
13. 外墙、外门窗口保温做法及滴水线参照 津 07SJ110 (F1/10) (3/18) (2/20) (A/17)
注:外墙外保温材料采用 FTC 相变自调节保温材料，t=60mm。
14. 凡外露空调板、女儿墙、窗台板、等热桥部位均围抹 30 胶粉聚苯颗粒保温砂浆。

(设计单位)						
工程主持人		月 日	工程名称	(建设单位)	工 号	100012
主任工程师		月 日				
专业负责人		月 日				
审 核		月 日	工程项目	别墅式公寓	分 号	1
校 正		月 日				
设 计		月 日	图 名	施工设计说明-2	图 号	建施说-3
制 图		月 日				

图 8-2　图纸首页二

8.2.1 图纸目录

图纸目录就像一本书的目录一样，放在图纸的最前面。在拿到一套图纸后，首先应该查看图纸目录，它可以帮助人们了解图纸的总张数、图纸的专业类别以及每张图纸所表达的内容。

图纸目录有时也称为“首页图”，可以从中掌握的资料有设计单位、建设单位、工程名称、工程编号以及图纸编号和名称。

例如，可以在图纸目录编号行第一行看到“建施-01”，其中“建施”表示图纸类别为建筑施工图，“01”表示建筑施工图的第一张，在图名的相应位置会看到“设计总说明”，也就是图纸的内容。

8.2.2 建筑设计说明

建筑设计说明的内容根据建筑物的复杂程度有多有少，但无论内容多少，一般要包括设计依据、建筑规模、建筑物标高、材料说明等。下面以图纸为例介绍读图内容。

1. 设计依据

其包括有关批文和现行国家有关规范、标准。

2. 建筑规模

建筑规模主要包括占地面积和建筑面积。占地面积是建筑物底层外墙皮以内的所有面积之和，建筑面积是建筑物外墙皮以内各层面积之和。

该建筑为别墅式公寓，砖混结构，建筑面积为 642m^2。

3. 使用年限

该建筑耐火等级为二级，耐久年限为 50 年，抗震烈度为 7 度。

4. 标高

在房屋建筑中，规范规定用标高表示建筑物的高度，设计说明中应说明相对标高与绝对标高的关系。

5. 建筑构造做法

建筑构造做法用来详细说明建筑物各部位的构造做法，是现场施工备料、工程预决算的主要技术文件。

6. 施工要求

施工要求包含两个方面的内容：一是要严格执行施工验收规范中的规定；二是对图纸中不详之处的补充说明。

8.3　总 平 面 图

8.3.1　总平面图的作用和形成

1. 作用

总平面图是用来表达一项工程的总体布局的图样。通常表示新建房屋的平面形状、位置、朝向以及周围的地形和其他地物的关系。

2. 形成

总平面图即假设在建设区的上空向下投影所得到的水平投影图。总平面图是施工定位、土方施工、设备管线平面布置和施工现场总平面布置的依据。

8.3.2　总平面图的表示方法

1. 比例

总平面图的比例一般用 1∶500、1∶1000、1∶2000 绘制，在实际工作中，由于各地方国土管理局所提供的地形图的比例为 1∶500，所以接触到的总平面图多采用这一比例。

2. 图例

由于总平面图采用的比例较小，所以各个建筑物或构筑物在图中所占面积较小，同时根据总平面图的作用，也无须将其画得很细。画图时应严格执行《总图制图标准》(GB/T 50103—2010)规定的图例符号。

3. 定位

表明新建筑物和周围地形、地物间的位置关系，一般从两个方面进行描述。

(1) 定向。在总平面图中，指向可用指北针或风向频率玫瑰图表示。

(2) 定位。新建筑物的定位一般采用两种方法：一是按原有建筑物或原有道路定位；二是按照坐标定位。

8.3.3　总平面图的主要内容

1. 建筑红线

地方国土管理部门在提供给建设单位的地形蓝图上，用红色笔勾画出建设单位土地使用范围的线称为建筑红线。任何建筑物在设计和施工中均不能超出此线。

2. 区分新旧建筑物

在总平面图中，将建筑物分为 4 种情况，即新建的建筑物、原有建筑物、拟建建筑物和将要拆除的建筑物。在阅读总平面图时，要根据图例符号区分不同的建筑物类别，建筑物的层数可用小圆点或阿拉伯数字标注在建筑物图形的右上角。

3. 标高

标高数值以米(m)为单位，在总平面图中，标高数字注写到小数点后第二位。

4. 等高线

在建筑工程中，常用等高线来表示地面的形状。从地形图上的等高线可以分析出地形的起伏情况。等高线间距越大，地面起伏越平缓；相反，等高线间距越小，地面起伏越陡峭。

5. 道路

在总平面图中，由于比例较小，道路仅表示与建筑物的位置关系，不能作为道路施工的依据。标注出道路中心控制点，以表明道路的标高和平面位置。

8.3.4 总平面图的识读

(1) 熟悉图名、比例、图例以及有关文字说明。
(2) 了解工程名称、工程性质、用地范围、地形地貌和周围环境。
(3) 查看室内外地面标高。
(4) 了解房屋的平面位置和定位依据。
(5) 朝向和主要风向。
(6) 道路交通及管线布置情况。
(7) 道路和绿化。

8.4 平 面 图

图 8-3～图 8-6 所示为各部位平面图。

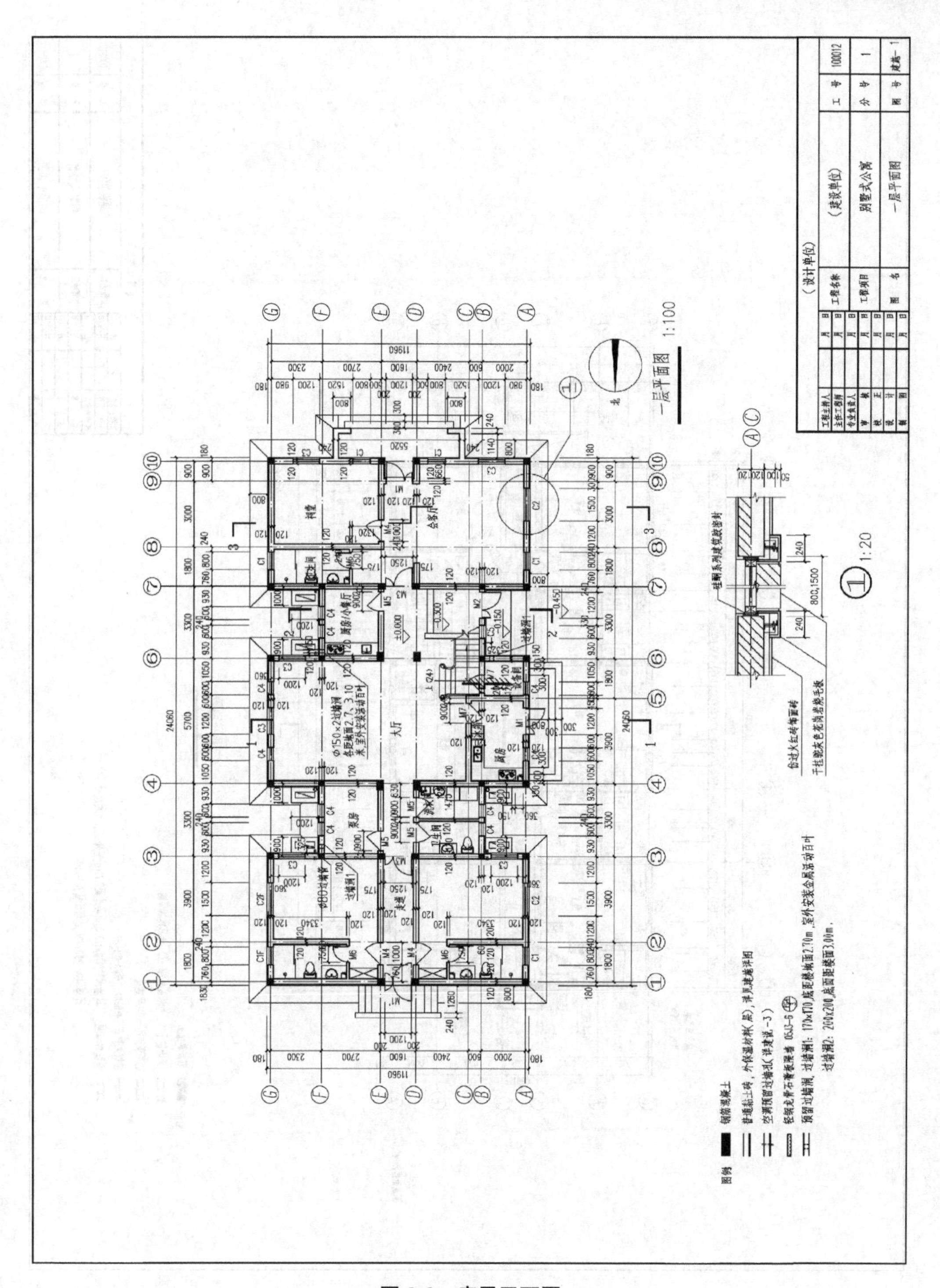

图 8-3　底层平面图

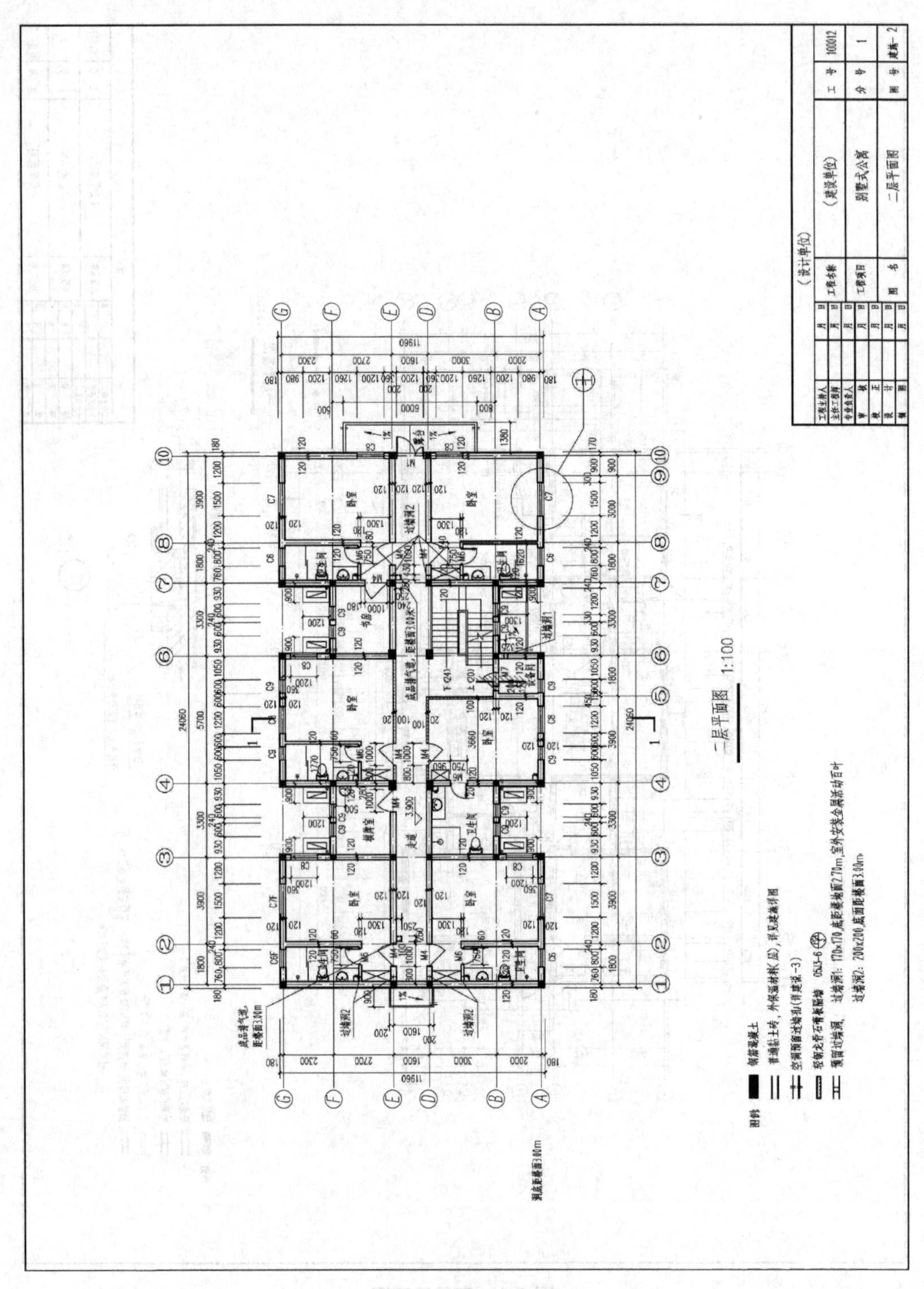

图 8-4　二层平面图

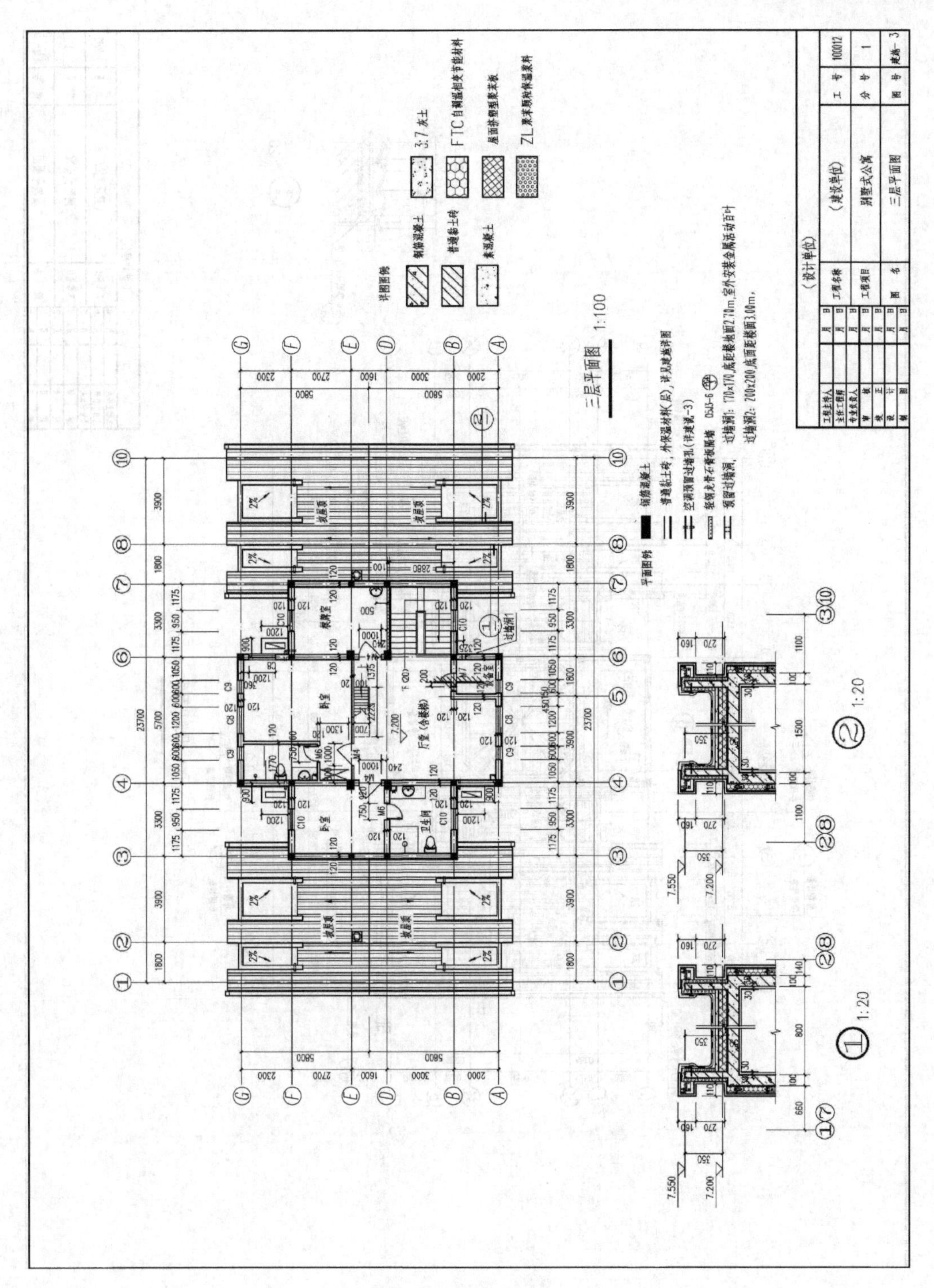

图 8-5　三层平面图

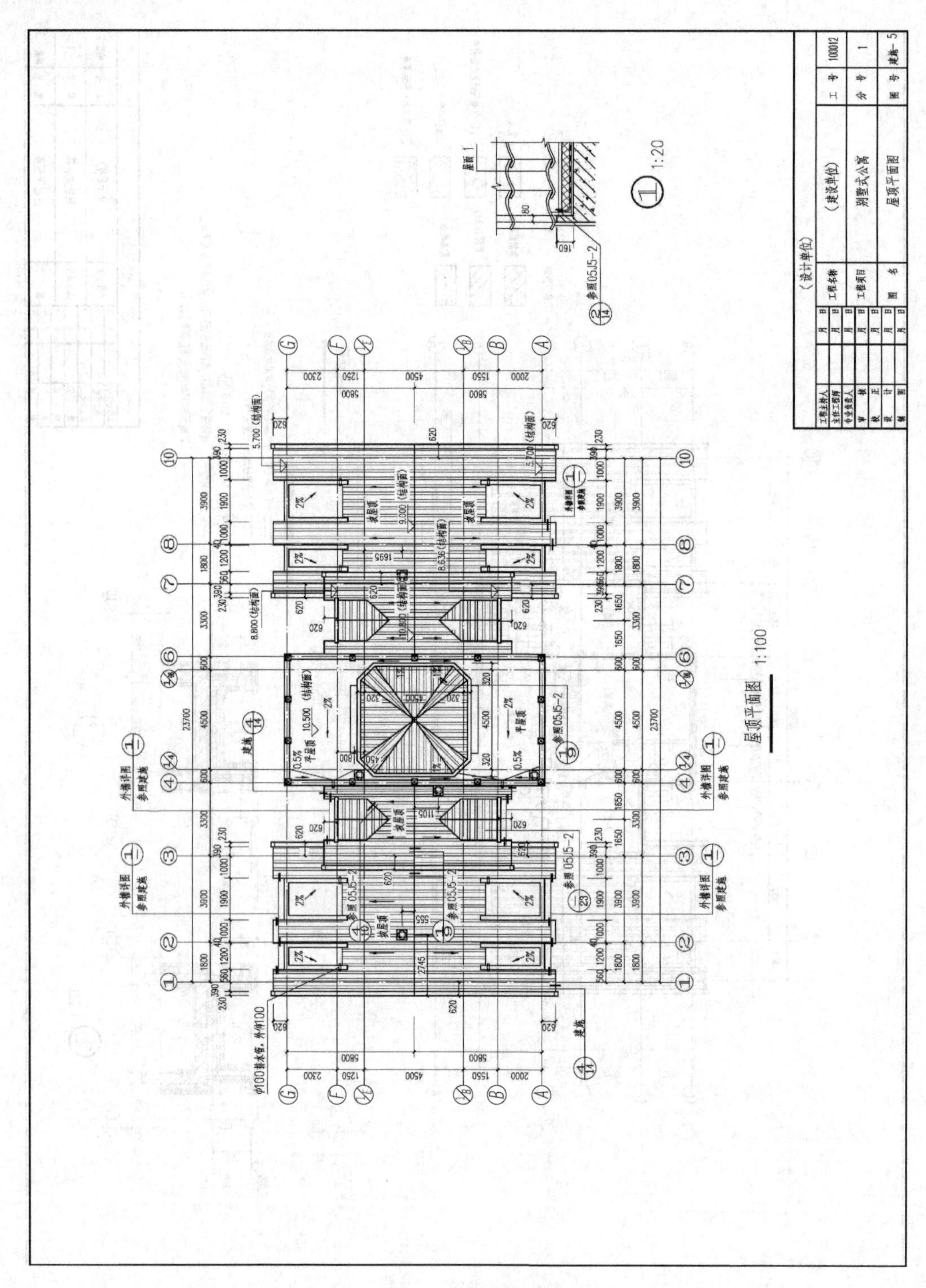

图 8-6 屋顶平面图

8.4.1　平面图的认知

1. 建筑平面图的形成

假想用一个水平剖切平面沿门窗洞口将房屋切开，移去剖切平面及其以上部分，将余下的部分向下做正投影，此时所得到的全剖面图即建筑平面图，简称平面图。

2. 建筑平面图的用途

建筑平面图主要用来表示房屋的平面布置、墙体的厚度、门窗的位置及尺寸，在施工过程中，它是放线、砌墙和安装门窗的重要依据。

3. 建筑平面图的分类

建筑平面图可以分为底层平面图、标准层平面图、顶层平面图、屋顶平面图、其他平面图。

(1) 底层平面图。又称首层平面图或一层平面图，见图 8-3。

(2) 标准层平面图。由于房屋内部平面布置的不同，所以对多层或高层建筑而言，应该每一层均有一张平面图，如二层平面图，见图 8-4。

但在实际的设计中，多层或高层建筑往往存在许多相同或相近平面布置的楼层，因此在实际绘图中，可将这些楼层的平面图合用一张平面图来表示，这张合用的平面图就称为“标准层平面图”。有时也可以用楼层来命名，如“三至二十层平面图”。

(3) 屋顶平面图。屋顶平面图是将建筑物的顶部单独向下所做的俯视图，主要用来表达屋顶的平面布置以及排水情况，见图 8-6。

(4) 其他平面图。如果在建筑物中有地下室，则应有地下室平面图或地下负一层平面图，等等。

8.4.2　图例及符号

建筑平面图采用的比利有 1∶50、1∶100、1∶150、1∶200 等，常用比例为 1∶100。

由于建筑平面图的绘图比例较小，所以其中的一些细部构造和配件只能用图例表示，有关图例的画法应按照《建筑制图标准》(GB/T 50104—2010)中的规定执行。

8.4.3　一层平面图

以图 8-3 所示的一层平面图为例，介绍一层平面图的主要内容。

1. 图名、比例、图例及文字说明

略。

2. 建筑物的朝向

从图中的指北针可以知道建筑物的朝向。

3. 纵横定位轴线、编号及开间进深

在图 8-3 中横向定位轴线有①～⑩根轴线，纵向定位轴线有Ⓐ～Ⓖ7 根轴线。建筑物横向定位轴线之间的距离为开间；纵向定位轴线之间的距离为进深。

4. 房间的布置、用途及交通关系

房间用墙体隔开，从图中可以看出①～③、Ⓐ～Ⓓ轴线是一个房间，这个房间内带有卫生间，墙体的厚度均为 240mm，在这一层内主要还有大厅、厨房等房间，房间与房间之间有走廊，层与层之间的交通有楼梯间。

5. 门窗

在建筑平面图中，门采用代号 M 表示，窗采用代号 C 表示，并将不同类型的门窗进行编号。在图中能够反映出门窗的平面位置、洞口的宽度以及与轴线的关系。例如，图中 M-4 的宽度为 1000mm，C-2 的宽度为 1500mm。

6. 其他

在建筑物外还有散水、台阶等其他设施，在本图中只能表达出这些设施的平面位置和尺寸，具体的构造做法应查阅相应的详图或标准图集。

7. 各种符号

在底层平面图中有很多符号，主要有剖切符号和索引符号，在读图时注意它们的位置和编号。例如，图中 1—1、2—2、3—3 为剖切符号，有一个索引符号并附有详图。

8. 尺寸标注

平面图中尺寸标注分为内部尺寸和外部尺寸两种。

(1) 内部尺寸。用来标注内部门窗洞口的宽度、墙体的厚度等。

(2) 外部尺寸。外部尺寸一般标注 3 道，第一道是细部尺寸，表示门窗洞口的宽度等细部尺寸；第二道表示轴线尺寸，即房间的开间和进深；第三道表示建筑物的总长和总宽。

图中内部尺寸有：墙体厚度为 240mm，和轴线的关系为两层各 120mm。

外部尺寸中建筑物的总长为 24060mm，总宽为 11960mm。

8.4.4 其他各层平面图和屋顶平面图

1. 二、三层平面图

在表达的内容上二、三层平面图不再表示室外地面的情况。楼梯表示为有上有下的方向。在图 8-4 所示平面图中上下两个方向都有，但是在图 8-5 所示平面图中只有下的方向，而在之前的一层平面图 8-3 中只有上的方向。

在这 3 张平面图中，房屋的形状没有变化，每层之间的房间布置大致相同。

2. 屋顶平面图

在这个建筑物中，通过前面平面图的阅读，可以发现该建筑局部三层，所以在图 8-5 中看到了二层的屋顶以及图 8-6 所示的屋顶平面图。

在屋顶平面图中主要表示的内容有女儿墙、檐沟、雨水口等位置和屋面的排水分区、排水方向、排水坡度等。

由图 8-6 得知，此建筑物主要为坡屋顶，局部平屋顶排水坡度为 2%。图中还有一些细部做法的索引。

8.4.5　平面图的识读与绘制

1. 阅读底层平面图的方法和步骤

(1) 首先看图名和比例。

(2) 查看建筑物的朝向、形状、主要房间的布置及关系。

(3) 查看内部尺寸和外部尺寸。

(4) 查看标高。

(5) 核对门窗部位及尺寸。

(6) 查看其他设施的位置及尺寸。

(7) 查看文字说明和符号。

(8) 查看楼梯间及电梯间的位置及尺寸。

2. 阅读其他各层平面图的注意事项

(1) 首先查明各房间的布置是否和底层平面图一致。

(2) 查看墙体是否和底层平面图一致。

(3) 门窗是否和底层平面图一致。

(4) 注意楼梯的变化。

3. 平面图的绘制

(1) 准备绘图工具及用品。

(2) 选比例定图幅，画图框和标题栏。

(3) 进行画面布置。

(4) 用铅笔画线图(用较硬的 H 或 2H 铅笔)。

(5) 检查后描粗加深有关图线(用较软的 B 或 2B 铅笔)。

(6) 标注尺寸、标注定位轴线、编号；绘制标高、剖切符号、索引符号；注写门窗代号及图名比例和文字说明等。

(7) 校核。

(8) 上墨。

8.5 立 面 图

图 8-7～图 8-10 所示为各部位立面图。

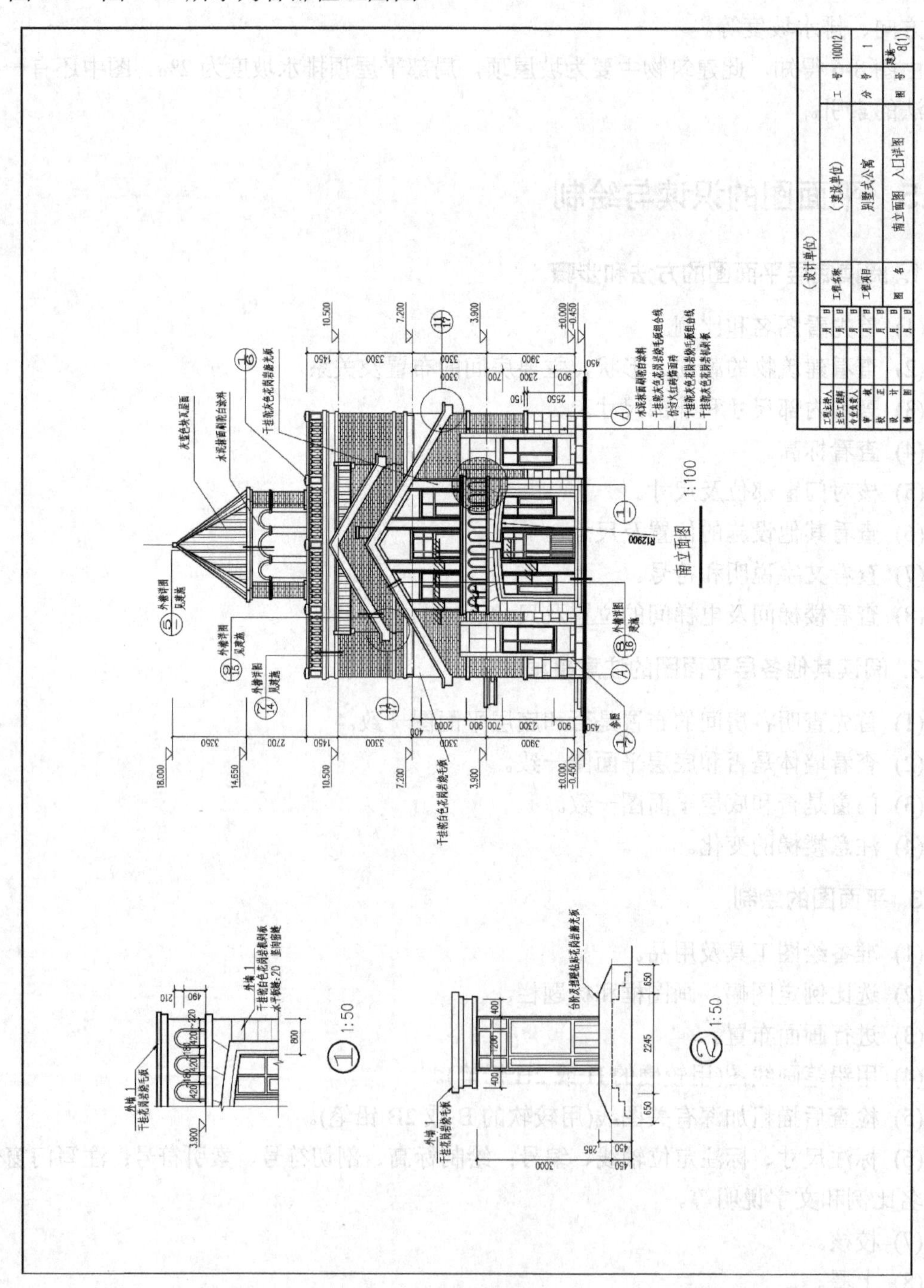

图 8-7 南立面图

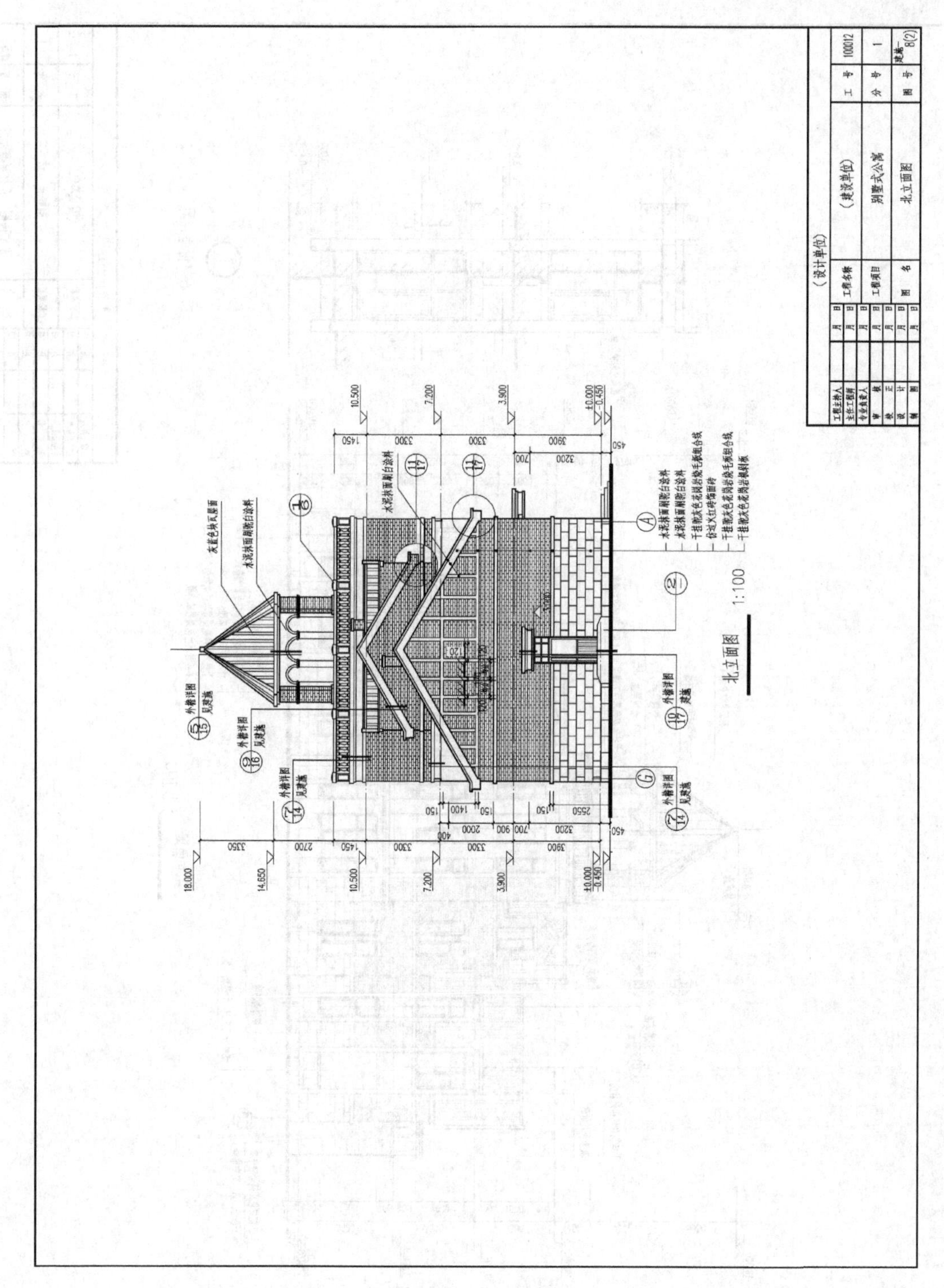
北立面图 1:100
18.000
14.650
10.500
7.200
3.900
±0.000
-0.450
(设计单位)
(建设单位)
别墅式公寓
北立面图
100012

图 8-8　北立面图

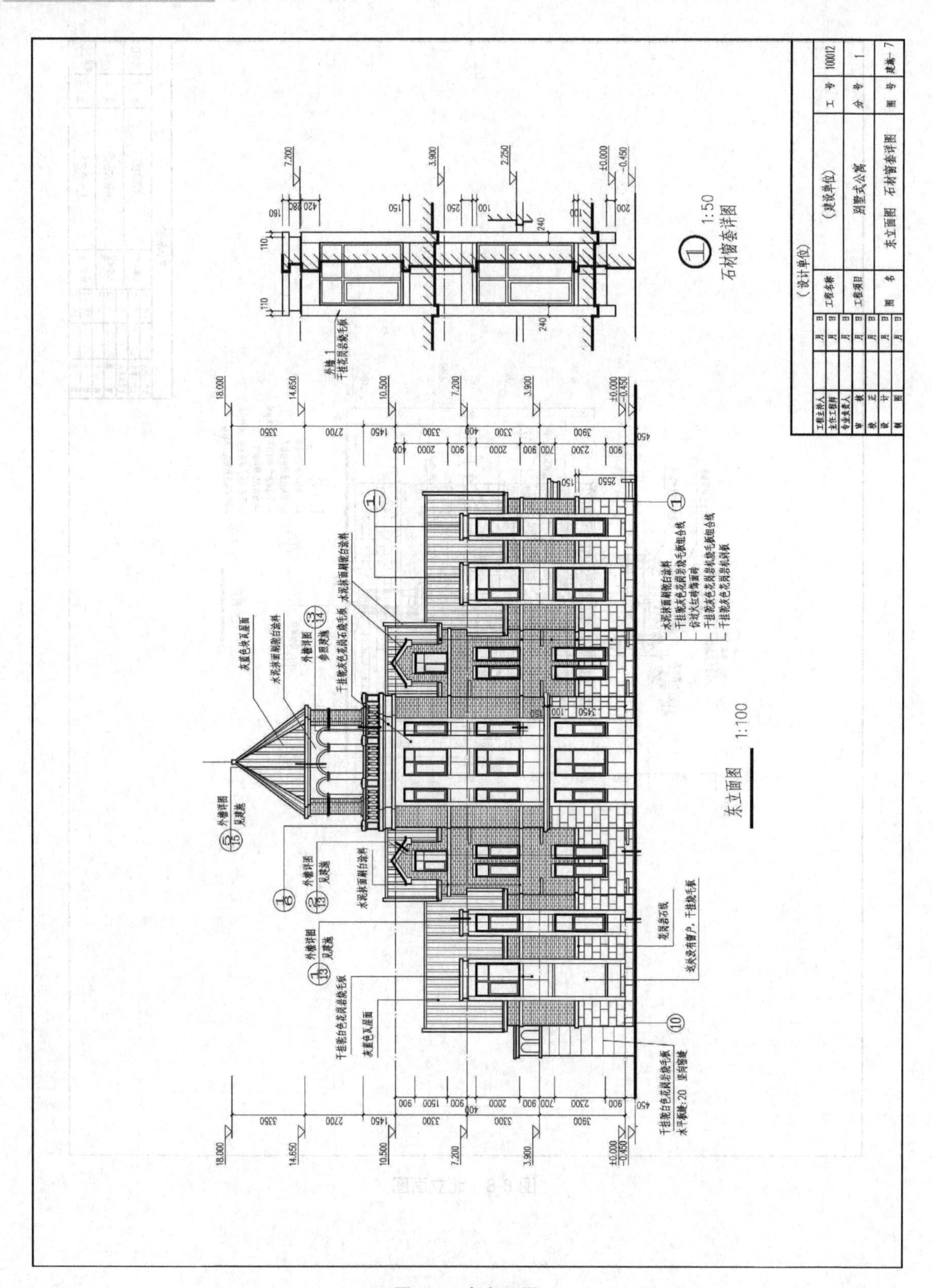

图 8-9　东立面图

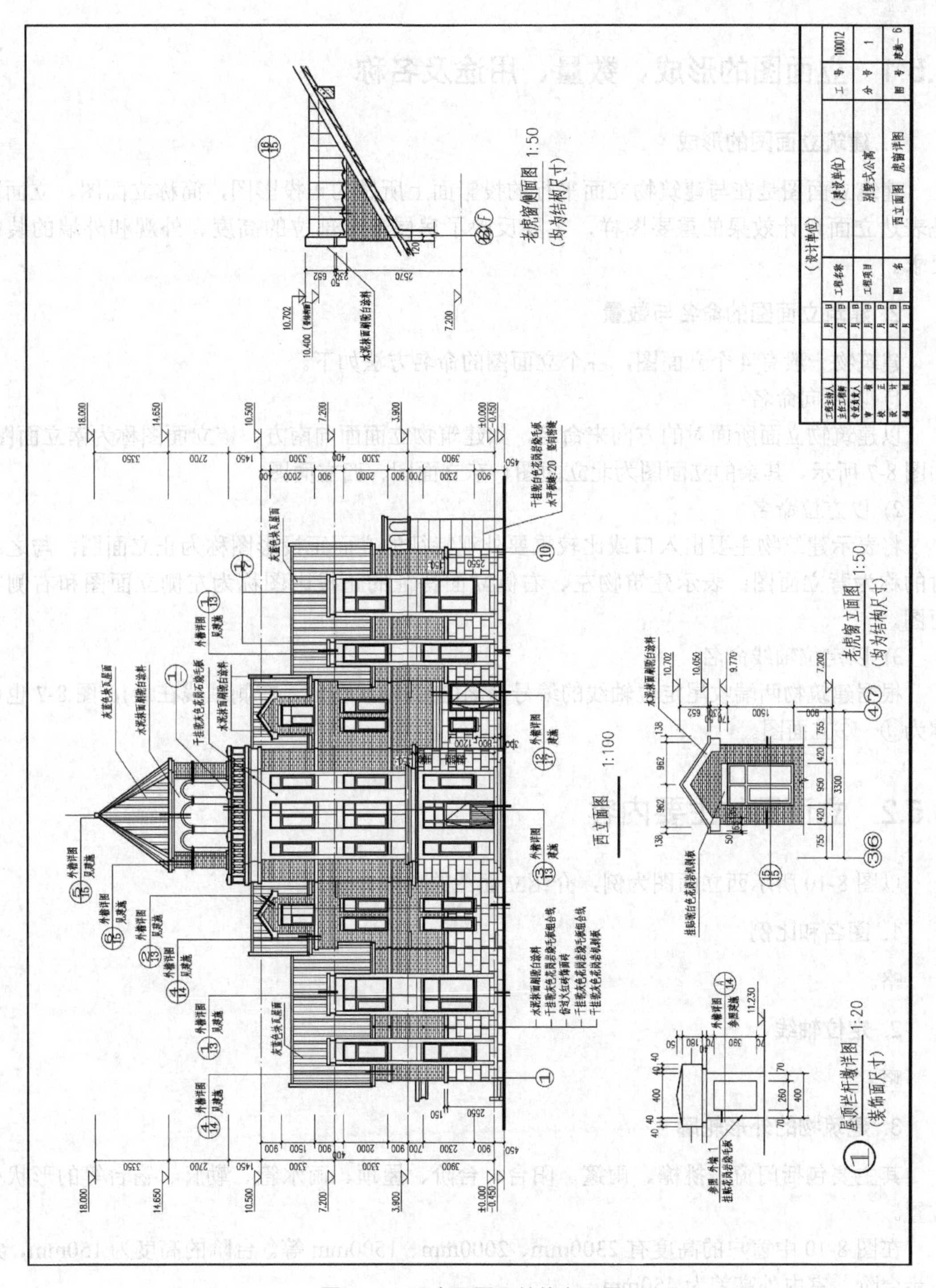

图 8-10　西立面图及其他立面图

8.5.1 立面图的形成、数量、用途及名称

1. 建筑立面图的形成

建筑立面图是在与建筑物立面平行的投影面上所做的正投影图，简称立面图。立面图是表达立面设计效果的重要图样，主要反映了房屋各个部位的高度、外观和外墙的装饰要求。

2. 建筑立面图的命名与数量

建筑物一般有 4 个立面图，各个立面图的命名方法如下。

1) 以朝向命名

以建筑物立面所面对的方向来命名，如建筑物立面面向南方，该立面图称为南立面图，如图 8-7 所示。其余的立面图为北立面图、东立面图、西立面图。

2) 以方位命名

将表示建筑物主要出入口或比较重要外观特征的立面正投影图称为正立面图；与之相对的称为背立面图；表示建筑物左、右侧立面特征的正投影图称为左侧立面图和右侧立面图。

3) 以定位轴线命名

根据建筑物两端收尾定位轴线的编号命名(左侧轴线在前、右侧轴线在后)，图 8-7 也可称为Ⓐ～Ⓖ立面图。

8.5.2 立面图的主要内容

以图 8-10 所示西立面图为例，介绍立面图的主要内容。

1. 图名和比例

略。

2. 定位轴线

略。

3. 建筑物的外形轮廓

其主要包括门窗、挑檐、雨篷、阳台、台阶、屋顶、雨水管、勒脚、窗台等的形状和位置。

在图 8-10 中窗户的高度有 2300mm、2000mm、1500mm 等。台阶的高度为 150mm，共三步台阶，室内外高差为 450mm。

4. 标高

用标高表示建筑物外部各主要部位的相对高度，如室外地面标高、各层门窗洞口的标高、各楼层标高和檐口的标高等。

在图 8-10 中，首层层高为 3.9m，二层和三层的高度为 3.3m。建筑物总高度为 18m。

5. 外墙面装饰装修做法

在立面图上，应用引线加文字说明墙面各部位所用的装饰装修材料、颜色和施工做法等，如灰蓝色瓦块屋面。

6. 索引符号

在立面图上需另用详图表示该部位的具体做法，应画出索引符号说明。

7. 立面图中的尺寸

立面图中的尺寸表示建筑物高度方向的尺寸，包括室内外地面高差、窗下墙高度、门窗高度、女儿墙或挑檐板高度等。

图 8-10 中窗下墙高度为 900mm。

8.5.3　立面图的识读与绘制

1. 立面图的识读

(1) 读图名和比例。

(2) 读建筑物的外貌特征，包括建筑物的形状、层数、屋顶的形式、主要出入口的位置和窗花的排列等。

(3) 读建筑物的高度尺寸，包括建筑物的层高、总高、门窗高等。

(4) 读外墙面各细部的装饰装修做法。

(5) 了解其他构配件，包括勒脚、雨篷等构件的布置和尺寸。

(6) 其他。

2. 立面图的绘制

(1) 选取和平面图相同的绘图比例和图幅。

(2) 画铅笔图(用较硬的 H 或 2H 铅笔)。

(3) 检查后加深图线(用较软的 B 或 2B 铅笔)。

(4) 标注标高、尺寸，注写图名、比例以及各部位的装饰装修做法。

(5) 校核。

8.6　剖　面　图

图 8-11 和图 8-12 所示为剖面图。

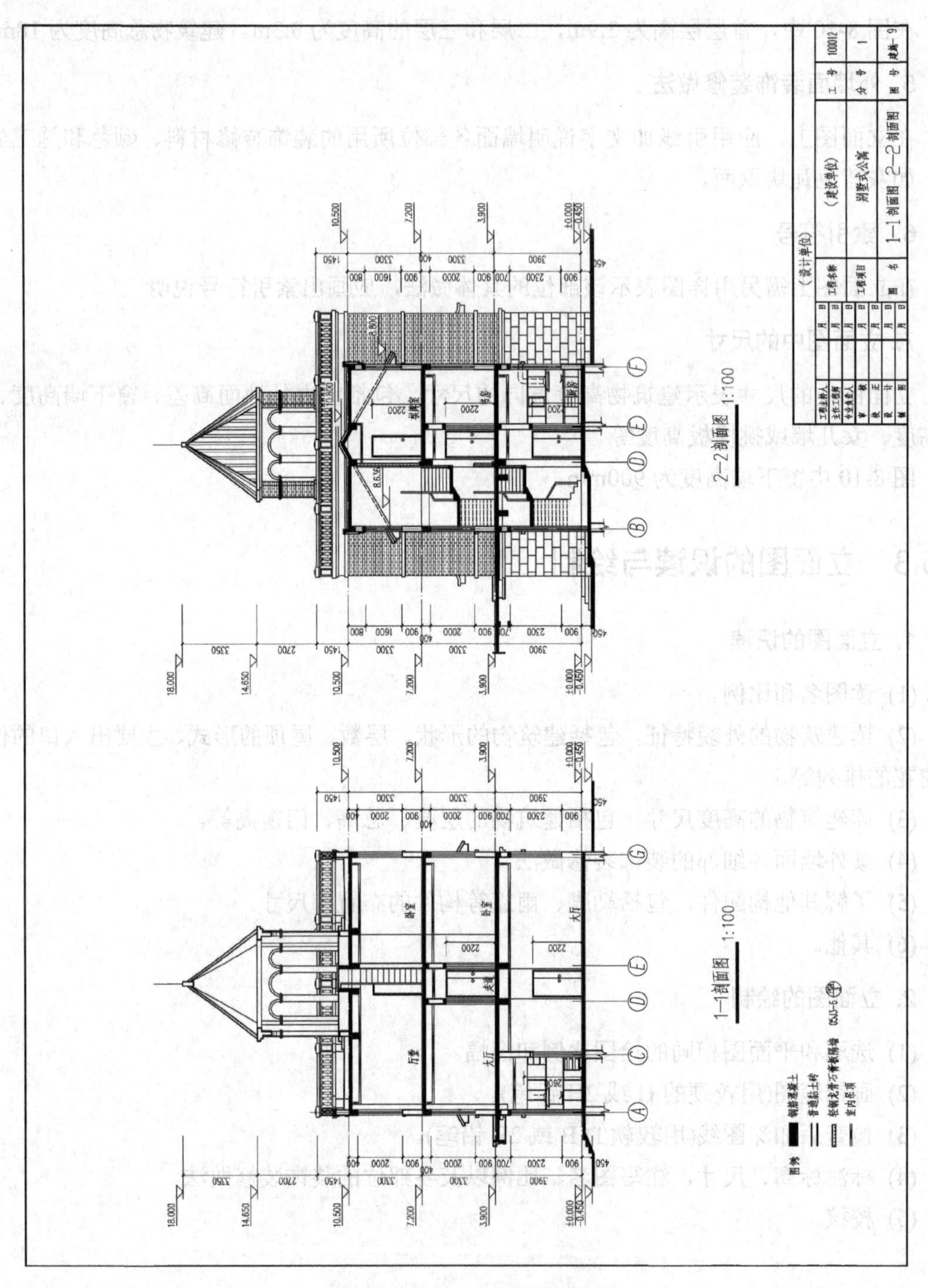

图 8-11 1—1、2—2 剖面图

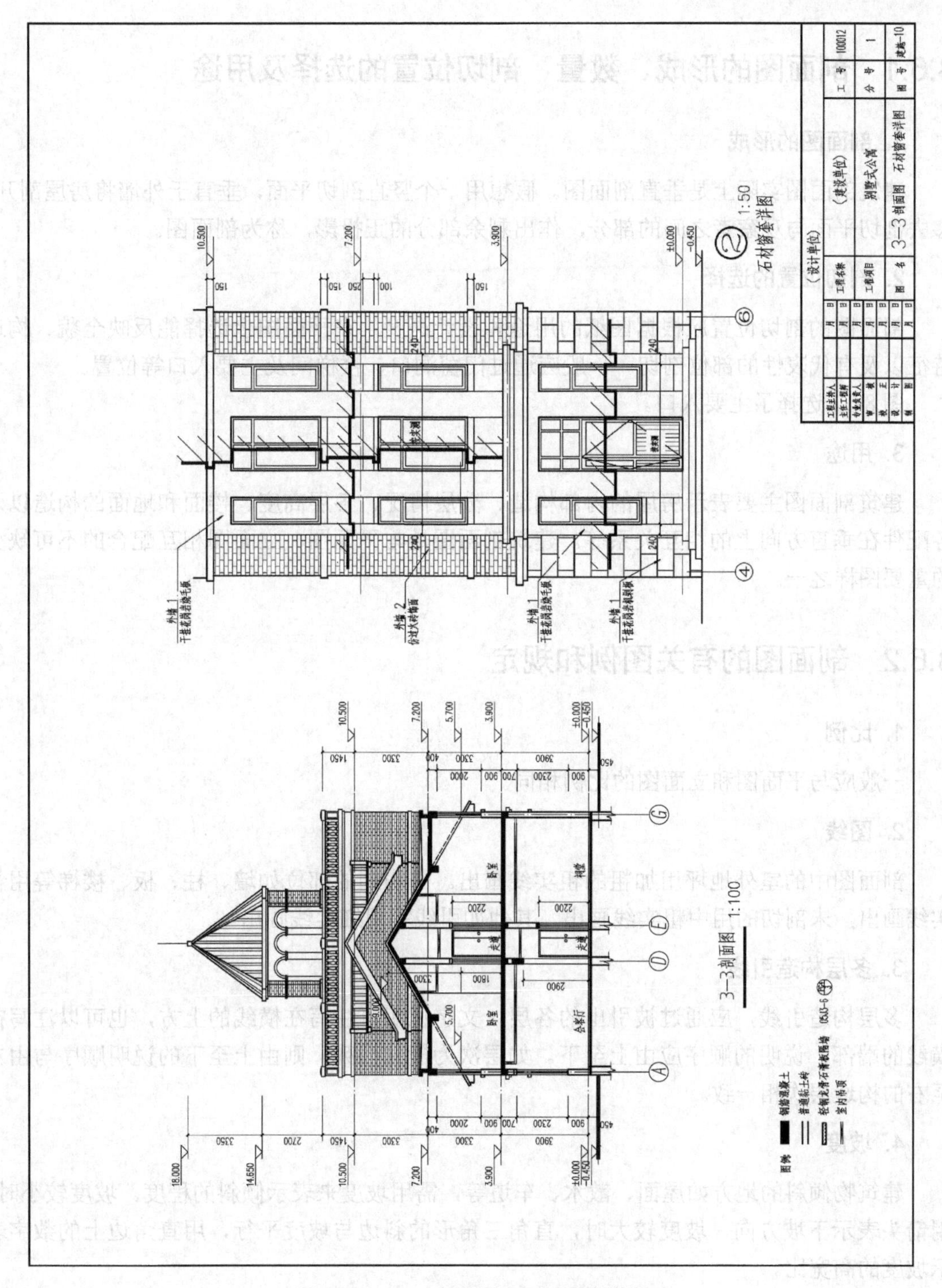

图 8-12　3—3 剖面图和石材窗套详图

8.6.1 剖面图的形成、数量、剖切位置的选择及用途

1. 剖面图的形成

建筑剖面图实际上是垂直剖面图。假想用一个竖直剖切平面，垂直于外墙将房屋剖开，移去剖切平面与观察者之间的部分，作出剩余部分的正投影，称为剖面图。

2. 剖切位置的选择

剖面图的剖切位置应根据图纸的用途和设计深度，在平面图上选择能反映全貌、构造特征以及有代表性的部位剖切。一般应通过门窗洞口、楼梯间及主要入口等位置。

图 8-11 选择了主要入口。

3. 用途

建筑剖面图主要表示房屋的内部构造、分层情况、各层高度、楼面和地面的构造以及各配件在垂直方向上的相互关系等。建筑剖面图是与平面图、立面图相互配合的不可缺少的重要图样之一。

8.6.2 剖面图的有关图例和规定

1. 比例

一般应与平面图和立面图的比例相同。

2. 图线

剖面图中的室外地坪用加粗的粗实线画出。剖切到的部位如墙、柱、板、楼梯等用粗实线画出，未剖切的用中粗实线画出，其他如引线等用细实线画出。

3. 多层构造引线

多层构造引线，应通过被引出的各层，文字说明可注写在横线的上方，也可以注写在横线的端部，说明的顺序应由上至下。如层次为横向排列，则由上至下的说明顺序与由左至右的构造层次相一致。

4. 坡度

建筑物倾斜的地方如屋面、散水、车道等，需用坡度来表示倾斜的程度。坡度较小时，用箭头表示下坡方向，坡度较大时，直角三角形的斜边与坡度平行，用直角边上的数字表示坡度的高宽比。

8.6.3 剖面图的主要内容

以图 8-11、图 8-12 所示剖面图为例，介绍剖面图的主要内容。

(1) 建筑中被剖切到的结构，如梁、墙、楼板、屋面板、雨篷等，内部用相应的材料图例进行填充，一般 1∶100 时用涂黑的方法表示。

在图 8-11 和图 8-12 中被剖切的有楼板、梁、屋面板，图中用涂黑的方法进行表示。

(2) 未被剖切的构配件，如门、窗、洞口等。

在图 8-11 和图 8-12 中未被剖切的部位还有部分屋顶。

(3) 屋顶、楼地面、散水等构造，多用引出线说明做法。

(4) 各部位的高度尺寸和标高尺寸。

高度尺寸应标出墙身垂直方向的分段尺寸，如门窗洞口、窗间墙等高度尺寸。标高尺寸应标注出室内外地面、各层楼面、阳台、檐口、女儿墙、门窗、台阶等处的标高。

在图 8-11 和图 8-12 中窗的高度有 2000mm、2300mm；窗台高度为 900mm，层高为 3900mm、3300mm；门的高度为 2200mm，室内外高差为 450mm。

剖面图中高度尺寸标注有内部尺寸和外部尺寸，内部尺寸用来标注净空高度、内部门窗洞口的高度、墙身的厚度等。外部尺寸包括靠近图形的细部尺寸，表示门窗、洞口、墙、梁等构件的细部尺寸；还有表示层高的层高尺寸。

8.6.4　剖面图的识读与绘制

1. 剖面图的识读

(1) 读图名和比例。

(2) 读剖面图形成时在建筑物中的剖切位置，这时要与底层平面图的剖切符号的编号对照，看出该剖面图为建筑的剖面图。

(3) 读建筑的剖面形状和结构类型，如建筑物的整体形状、层数、屋顶的形式等。

(4) 建筑物内部设施的布置情况。

(5) 读高度尺寸和重要的标高。

2. 剖面图的绘制

(1) 选取绘图比例和图幅。

(2) 画出定位轴线和分层线。

(3) 确定各构件的厚度、门窗高度等。

(4) 画出未剖切部位的轮廓线。

(5) 检查后加深图线。

(6) 标注标高、尺寸，注写定位轴线、图名、比例、索引符号以及必要的文字说明。

(7) 校核。

8.7 建筑详图

图 8-13～图 8-19 所示为建筑详图。

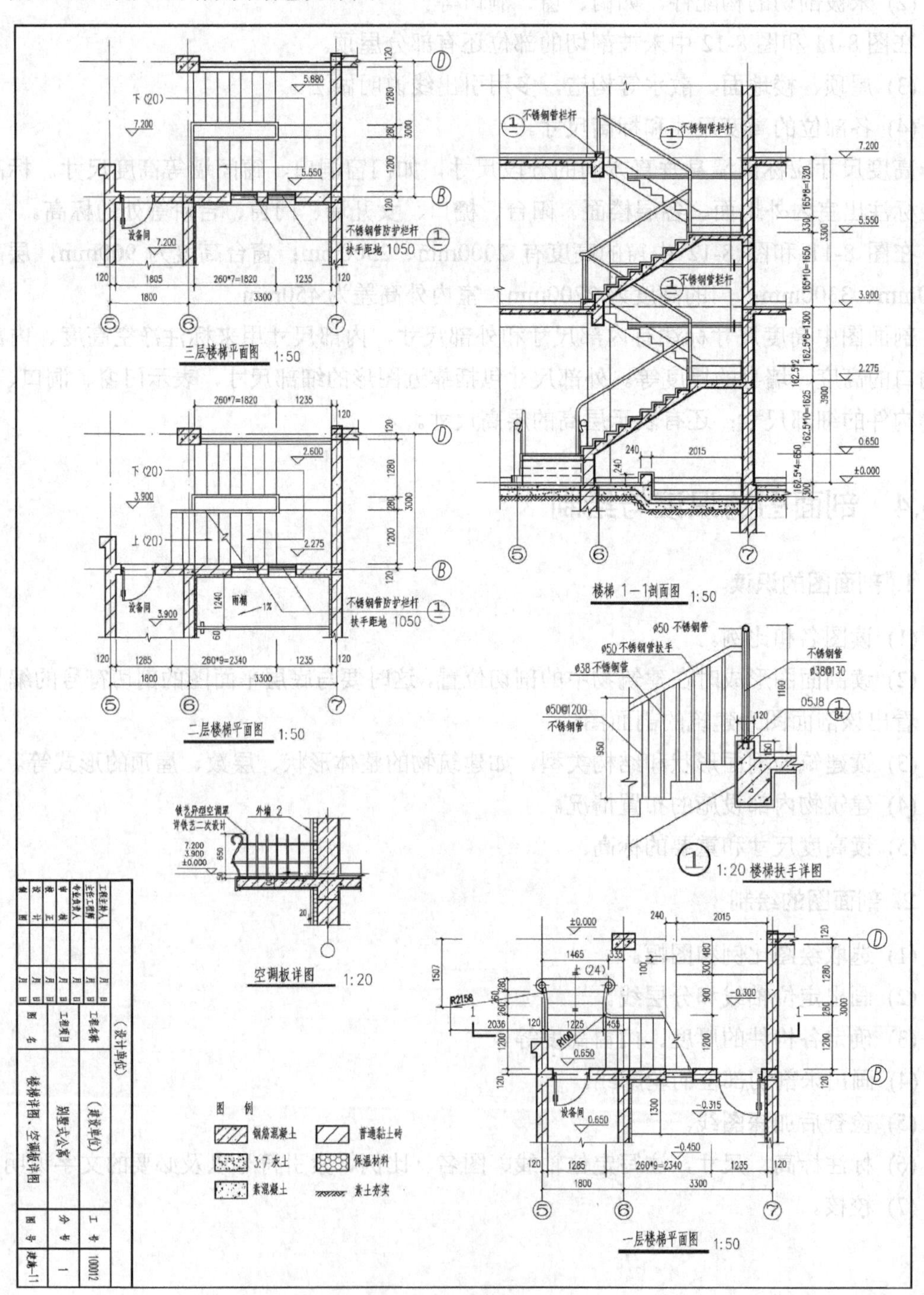

图 8-13 楼梯平面图

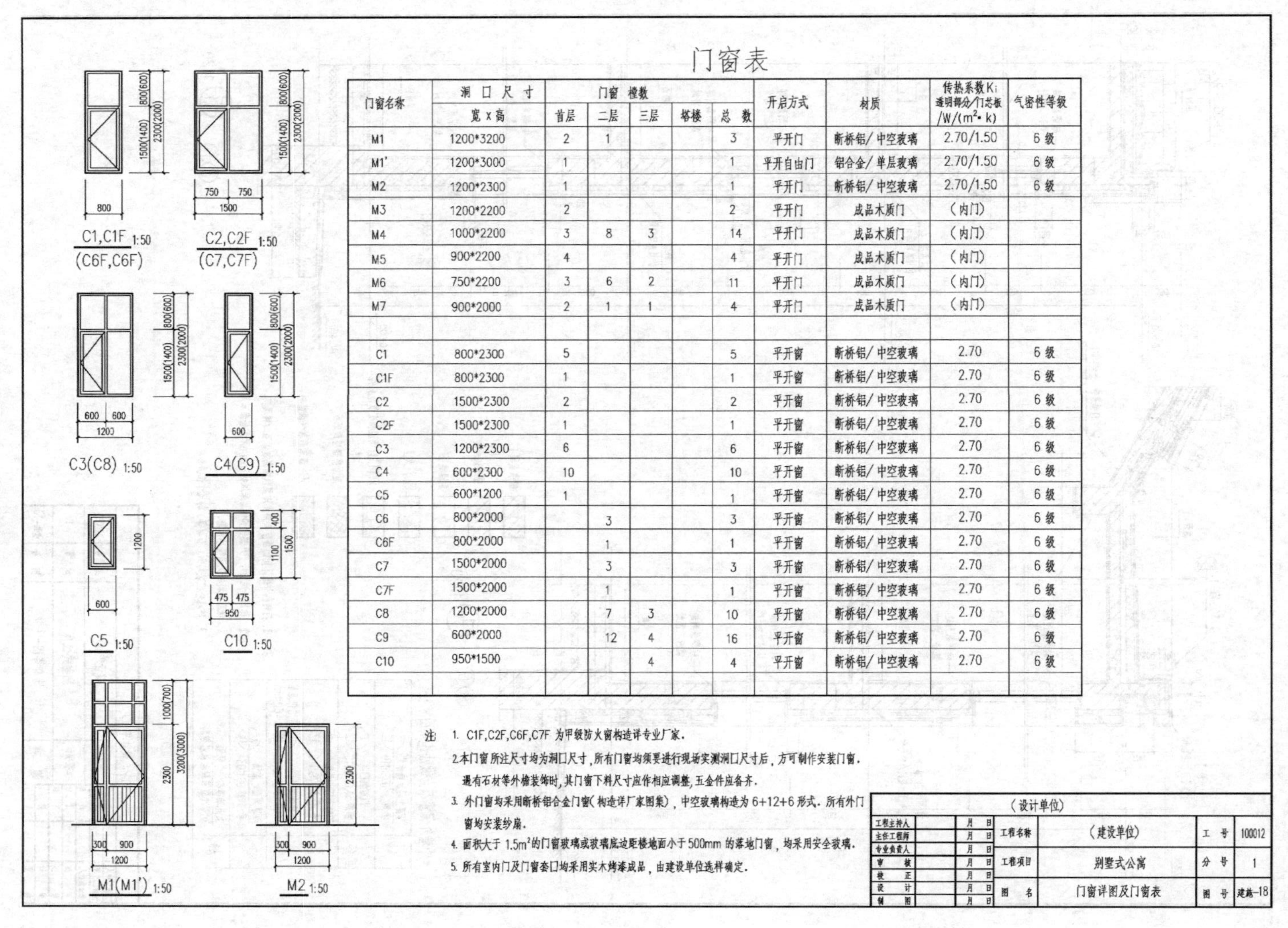

门窗表

门窗名称	洞口尺寸 宽 x 高	门窗樘数 首层	二层	三层	塔楼	总数	开启方式	材质	传热系数Ki 透明部分/门总板 /W/(m²·k)	气密性等级
M1	1200*3200	2	1			3	平开门	断桥铝/中空玻璃	2.70/1.50	6 级
M1'	1200*3000	1				1	平开自由门	铝合金/单层玻璃	2.70/1.50	6 级
M2	1200*2300	1				1	平开门	断桥铝/中空玻璃	2.70/1.50	6 级
M3	1200*2200	2				2	平开门	成品木质门	(内门)	
M4	1000*2200	3	8	3		14	平开门	成品木质门	(内门)	
M5	900*2200	4				4	平开门	成品木质门	(内门)	
M6	750*2200	3	6	2		11	平开门	成品木质门	(内门)	
M7	900*2000	2	1	1		4	平开门	成品木质门	(内门)	
C1	800*2300	5				5	平开窗	断桥铝/中空玻璃	2.70	6 级
C1F	800*2300	1				1	平开窗	断桥铝/中空玻璃	2.70	6 级
C2	1500*2300	2				2	平开窗	断桥铝/中空玻璃	2.70	6 级
C2F	1500*2300	1				1	平开窗	断桥铝/中空玻璃	2.70	6 级
C3	1200*2300	6				6	平开窗	断桥铝/中空玻璃	2.70	6 级
C4	600*2300	10				10	平开窗	断桥铝/中空玻璃	2.70	6 级
C5	600*1200	1				1	平开窗	断桥铝/中空玻璃	2.70	6 级
C6	800*2000		3			3	平开窗	断桥铝/中空玻璃	2.70	6 级
C6F	800*2000		1			1	平开窗	断桥铝/中空玻璃	2.70	6 级
C7	1500*2000		3			3	平开窗	断桥铝/中空玻璃	2.70	6 级
C7F	1500*2000		1			1	平开窗	断桥铝/中空玻璃	2.70	6 级
C8	1200*2000		7	3		10	平开窗	断桥铝/中空玻璃	2.70	6 级
C9	600*2000		12	4		16	平开窗	断桥铝/中空玻璃	2.70	6 级
C10	950*1500			4		4	平开窗	断桥铝/中空玻璃	2.70	6 级

注　1. C1F,C2F,C6F,C7F 为甲级防火窗构造详专业厂家。

2.本门窗所注尺寸均为洞口尺寸，所有门窗均须要进行现场实测洞口尺寸后，方可制作安装门窗。遇有石材等外檐装饰时，其门窗下料尺寸应作相应调整，五金件应备齐。

3. 外门窗均采用断桥铝合金门窗（构造详厂家图集），中空玻璃构造为 6+12+6 形式。所有外门窗均安装纱扇。

4. 面积大于 1.5m² 的门窗玻璃或玻璃底边距楼地面小于 500mm 的落地门窗，均采用安全玻璃。

5. 所有室内门及门窗套门均采用实木烤漆成品，由建设单位选样确定。

（设计单位）				
工程名称	（建设单位）	工　号	100012
工程项目	别墅式公寓	分　号	1
图　名	门窗详图及门窗表	图　号	建施-18

图 8-14　门窗图

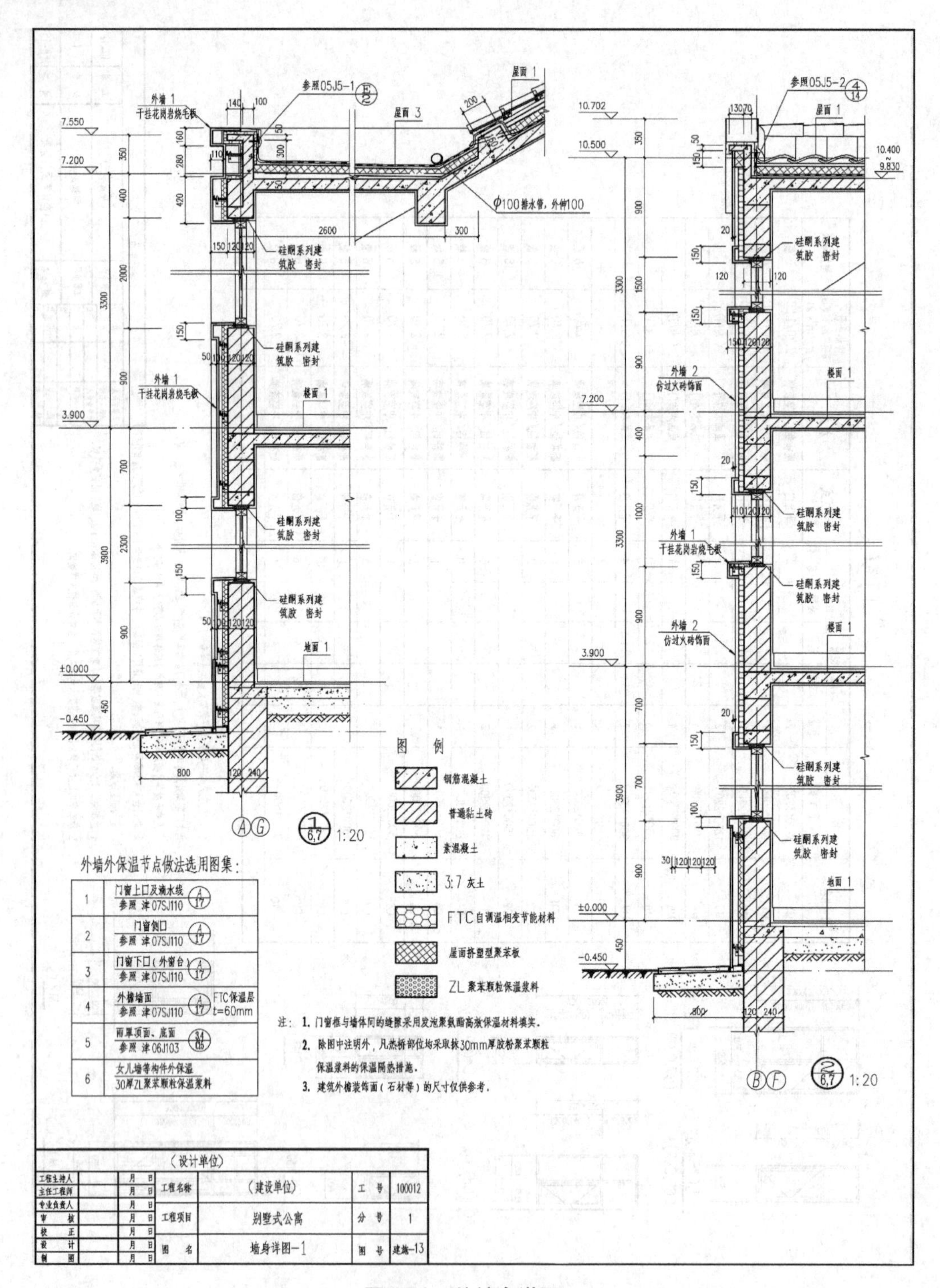
外墙外保温节点做法选用图集：
1 门窗上口及滴水线 参照 津07SJ110
2 门窗侧口 参照 津07SJ110
3 门窗下口（外窗台） 参照 津07SJ110
4 外檐墙面 参照 津07SJ110 FTC保温层 t=60mm
5 雨罩顶面、底面 参照 津06J103
6 女儿墙等构件外保温 30厚ZL聚苯颗粒保温浆料
图例
钢筋混凝土
普通粘土砖
素混凝土
3:7 灰土
FTC自调温相变节能材料
屋面挤塑型聚苯板
ZL 聚苯颗粒保温浆料
注：1. 门窗框与墙体间的缝隙采用发泡聚氨酯高效保温材料填实。
2. 除图中注明外，凡热桥部位均采取抹30mm厚胶粉聚苯颗粒保温浆料的保温隔热措施。
3. 建筑外檐装饰面（石材等）的尺寸仅供参考。
1:20
1:20
（设计单位）
工程名称 （建设单位） 工号 100012
工程项目 别墅式公寓 分号 1
图名 墙身详图-1 图号 建施-13

图 8-15 外墙身详图一

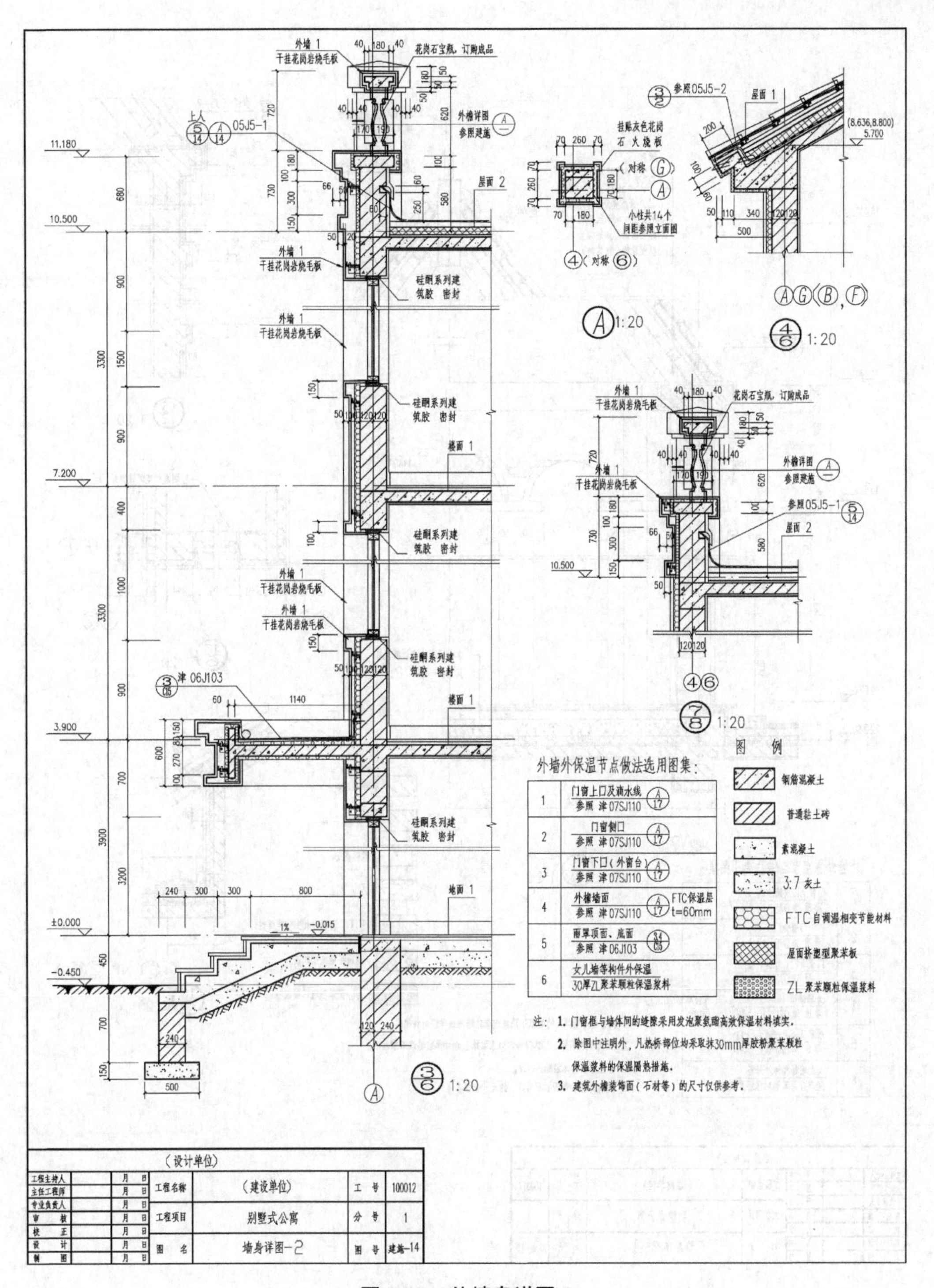
外墙 1
干挂花岗岩烧毛板
花岗石宝瓶，订购成品
外墙详图
参照建施
上人
05J5-1
屋面 2
硅酮系列建
筑胶 密封
楼面 1
津 06J103
地面 1
挂贴灰色花岗
石 火烧板
对称
小柱共14个
间距参照立面图
参照05J5-2
屋面 1
(8.636,8.800)
5.700
1:20
11.180
10.500
7.200
3.900
±0.000
-0.450
-0.015
外墙外保温节点做法选用图集:
1 门窗上口及滴水线 参照 津 07SJ110
2 门窗侧口 参照 津 07SJ110
3 门窗下口(外窗台) 参照 津 07SJ110
4 外墙墙面 参照 津 07SJ110 FTC保温层 t=60mm
5 雨罩顶面、底面 参照 津 06J103
6 女儿墙等构件外保温 30厚ZL聚苯颗粒保温浆料
图 例
钢筋混凝土
普通粘土砖
素混凝土
3:7 灰土
FTC 自调温相变节能材料
屋面挤塑型聚苯板
ZL 聚苯颗粒保温浆料
注：1. 门窗框与墙体间的缝隙采用发泡聚氨酯高效保温材料填实。
2. 除图中注明外，凡热桥部位均采取抹30mm厚胶粉聚苯颗粒保温浆料的保温隔热措施。
3. 建筑外檐装饰面（石材等）的尺寸仅供参考。
（设计单位）
工程主持人
主任工程师
专业负责人
审 核
校 正
设 计
制 图
工程名称 （建设单位）
工程项目 别墅式公寓
图 名 墙身详图-2
工 号 100012
分 号 1
图 号 建施-14

图 8-16　外墙身详图二

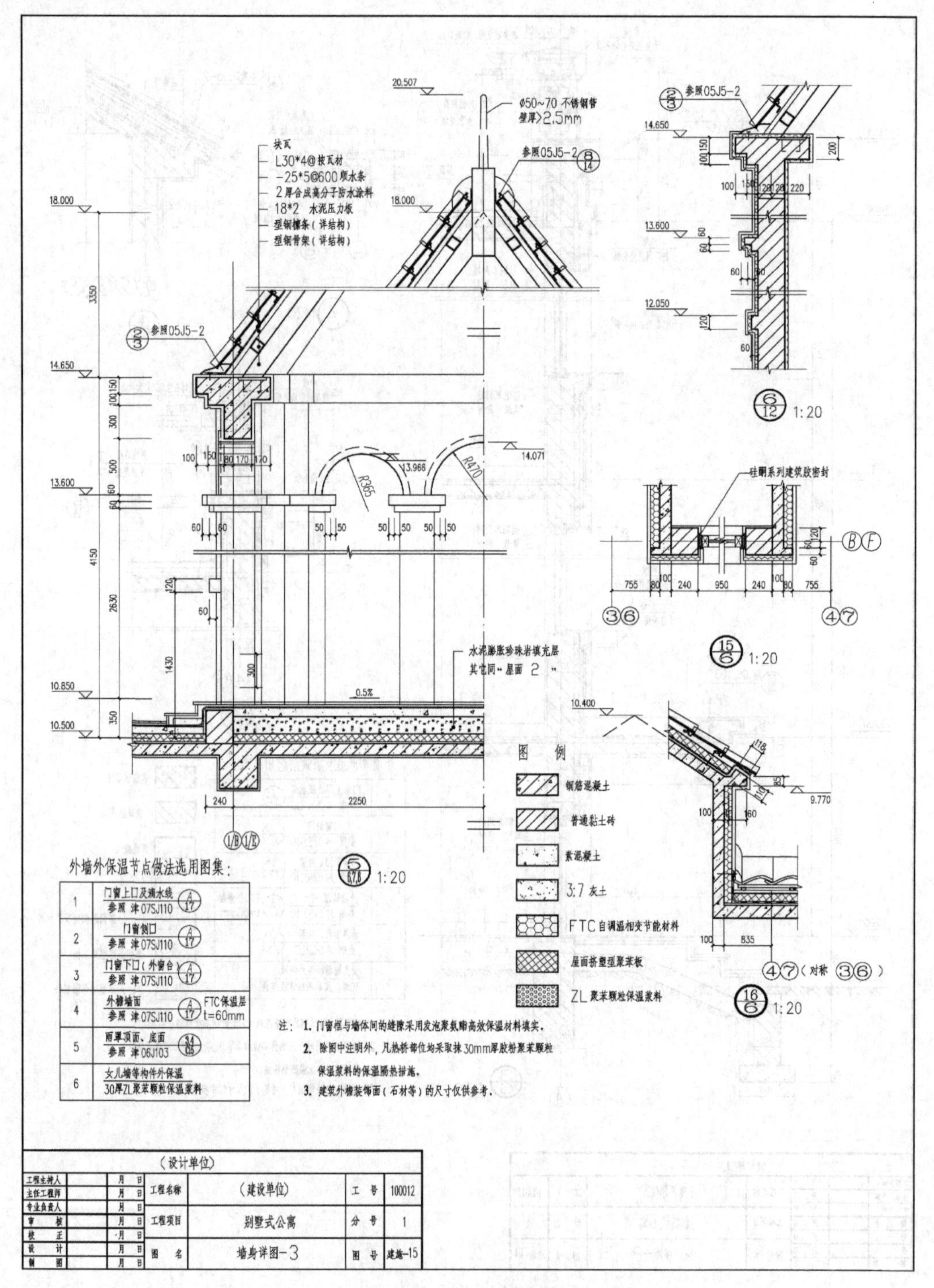

图 8-17 外墙身详图三

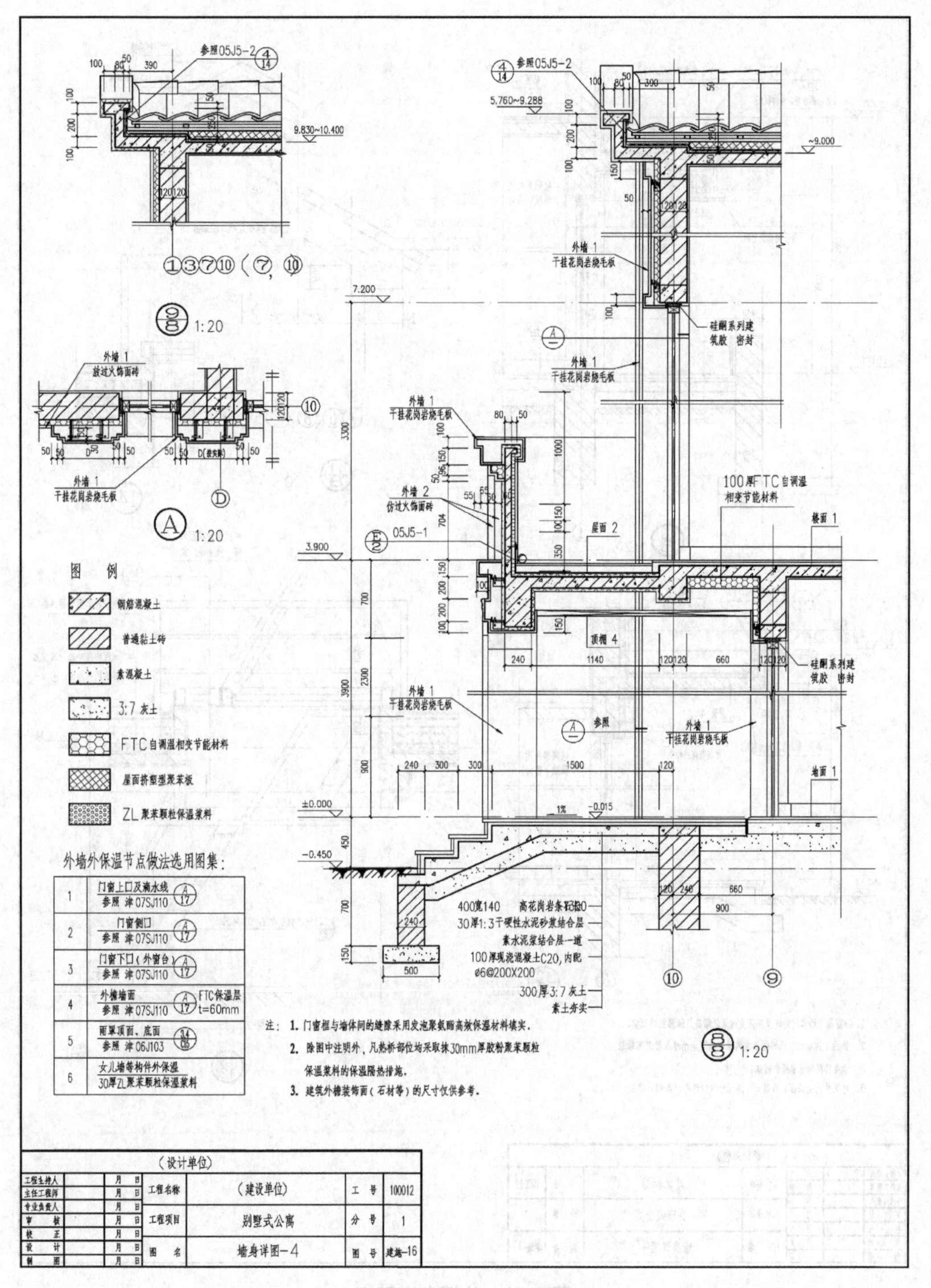
参照05J5-2
9.830~10.400
5.760~9.288
~9.000
外墙 1
干挂花岗岩烧毛板
7.200
硅酮系列建
筑胶 密封
1:20
放过火饰面砖
D(被实)
外墙 2
仿过火饰面砖
05J5-1
100厚FTC自调温
相变节能材料
楼面 1
屋面 2
3.900
顶棚 4
参照
地面 1
±0.000
-0.015
-0.450
400宽140 高花岗岩条石板
30厚1:3干硬性水泥砂浆结合层
素水泥浆结合层一道
100厚现浇混凝土C20,内配
ø6@200X200
300厚3:7灰土
素土夯实
图 例
钢筋混凝土
普通粘土砖
素混凝土
3:7 灰土
FTC自调温相变节能材料
屋面挤塑型聚苯板
ZL聚苯颗粒保温浆料
外墙外保温节点做法选用图集：
1 门窗上口及滴水线 参照 津07SJ110
2 门窗侧口 参照 津07SJ110
3 门窗下口（外窗台） 参照 津07SJ110
4 外墙墙面 参照 津07SJ110 FTC保温层 t=60mm
5 雨罩顶面、底面 参照 06J103
6 女儿墙等构件外保温 30厚ZL聚苯颗粒保温浆料
注：1. 门窗框与墙体间的缝隙采用发泡聚氨酯高效保温材料填实。
2. 除图中注明外，凡热桥部位均采取抹30mm厚胶粉聚苯颗粒保温浆料的保温隔热措施。
3. 建筑外檐装饰面（石材等）的尺寸仅供参考。
（设计单位）
工程名称 （建设单位） 工 号 100012
工程项目 别墅式公寓 分 号 1
图 名 墙身详图-4 图 号 建施-16

图 8-18　外墙身详图四

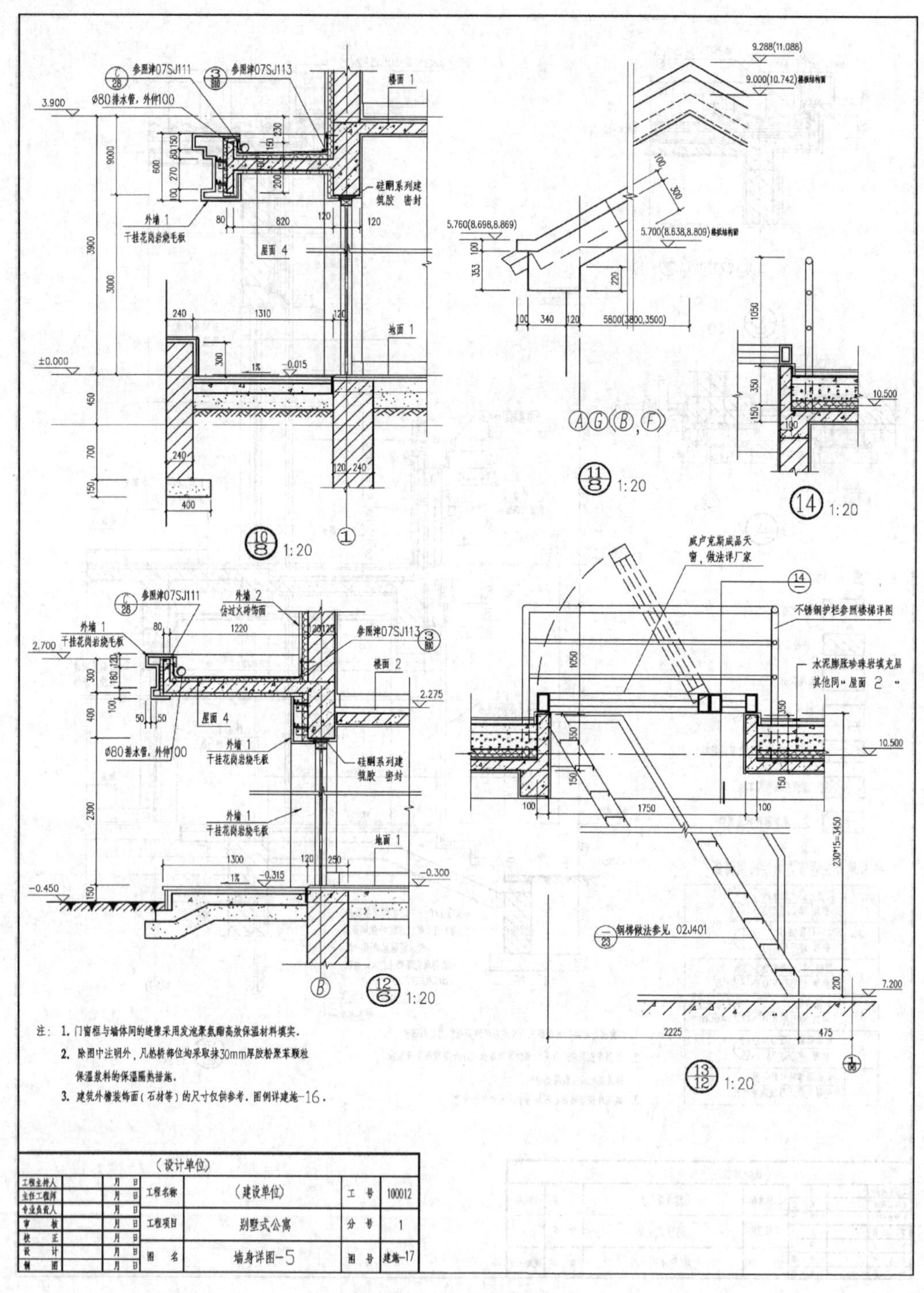

图 8-19 外墙身详图五

8.7.1　详图的认知

建筑平面图、立面图、剖面图是全局性的图纸，因为建筑物体积较大，所以采用缩小比例绘制，一般采用 1：100 的比例进行绘制。因此，有些细部做法无法在平、立、剖面图中表示清楚，这就要另绘详图或选用合适的标准图。详图的比例常采用 1：1、1：2、1：5、1：10、1：20、1：50 等几种。

8.7.2　外墙身详图的识读

外墙身详图的剖切位置一般选在设立门窗洞口的部位，一般按 1：20 的比例绘制。外墙身详图主要表示地面、楼面、屋面与墙体的关系，同时也要表示排水沟、散水、勒脚、窗台、女儿墙、天沟、排水口、雨水管的位置及构造做法，如图 8-15～图 8-19 所示。

1. 外墙身的内容

(1) 表明墙厚及墙与轴线的关系，如图 8-15 所示，墙体为砖墙，墙厚为 240mm，墙的中心线和轴线重合。

(2) 表明各层中地面、楼面、屋面与墙身的关系，如图 8-15 所示，该建筑的楼面、屋面采用的现浇钢筋混凝土。

(3) 表明各层中地面、楼面、屋面的构造做法，该部分内容一般要与建筑设计说明和做法表共同表示。

(4) 各主要部位的标高。

(5) 门窗洞口与墙身的关系。

(6) 各部位的细部装修及防水防潮做法，如散水、防潮层、天沟等细部做法。

2. 注意事项

(1) 在±0.000 或防潮层以下的墙称为基础墙，施工做法应以基础图为准。在±0.000 或防潮层以上的墙，施工做法应以建筑施工图为准。

(2) 注意建筑标高和结构标高的区别。

8.7.3　楼梯详图的识读

楼梯是建筑中构造比较复杂的部分，应画出其详图来反映楼梯的平面布局、类型、结构形式和平台、踏步等尺寸，作为楼梯施工的依据。楼梯详图中一般包括楼梯平面图、楼梯剖面图。

1. 楼梯平面图

1) 形成

用一假想的水平剖切面，在各层楼梯间的第一楼梯段中间剖切后，移去剖切平面及以上部分，将余下的部分作水平投影，所得的为楼梯平面图，如图 8-13 所示。

2) 楼梯平面图的内容

楼梯平面图为楼梯底层平面图、楼梯标准层平面图和楼梯顶层平面图。它们的区别在于楼梯底层平面图只画出上行的楼梯段；楼梯标准层平面图既有上行楼梯段，也有下行楼梯段；楼梯顶层平面图只有下行楼梯段。

楼梯平面图中主要表达楼梯间的开间、进深尺寸，楼地面、平台的标高、踏步宽、楼梯井的宽度、墙体的厚度等。

下面以图 8-13 所示为例说明楼梯平面图的识读。

楼梯开间为 3000mm，进深为 3300mm，楼梯为三跑楼梯，梯段宽度为 1280mm、1200mm，楼梯井宽度为 280mm。

2. 楼梯剖面图

(1) 形成。

假想用一个铅垂剖切平面，通过各层的一个楼梯段，将楼梯从上至下垂直剖切开，向另外一个未剖切到的楼梯段方向作投影，所得到的剖面图为楼梯剖面图。

(2) 楼梯剖面图的内容。

楼梯剖面图中，要表达楼地层、楼梯段、平台、栏杆、门窗、墙体等构件相互位置关系和形状，并标注标高和尺寸。

下面以图 8-13 所示为例说明楼梯剖面图的识读。

建筑层数为 3 层，一层通向二层共有 3 个梯段，第一个梯段有 4 个踏步，第二个梯段有 10 个踏步，第三个梯段有 8 个踏步。踏步宽为 260mm，高为 162.5mm。

(3) 了解栏杆样式及其他细部做法。

第 9 章　结构施工图的绘制与识读

教学目标和要求

- 掌握识读砖混结构结构施工图的要点。
- 学会分析砖混结构基础图、结构平面布置图以及构件详图。

本章重点和难点

掌握识读砖混结构结构施工图的要点。

9.1　结构施工图的作用与内容

9.1.1　结构各组成部分及作用

房屋建筑是由屋面板、楼板、梁、柱、墙、基础等构件组成，这些构件是支撑房屋的骨架，各类荷载都是通过它们传至基础。

9.1.2　结构施工图的用途和内容

结构施工图主要表达结构设计的内容，表示建筑物中各承重构件的布置、形状、大小、材料、构造及其相互关系的图样。主要为房屋结构定位、基坑开挖、支模板、绑钢筋、浇筑混凝土等提供依据，同时也是计算工程量、编制预算和施工组织设计计划的依据。主要还包括结构平面布置图、构件详图等。

9.1.3　结构施工图的编排顺序

1. 图纸目录

图纸目录应列出全套图纸的目录、类别、各类图纸的图名和图号。其目的是为了便于查找图纸。

2. 结构设计总说明

结构设计总说明是结构施工图的总体概述，主要内容有工程概况、结构设计依据、材料、基本结构构造和有关施工要求等。

3. 结构平面布置图

结构平面布置图是表示房屋中各承重构件总体平面布置的图样，一般包括基础平面布置图、楼层结构平面布置图、屋面结构平面图和柱网平面图等。

4. 构件详图

构件详图主要表示单个构件的形状、尺寸、构造及工艺。一般包括柱、梁、板及基础结构详图、楼梯结构详图等。

5. 其他

对平面图中难以表达清楚的内容，可用引出线标注或加剖面索引、大样图表示，并加以文字说明。

9.1.4 结构施工图识读的一般方法和步骤

1. 结构施工图的识读方法和总的看图步骤

结构施工图的识读方法可归纳为：“从上往下看，从左往右看，从前往后看，从大到小看，从粗到细看，图样与说明对照看，结施与建施结合看，其他设施图参照看。”

总的看图步骤：先看目录和设计说明，然后看建施图，最后看结构施工图。

2. 砖混结构房屋结构施工图的特点

砖混结构一般采用条形基础，砖承重墙，钢筋混凝土屋盖。

一般砖混结构房屋结构施工图的内容和顺序如下。

(1) 结构设计说明。

(2) 基础及管沟图。

(3) 楼面结构平面及剖面图。

(4) 屋面结构平面及剖面图。

(5) 现浇构件图。

(6) 预制构件图。

(7) 楼梯、雨篷等详图。

9.2　结构施工图常用符号

9.2.1　常用构件名称代号

在结构施工图中，由于所用的构件种类繁多、布置复杂，一般用汉字表达不够简单明了，为了简明扼要，通常用代号标注构件，构件的代号通常以构件名称的汉语拼音的第一个大写字母表示，可在《建筑结构制图标准》(GB/T 50105—2010)中查询。

9.2.2　常用材料种类及图例

为了统一工程施工图纸，保证图纸质量，适应工程建设的需要，绘制图纸时必须遵守建筑行业相关规定。当建筑物或建筑构配件被剖切时，应在图样中的断面轮廓内画出建筑材料的图例，见表9-1。

表9-1　常用建筑材料图例

序号	名　称	图　例	备　注
1	自然土层		包括各种自然土层
2	夯实土层		
3	砂、灰土		靠近轮廓线绘较密的点
4	砂砾石、碎砖三合土		
5	石材		
6	毛石		
7	普通砖		包括实心砖、多孔砖、砌块等砌体。断面较窄不易绘出图例线时，可涂红
8	耐火砖		包括耐酸砖等砌体
9	空心砖		指非承重砖砌体
10	饰面砖		包括铺地砖、马赛克、陶瓷锦砖、人造大理石等
11	焦渣、矿渣		包括与水泥、石灰等混合而成的材料
12	混凝土		(1)本图例指能承重的混凝土及钢筋混凝土 (2)包括各种强度等级、骨料、添加剂的混凝土 (3)在剖面图上画出钢筋时，不画图例线 (4)断面图形小，不易画出图例线时，可涂黑
13	钢筋混凝土		

续表

序号	名 称	图 例	备 注
14	多孔材料		包括水泥珍珠岩、沥青珍珠岩、泡沫混凝土、非承重加气混凝土、软木、蛭石制品等
15	纤维材料		包括矿棉、岩棉、玻璃棉、麻丝、木丝板、纤维板等
16	泡沫塑料材料		包括聚苯乙烯、聚乙烯、聚氨酯等多孔聚合物类材料
17	木材		(1)上图为横断面，上左图为垫木、木砖或木龙骨 (2)下图为纵断面
18	胶合板		应注明为×层胶合板
19	石膏板		包括圆孔、方孔石膏板、防水石膏板等
20	金属		(1)包括各种金属 (2)图形小时，可涂黑
21	网状材料		(1)包括金属、塑料网状材料 (2)应注明具体材料名称
22	液体		应注明具体液体名称
23	玻璃		包括平板玻璃、磨砂玻璃、夹丝玻璃、钢化玻璃、中空玻璃、夹层玻璃、镀膜玻璃等
24	橡胶		
25	塑料		包括各种软、硬塑料及有机玻璃等
26	防水材料		构造层次多或比例大时，采用上面图例
27	粉刷		本图例采用较稀的点

9.3 基 础 图

图 9-1 所示为基础平面布置图。

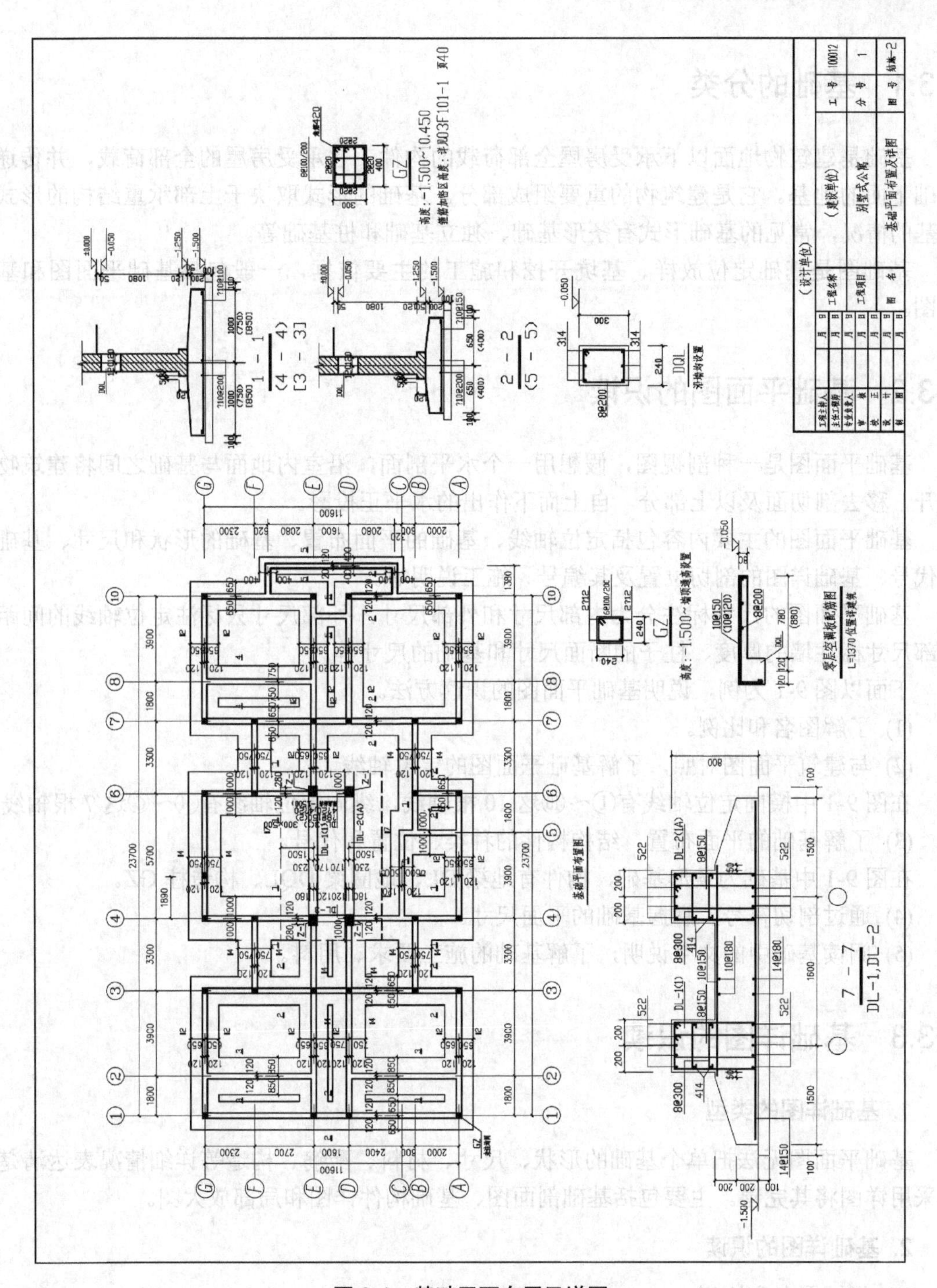

图 9-1　基础平面布置及详图

9.3.1 基础的分类

基础是建筑物地面以下承受房屋全部荷载的构件。它承受房屋的全部荷载，并传递给基础下面的地基。它是建筑物的重要组成部分。基础的形式取决于上部承重结构的形式和地基的情况，常见的基础形式有条形基础、独立基础和桩基础等。

基础图是基础定位放样、基坑开挖和施工的主要依据，一般包括基础平面图和基础详图。

9.3.2 基础平面图的识读

基础平面图是一种剖视图，假想用一个水平剖面，沿室内地面与基础之间将建筑物剖切开，移去剖切面及以上部分，自上而下作出的水平正投影。

基础平面图的主要内容包括定位轴线、基础的平面布置、基础的形状和尺寸、基础梁的代号、基础详图的剖切位置及其编号、施工说明等。

基础平面图的尺寸标注分为内部尺寸和外部尺寸，外部尺寸只标注定位轴线的间距；内部尺寸标注墙的厚度、柱子的断面尺寸和基础的尺寸等。

下面以图 9-1 为例，说明基础平面图的识读方法。

(1) 了解图名和比例。

(2) 与建筑平面图对照，了解基础平面图的定位轴线。

在图 9-1 中横向定位轴线有①～⑩这 10 根轴线，纵向定位轴线有Ⓐ～Ⓖ这 7 根轴线。

(3) 了解基础的平面布置，结构构件的种类、位置和代号。

在图 9-1 中基础为条形基础，构件有地梁 DL、地圈梁 DQL、构造柱 GZ。

(4) 通过剖切符号，掌握基础的平面尺寸。

(5) 阅读基础中的文字说明，了解基础的施工要求、用料。

9.3.3 基础详图的识读

1. 基础详图的类型

基础平面图无法把单个基础的形状、尺寸、材料、配筋、构造等详细情况表达清楚，故采用详图将其完善。主要包括基础剖面图、基础构件详图和局部放大图。

2. 基础详图的识读

(1) 了解图名和比例。

(2) 了解基础的形状、大小和材料。

(3) 掌握基础的配筋情况。

(4) 掌握垫层的厚度及材料。

基础垫层为 100mm 厚 C10 素混凝土垫层，每边扩出基础边缘 100mm。

(5) 掌握基础梁的配筋情况，如图 9-2、图 9-3 所示。

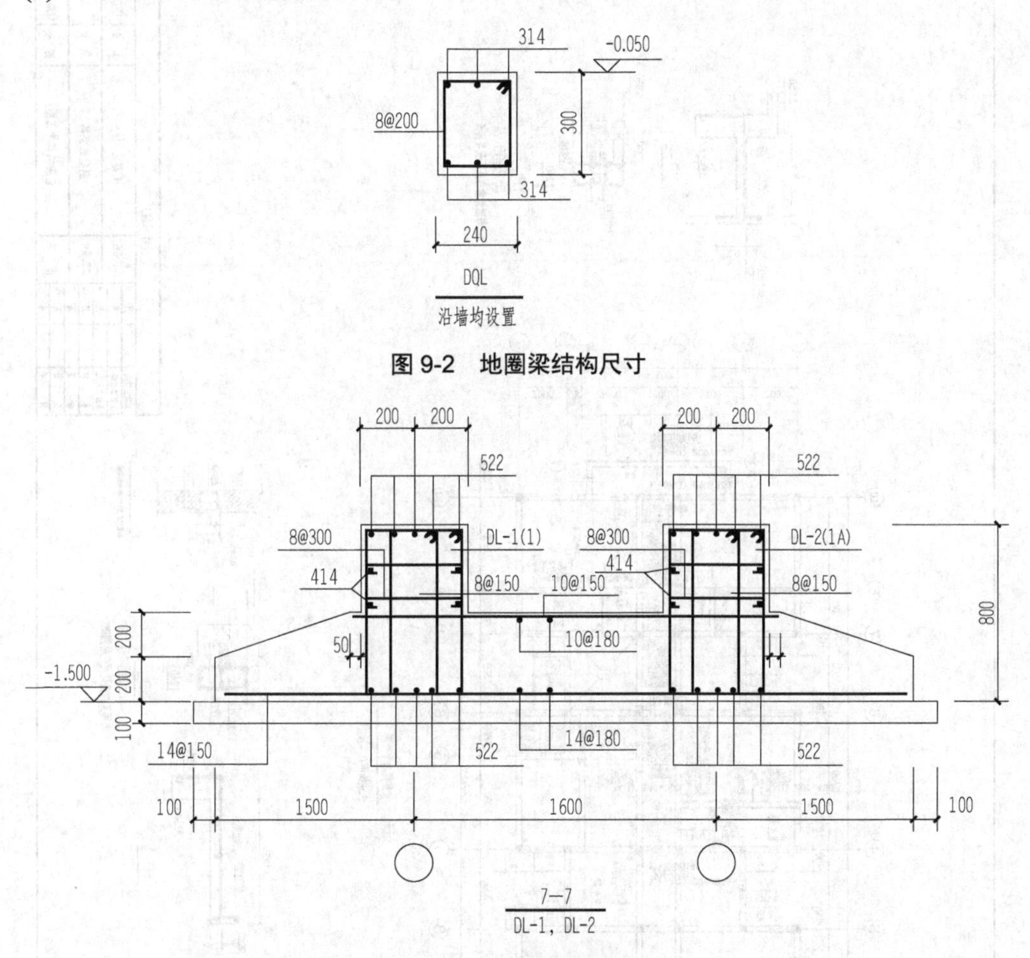

图 9-2　地圈梁结构尺寸

图 9-3　地梁配筋

9.4　结构平面图

各平面图如图 9-4～图 9-6 所示。

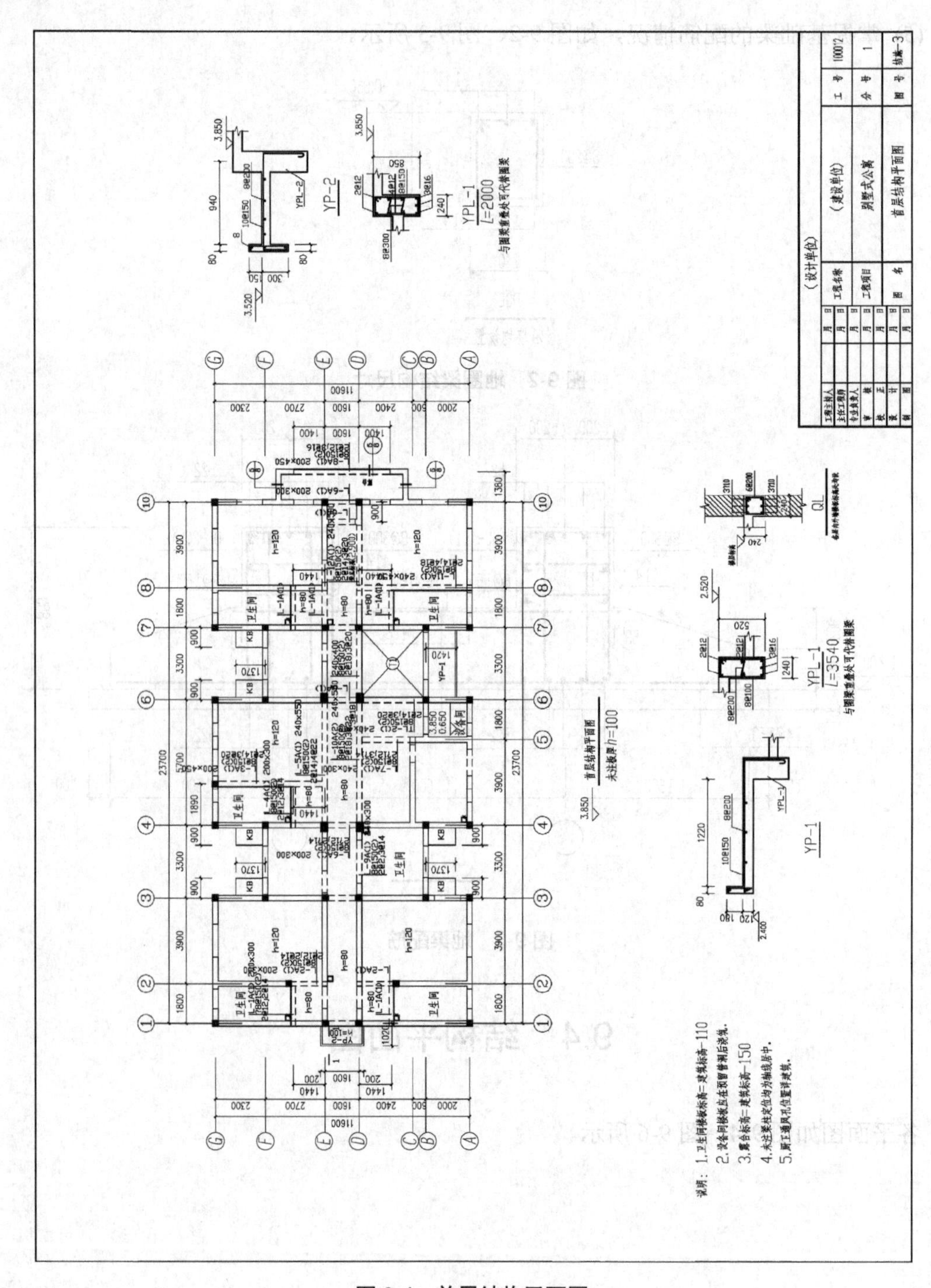

图 9-4　首层结构平面图

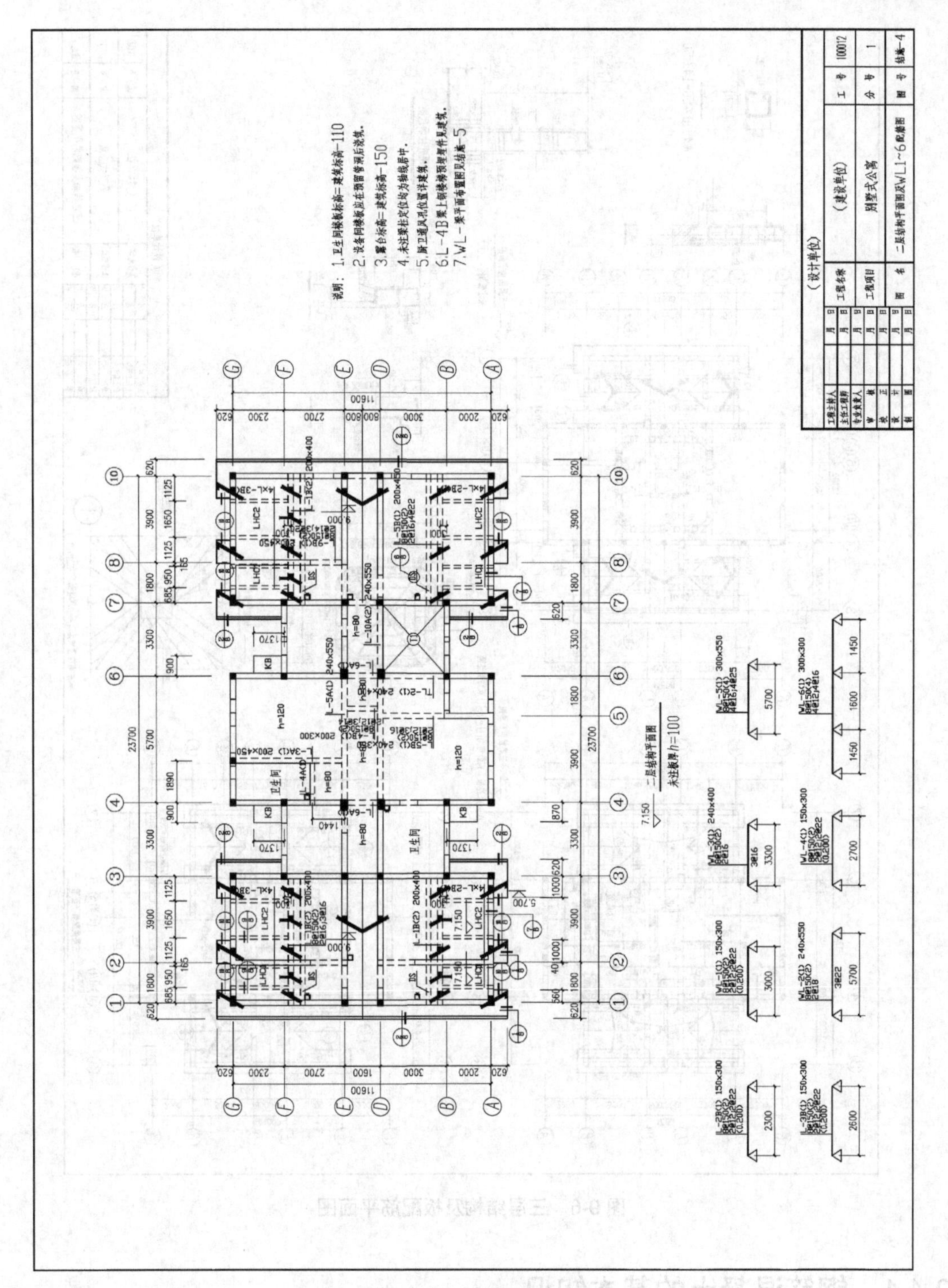

图 9-5　二层结构平面图

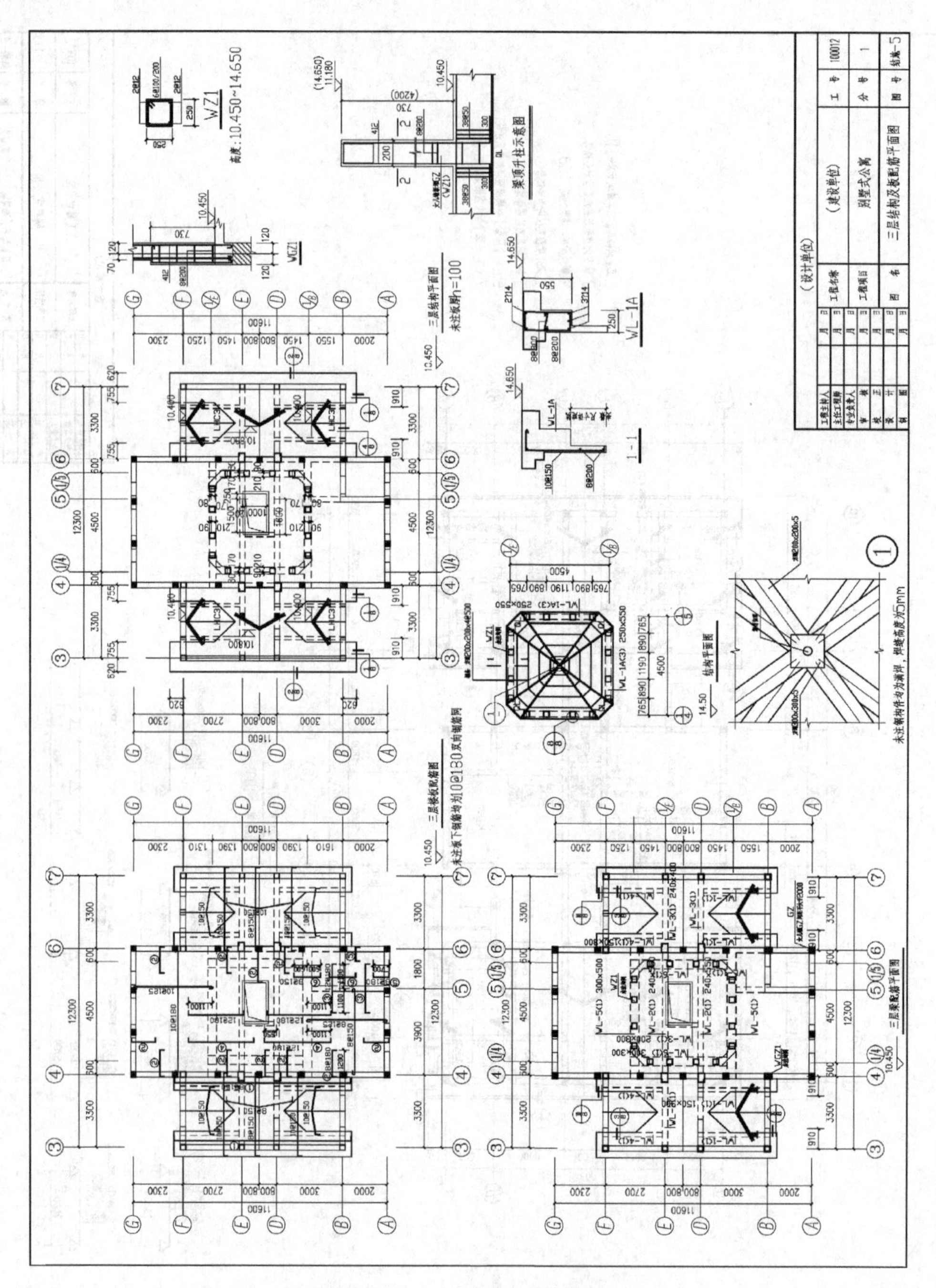

图 9-6　三层结构及板配筋平面图

9.4.1　钢筋混凝土的基本知识

1. 钢筋混凝土构件简介

钢筋混凝土构件是由钢筋和混凝土两种材料组成的。混凝土是将水泥、石子、沙、水

按照一定的比例配合而成，抗压强度很高，而抗拉强度却很低。为提高混凝土的抗拉强度，在混凝土受拉区加入一定数量的钢筋，使两种材料充分发挥各自的优势，协同工作，共同承受外力。

2. 混凝土与钢筋的等级划分

1) 混凝土的等级

《混凝土结构设计规范》(GB/T 50010—2010)中规定，混凝土分为 14 个强度等级，即 C15、C20、C25、C30、C35、C40、C45、C50、C55、C60、C65、C70、C75、C80。

2) 钢筋的等级

HPB300 代替 HPB235，俗称Ⅰ级钢筋，符号为“Φ”。

HRB335、HRBF335，俗称Ⅱ级钢筋，符号为“Φ”。

HRB400、HRBF400、RRB400，俗称Ⅲ级钢筋，符号为“Φ”。

HRB500、HRBF500，俗称Ⅳ级钢筋，符号为“Φ”。

3. 钢筋的种类和作用

钢筋按其作用可以分为以下几种。

(1) 受力钢筋，主要承受构件中的拉应力和压应力。

(2) 架立钢筋，一般与受力钢筋、箍筋一起形成钢筋骨架。

(3) 箍筋，为固定受力钢筋和架立钢筋所设的钢筋，并且承受一部分剪应力。

(4) 分布钢筋，其作用是将受到的荷载均匀地传递。

4. 钢筋的保护层

在《混凝土结构施工图平面整体表示方法制图规则和构造详图》(16G101—1)中指出，钢筋的保护层为最外层钢筋外边缘至混凝土表面的距离。

9.4.2　结构平面图的内容

楼层结构平面图也称为楼层结构平面布置图。主要表达各层梁、板、柱、墙等构件的平面布置情况、配筋情况以及构件之间的结构关系。它是施工时布置梁、板、柱等构件的依据。

对于多层建筑，一般应分层绘制结构平面图，如果各层的构件类型、大小、数量、布置相同时，也可只画出标准层的楼层结构平面布置图。

9.4.3　结构平面图的识读

下面以图 9-4 为例说明结构平面图的识读方法。

(1) 了解图名和比例。

(2) 与建筑平面图对照，了解结构平面图的定位轴线。

在图 9-4 中横向定位轴线有①～⑩这 10 根轴线，纵向定位轴线有Ⓐ～Ⓖ这 7 根轴线。

(3) 了解结构平面图中的结构构件的种类和代号，掌握结构构件的形状和尺寸。

在图 9-4 中的结构构件有梁(L)、楼梯梁(TL)、雨篷(YP)、雨篷梁(YPL)、圈梁(QL)、楼板、柱子，各构件的尺寸在图中也进行了标注。

(4) 了解被剖切的位置以及索引位置，掌握索引图形所在的位置。

在图 9-4 中被索引的位置如图 9-7 所示。

(5) 掌握楼板的配筋情况以及板的厚度。

在图 9-6 中可以看到，如果没有特殊注明，楼板的厚度均为 100mm。楼板中的钢筋如图 9-8 所示。

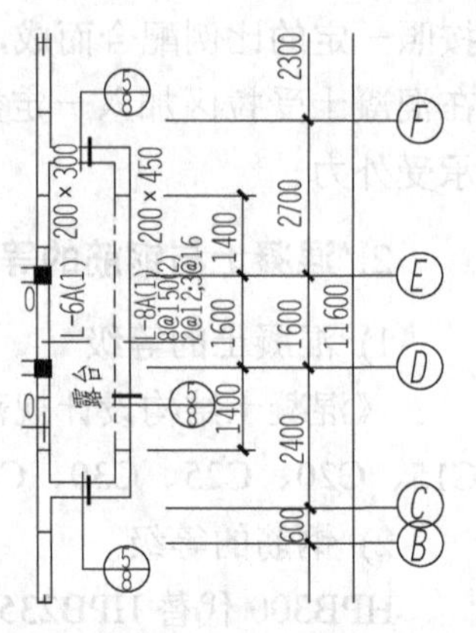

图 9-7　图 9-4 中被索引位置

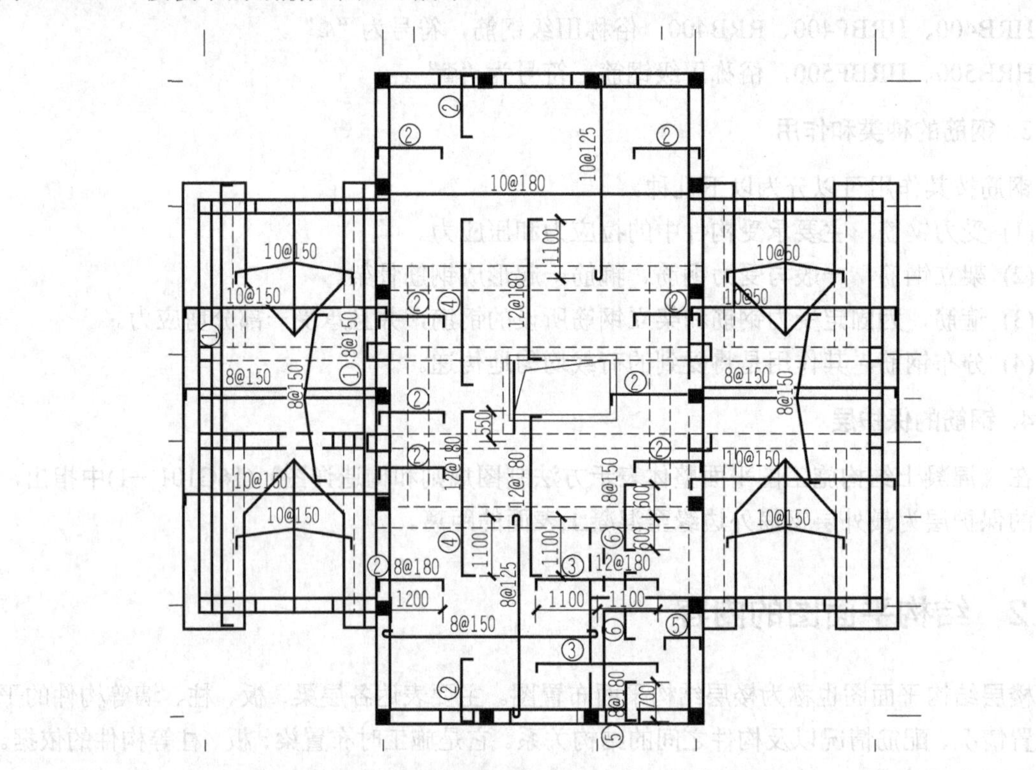

图 9-8　楼板钢筋布置

(6) 掌握各个部位的标高，并与建筑标高进行比较。

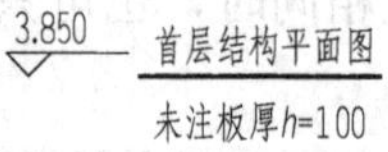

在图 9-9 中可以看到，首层结构平面的标高为 3.850m，而在前面的建筑平面图中，得知底层的层高为 3.9m，从中可以得知，相差的 50mm 为面层的厚度，这也就是通常所说的建筑标高和结构标高的不同之处。

3.850　首层结构平面图

未注板厚 h=100

图 9-9　首层标高

(7) 了解图中的有关文字说明。

9.5 构 件 详 图

构件详图如图 9-10 所示。

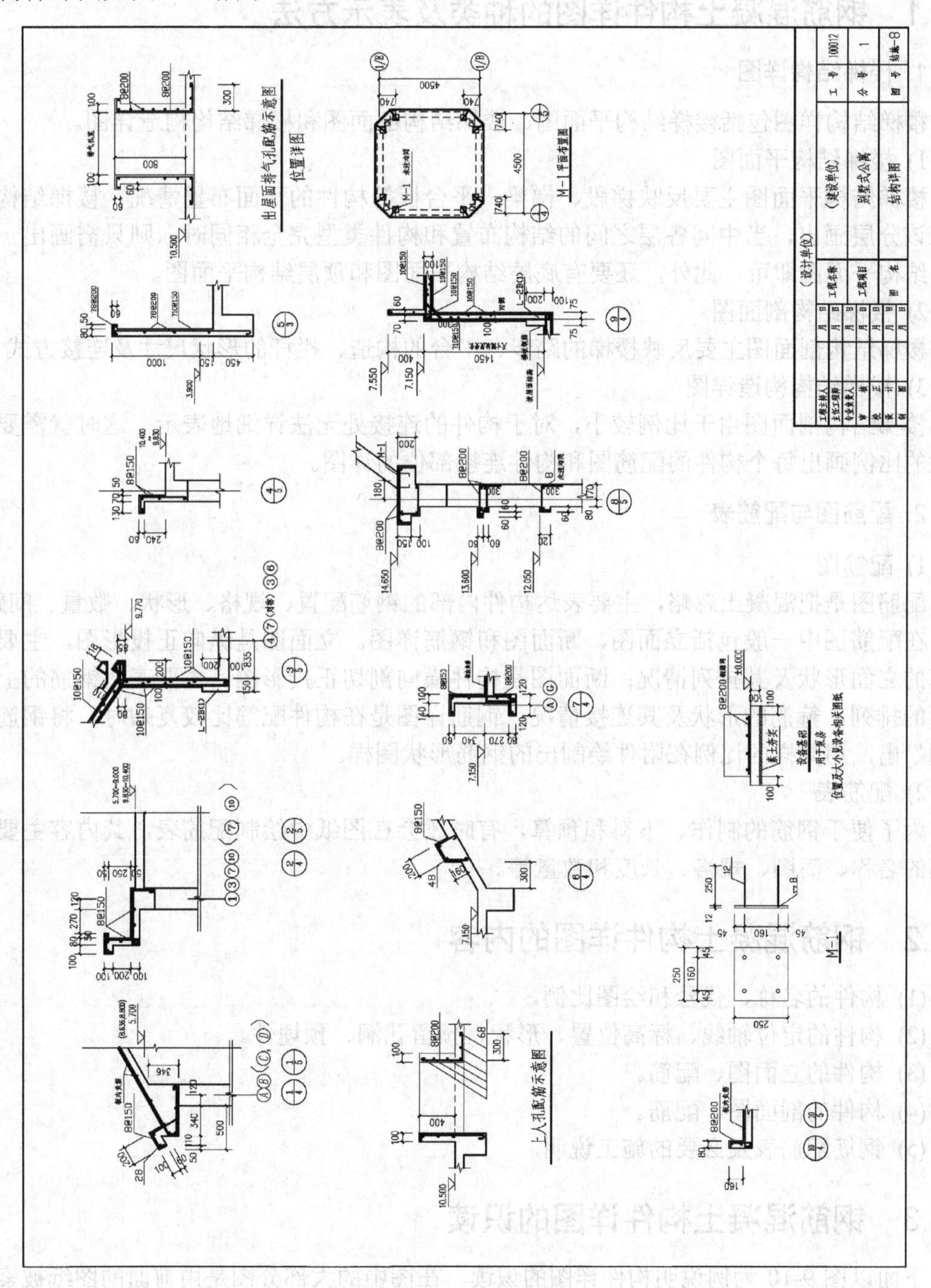

图 9-10　构件详图

在结构平面图中只能表达结构构件的平面布置情况，有时无法表达清楚构件之间的连接关系和施工要求，以至于造成在施工过程中无法设立模板，无法对钢筋进行加工等，所以就需要更详细地绘制出部分构件的详图。构件详图一般包括楼梯结构详图、配筋图和钢筋表等。

9.5.1 钢筋混凝土构件详图的种类及表示方法

1. 楼梯结构详图

楼梯结构详图包括楼梯结构平面图、楼梯结构剖面图和楼梯结构构造详图。

1) 楼梯结构平面图

楼梯结构平面图主要反映梯段、梯梁、平台板等构件的平面布置情况。楼梯结构平面图应该分层画出，当中间各层之间的结构布置和构件类型完全相同时，则只需画出一个标准层结构平面图即可，此外，还要有底层结构平面图和顶层结构平面图。

2) 楼梯结构剖面图

楼梯结构剖面图主要反映楼梯的踏步、平台的构造、栏杆的形状尺寸及连接方式。

3) 楼梯结构构造详图

楼梯结构剖面图由于比例较小，对于构件的连接处无法详细地表示，这时就需要用比较大的比例画出每个构件的配筋图和构件连接部位的详图。

2. 配筋图与配筋表

1) 配筋图

配筋图是把混凝土忽略，主要表达构件内部的钢筋配置、规格、形状、数量、间距等。

在配筋图中一般包括立面图、断面图和钢筋详图。立面图是纵向正投影图，主要表达钢筋的立面形状及其排列情况；断面图是构件横向剖切正投影图，主要表达钢筋的上下和前后的排列、箍筋的形状及其连接情况；钢筋详图是在构件配筋比较复杂时，将钢筋从中“抽”出，用同样的比例在附件绘制出的钢筋形状图样。

2) 配筋表

为了便于钢筋的制作、下料和预算，有时还会在图纸中绘制配筋表，其内容主要包括钢筋的名称、简图、规格、长度和数量等。

9.5.2 钢筋混凝土构件详图的内容

(1) 构件的名称、代号和绘图比例。
(2) 构件的定位轴线、标高位置、形状、预留孔洞、预埋件。
(3) 构件的立面图、配筋。
(4) 构件的剖面图、配筋。
(5) 钢筋配筋表及必要的施工说明。

9.5.3 钢筋混凝土构件详图的识读

下面以图 9-10 为例说明构件详图的识读。在图中的大部分图是由前面的图纸被索引出的详图，如图 9-11 所示；还有部分特殊位置的详图，图 9-12 所示为上人孔配筋示意图。

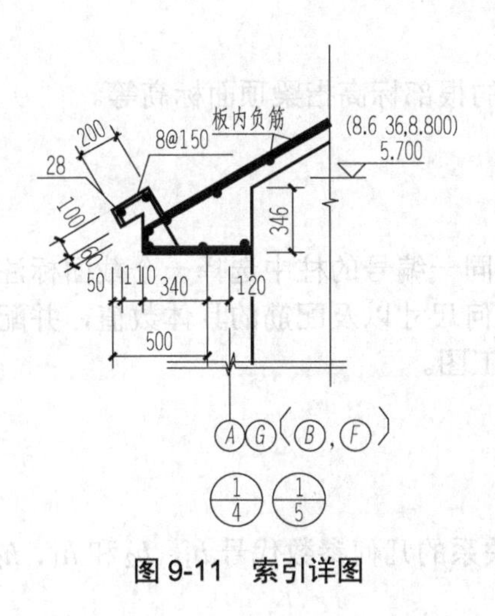

图 9-11　索引详图

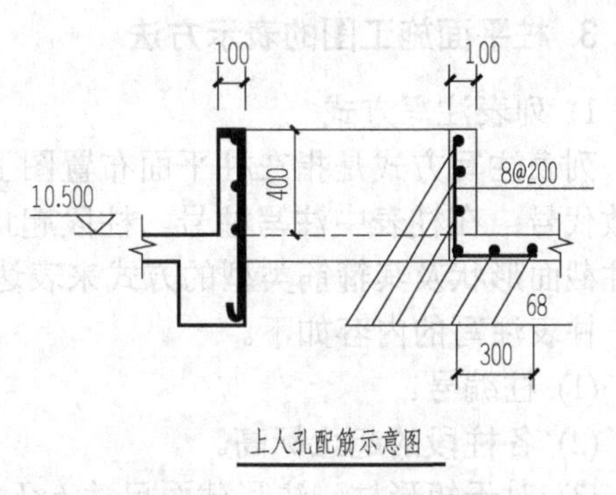

图 9-12　上人孔配筋详图

9.6　钢筋混凝土施工图平面表示方法

建筑结构施工图的平面整体表示方法，简称“平法”。概括来讲，平法的表达形式是把结构构件的尺寸和配筋等，按照平面整体表示方法制图规则，整体直接表达在各类构件的结构平面布置图上，再与标准构造详图相配合，即构成一套新型完整的结构设计。它改变了传统的那种将构件从结构平面布置图中索引出来，再逐个绘制配筋图、画出钢筋表的烦琐方法。

9.6.1　柱平法施工图表示方法

柱的平法施工图是指在柱平面布置图上采用列表注写方式或截面注写方式表达。柱平面布置图可采用适当比例单独绘制，也可与剪力墙平面布置图合并绘制。

1. 柱的编号规定

柱编号规定见表 9-2。

表 9-2　柱编号规定

柱 类 型	代　号	序　号
框架柱	KZ	××
转换柱	ZHZ	××
梁上柱	LZ	××
剪力墙上柱	QZ	××
芯柱	XZ	××

2. 标高

各层的楼层结构标高、各段的起止标高，自柱根部往上以变截面位置或截面未变但配筋改变处为界或分段注写。

例如，框架柱的根部指基础顶面标高；梁上柱的根部标高指梁顶面标高等。

3. 柱平面施工图的表示方法

1) 列表注写方式

列表注写方式是指在柱平面布置图上，分别在同一编号的柱中选择一个截面标注几何参数代号；在柱表中注写柱号、柱段起止标高、几何尺寸以及配筋的具体数值，并配以各种柱截面形状及其箍筋类型的方式来表达柱平法施工图。

柱表注写的内容如下。

(1) 柱编号。

(2) 各柱段的起止标高。

(3) 对于矩形柱，注写截面尺寸 $b \times h$ 及与轴线关系的几何参数代号 b_1、b_2 和 h_1、h_2；对于圆柱，在此处注写直径数值并在前加 d。

(4) 柱纵筋。

(5) 箍筋类型及箍筋肢数。

(6) 柱箍筋，包括等级、直径和间距。

2) 截面注写方式

截面注写方式是指在柱平面布置图上，分别在不同编号的柱中各选一截面，在其原位上以一定比例放大绘制截面配筋图，注写柱编号、截面尺寸、角筋或全部纵筋、箍筋的等级、直径及间距。同时，在柱截面配筋图上应标注柱截面与轴线的关系，如图 9-13 所示。

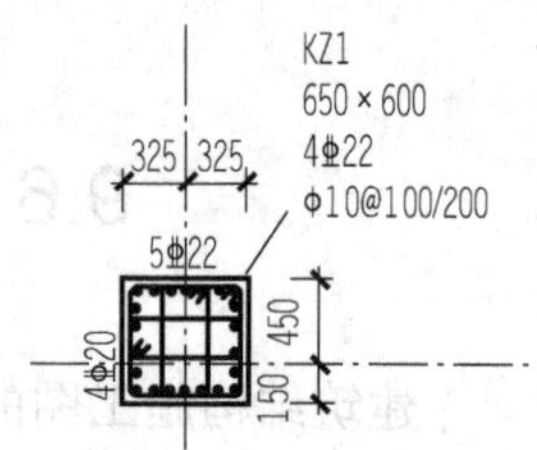

图 9-13 截面注写

9.6.2 梁平法施工图表示方法

梁平法施工图是指在梁平面布置图上采用平面注写方式或截面注写方式表达。在梁平法施工图中，也要注明结构层的顶面标高及相应的结构层号。

1. 平面注写方式

平面注写方式是指在梁平面布置图上分别从不同编号的梁中各选一根梁，在其上注写截面尺寸和配筋的具体数值的方式来表达梁的施工图样。平面注写包括集中标注和原位标注。集中标注表达梁的通用数值，原位标注表达梁的特殊数值。当集中标注的某项数值不适用于该梁的某部位时，则将该项数值按原位标注，如图 9-14 所示。

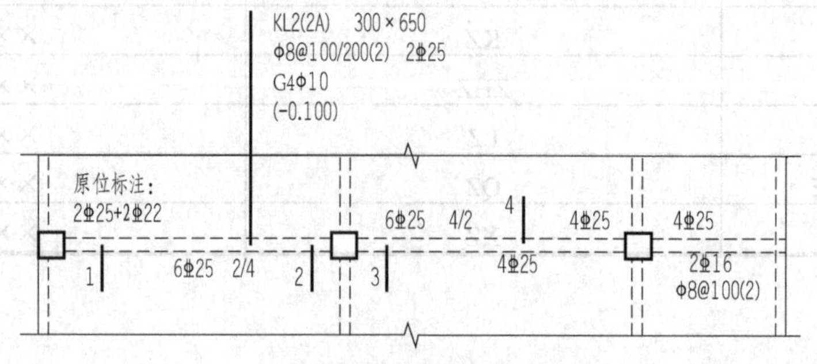

图 9-14 平面注写

1) 梁编号

梁编号由梁的类型代号、序号、跨数及有无悬挑代号组成，如表 9-3 所列。

表 9-3　梁编号

梁 类 型	代　号	序　号	跨数及是否带有悬挑
楼层框架梁	KL	××	(××)、(××A)或(××B)
楼层框架扁梁	KBL	××	(××)、(××A)或(××B)
屋面框架梁	WKL	××	(××)、(××A)或(××B)
框支梁	KZL	××	(××)、(××A)或(××B)
托柱转换梁	TZL	××	(××)、(××A)或(××B)
非框架梁	L	××	(××)、(××A)或(××B)
悬挑梁	XL	××	(××)、(××A)或(××B)
井字梁	JZL	××	(××)、(××A)或(××B)

注：(××A)为一端有悬挑，(××B)为两端有悬挑，悬挑不计入跨数。

2) 梁集中标注内容

梁集中标注的内容有 4 项必注值和 1 项选注值，集中标注可以从梁的任一跨中引出。

(1) 梁编号(必注)。

(2) 梁截面尺寸(必注)：等截面梁用 $b \times h$ 表示；当为竖向加腋梁时，用 $b \times h \quad \mathrm{Y}_{c_1 \times c_2}$ 表示，其中 c_1 为腋长，c_2 为腋宽；当为水平加腋梁时，用 $b \times h \quad \mathrm{PY}_{c_1 \times c_2}$ 表示，其中 c_1 为腋长，c_2 为腋宽。

(3) 梁箍筋(必注)：包括箍筋的等级、直径、间距。

(4) 梁上纵筋(必注)：包括钢筋的数量、等级、直径。

(5) 梁顶面标高高差(选注)。

3) 梁原位标注内容

(1) 梁支座的上部纵筋。该部位含通长筋在内的所有纵筋。当同排纵筋有两种直径时，用“+”将两种直径的纵筋相连，注写时将角部纵筋写在加号的前面；当梁中间支座两边的上部纵筋不同时，须在支座两边分别标注；当梁中间支座两边的上部钢筋相同时，可仅在支座一边标注，另一边省去不注。

(2) 梁下部纵筋。当下部钢筋多于一排时，用斜线“/”将各排筋自上而下分开；当同排纵筋有两种直径时，用“+”将两种直径的纵筋相连，注写时将角部纵筋写在加号的前面；当梁下部纵筋不全部伸入支座时，将梁支座下部纵筋减少的数量写在括号内。

(3) 附加箍筋或吊筋。将其直接画在平面图的主梁上，用线引注总配筋值(附加箍筋的肢数注写在括号内)，当多数附加箍筋或吊筋相同时，可在梁平法施工图上统一注明，少数与统一注明值不同时，再原位引注。

2. 截面注写方式

截面注写方式是指在分标准层绘制的梁平面布置图上，分别在不同编号的梁中各选一根梁用剖面号引出配筋图，并在其上注写截面尺寸和配筋的具体数值的方式来表达的梁平法施工图，如图 9-15 所示。

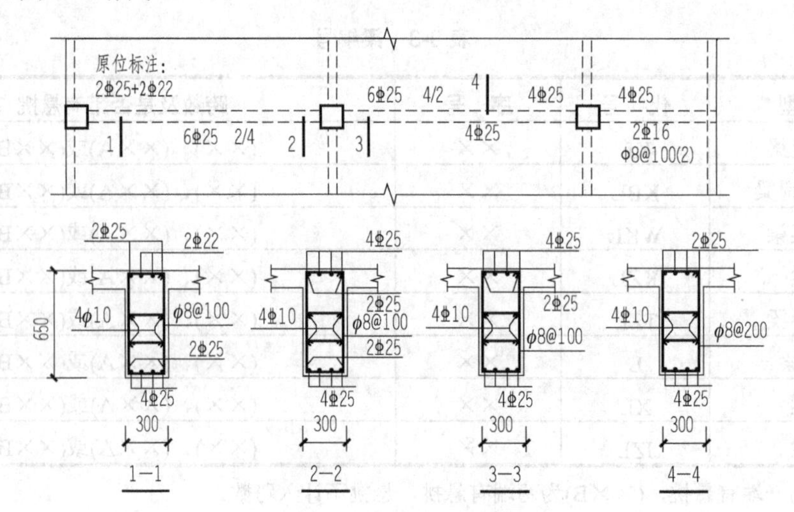

图 9-15 梁平法施工图

9.6.3 板平法施工图表示方法

1. 有梁楼盖平法施工图表示方法

有梁楼盖平法施工图是指在楼面板和屋面板布置图上，采用平面注写的表达方式。板平面注写主要包括板块集中标注和板支座原位标注。

(1) 平面坐标的规定。

① 当两向轴网正交布置时，画面从左至右为 X 向，从下至上为 Y 向。

② 当轴网转折时，局部坐标方向顺轴网转折角度做相应转折。

③ 当轴网向心布置时，切向为 X 向，径向为 Y 向。

④ 对于平面布置比较复杂的区域，如轴网转折交界区域、向心布置的核心区域等，其平面坐标方向应由设计者另行规定并在图上明确表示。

(2) 板块的集中标注内容为板块编号、板厚、上部贯通纵筋、下部纵筋以及当板面标高不同时的标高高差。

① 板块编号，见表 9-4。

表 9-4 板块编号

板类型	代号	序号
楼面板	LB	××
屋面板	WB	××
悬挑板	XB	××

② 板厚。注写为 h=×××mm(为垂直于板面的厚度)；当悬挑板的端部改变截面厚度时，用斜线分隔根部与端部的高度值，注写为 h=×××/×××；当设计已在图注中统一注明板厚时，此项可不注。

③ 纵筋按板块的下部纵筋和上部贯通纵筋分别注写(当板块上部不设贯通纵筋时则不注)，并以 B 代表下部纵筋，以 T 代表上部贯通纵筋，B&T 代表下部与上部；X 向纵筋以 X 打头，Y 向纵筋以 Y 打头，两向纵筋配置相同时则以 X&Y 打头；当为单向板时，分布筋可不必注写，而在图中统一注明。

④ 板面标高高差，是指相对于结构层楼面标高的高差，应将其注写在括号内，且有高差则注，无高差不注。

(3) 板支座的原位标注。板支座的原位标注的内容为：板支座上部非贯通纵筋和悬挑板上部受力钢筋。

① 板支座原位标注的钢筋，应在配置相同跨的第一跨表达。

② 在配置相同跨的第一跨(或悬挑部位)，垂直于板支座(梁或墙)绘制一段适宜长度的中粗实线(当该筋通长设置在悬挑板或短跨板上部时，实线段应画至对边或贯通短跨)，以该线段代表支座上部非贯通纵筋，并在线段上方注写钢筋编号、配筋值、横向连续布置的跨数(注写在括号内，且当为一跨时可不注)，以及是否横向布置到梁的悬挑端。

③ 板支座上部非贯通筋自支座中线向跨内的伸出长度，注写在线段的下方位置。

④ 当中间支座上部非贯通纵筋向支座两侧对称伸出时，可仅在支座一侧线段下方标注伸出长度，另一侧不注；为非对称布置时，应分别在支座两侧线段下方注写伸出长度。

⑤ 对线段画至对边贯通全跨或贯通全悬挑长度的上部通长纵筋，贯通全跨或伸出至全悬挑一侧的长度值不注，只注明非贯通筋另一侧伸出长度值。

⑥ 当板支座为弧形，支座上部非贯通纵筋呈放射状分布时，设计者应注明配筋间距的度量位置，并加注“放射分布”四字，必要时应补绘平面配筋图。

⑦ 当悬挑板端部厚度不小于 150mm 时，设计者应制定板端部封边构造方式，当采用 U 形钢筋封边时，尚应制定 U 形钢筋的规格、直径。

⑧ 在板平面布置图中，不同部位的板支座上部非贯通纵筋及悬挑板上部受力钢筋，可仅在一个部位注写，对其他相同者则仅需在代表钢筋的线段上注写编号及横向连续布置的跨数即可。

⑨ 与板支座上部非贯通纵筋垂直且绑扎在一起的构造钢筋或分布钢筋，应由设计者在图中注明。

⑩ 当板的上部已配置有贯通纵筋，但需增配板支座上部非贯通纵筋时，应结合已配置的同向贯通纵筋的直径与间距采取“隔一布一”方式布置。

2. 无梁楼盖平法施工图表示方法

无梁楼盖平法施工图是指在楼面板和屋面板布置图上，采用平面注写的表达方式。板平面注写主要包括板带集中标注和板带支座原位标注。

(1) 板带的集中标注内容为板带编号、板带厚及板带宽和贯通纵筋。

① 板带编号，见表 9-5。

表 9-5 板带编号

板带类型	代 号	序 号	跨数及有无悬挑
柱上板带	ZSB	××	(××)、(××A)或(××B)
跨中板带	KZB	××	(××)、(××A)或(××B)

② 板带厚。板带厚注写为 h=×××mm；板带宽注写为 b=×××mm，当无梁楼盖整体厚度和板带宽度已在图中注明时，此项可不注。

③ 贯通纵筋，贯通纵筋按板带的下部和板带上部分别注写，并以 B 代表下部，以 T 代表上部，B&T 代表下部与上部。当采用放射分布配筋时，设计者应注明配筋间距的度量位置，必要时补绘配筋平面图。

(2) 板带支座原位标注，板带支座上部非贯通纵筋。

① 以一段与板带同向的中粗实线段代表板带支座上部非贯通纵筋；对柱上板带：实线段贯穿柱上区域绘制；对于跨中板带：实线段横贯柱网线绘制。在线段上注写钢筋编号、配筋值及在线段下方注写自支座中线向两侧跨内的伸出长度。

② 当板带支座非贯通纵筋自支座中线向两侧对称伸出时，其伸出长度可仅在一侧标注；当配置在有悬挑端的边柱上时，该筋伸出到悬挑尽端，设计不注。当支座上部非贯通纵筋呈放射状分布时，设计者应注明配筋间距的定位位置。

③ 不同部位的板带支座上部非贯通纵筋相同者，可仅在一个部位注写，其余则在代表非贯通纵筋的线段上注写编号。

④ 当板带上部已经配有贯通纵筋，但需增加配置板带支座上部非贯通纵筋时，应结合已配同向贯通纵筋的直径与间距，采取“隔一布一”的方式配置。

9.6.4 剪力墙平法施工图表示方法

剪力墙平法施工图是在结构剪力墙平面布置上，采用列表注写的方式或截面注写方式对剪力墙的信息表达。

剪力墙分为剪力墙柱、剪力墙身、剪力墙梁分别表达，其编号见表 9-6～表 9-8。

1. 剪力墙的编号

表 9-6 墙柱编号

墙柱类型	代 号	序 号
约束边缘构件	YBZ	××
构造边缘构件	GBZ	××
非边缘暗柱	AZ	××
扶壁柱	FBZ	××

表 9-7　墙梁编号

墙梁类型	代　号	序　号
连梁	LL	××
连梁(对角暗撑配筋)	LL(JC)	××
连梁(交叉斜筋配筋)	LL(JX)	××
连梁(集中对角斜筋配筋)	LL(DX)	××
连梁(跨高比不小于 5)	LLk	××
暗梁	AL	××
边框梁	BKL	××

表 9-8　墙身编号

墙身类型	代　号	序　号
剪力墙身	Q	××(××排)

2. 列表注写方式

分别在剪力墙柱表、剪力墙表和剪力墙梁表中，对应于剪力墙平面布置图上的编号，用绘制截面配筋图并注写几何尺寸与配筋的具体数值的方式来表达剪力墙平法施工图。

剪力墙柱表包括墙柱编号、截图配筋图、加注几何尺寸、墙柱的起止标高、全部纵向钢筋和箍筋等内容。其中墙柱的起止标高自墙体根部往上以变截面位置或截面未变但配筋改变处为分段界限，墙柱根部标高系指基础顶面标高，如图 9-16 所示。

截　面	1050 / 300 / 300 300	1200 / 300 / 600 / 600	900 / 300 / 600 / 600	300 250 300 / 300 300
编　号	YBZ1	YBZ2	YBZ3	YBZ4
标　高	−0.030～12.270	−0.030～12.270	−0.030～12.270	−0.030～12.270
纵　筋	24Φ20	22Φ20	18Φ22	20Φ20
箍　筋	φ10@100	φ10@100	φ10@100	φ10@100

图 9-16　剪力墙柱列表注写示例

剪力墙梁表包括墙梁编号、墙梁所在楼层号、墙梁顶面标高高差、墙梁截面尺寸 $b×h$ 以及上部纵筋、下部纵筋和箍筋的具体数值等，如图 9-17 所示。

剪力墙梁表						
编号	所在楼层号	梁顶相对标高高差	梁截面 b×h	上部纵筋	下部纵筋	箍筋
LL1	2~9	0.800	300×2000	4Φ25	4Φ25	φ10@100(2)
	10~16	0.800	250×2000	4Φ22	4Φ22	φ10@100(2)
	屋面1		250×1200	4Φ20	4Φ20	φ10@100(2)
LL2	3	-1.200	300×2520	4Φ25	4Φ25	φ10@150(2)
	4	-0.900	300×2070	4Φ25	4Φ25	φ10@150(2)
	5~9	-0.900	300×1770	4Φ25	4Φ25	φ10@150(2)
	10~屋面1	-0.900	250×1770	4Φ22	4Φ22	φ10@150(2)
LL3	2		300×2070	4Φ25	4Φ25	φ10@100(2)
	3		300×1770	4Φ25	4Φ25	φ10@100(2)
	4~9		300×1170	4Φ25	4Φ25	φ10@100(2)
	10~屋面1		250×1170	4Φ22	4Φ22	φ10@100(2)
LL4	2		250×2070	4Φ20	4Φ20	φ10@120(2)
	3		250×1770	4Φ20	4Φ20	φ10@120(2)
	4~屋面1		250×1170	4Φ20	4Φ20	φ10@120(2)
AL1	2~9		300×600	3Φ20	3Φ20	φ8@150(2)
	10~16		250×500	3Φ18	3Φ18	φ8@150(2)
BKL1	屋面1		500×750	4Φ22	4Φ22	φ10@150(2)

图 9-17　剪力墙梁列表注写示例

剪力墙身表包括墙身编号、墙身的起止标高、水平分布钢筋、竖向分布钢筋和拉筋的具体数值等，如图 9-18 所示。

剪力墙身表					
编号	标高	墙厚	水平分布筋	垂直分布筋	拉筋(矩形)
Q1	-0.030~30.270	300	Φ12@200	Φ12@200	φ6@600@600
	30.270~59.070	250	Φ10@200	Φ10@200	φ6@600@600
Q2	-0.030~30.270	250	Φ10@200	Φ10@200	φ6@600@600
	30.270~59.070	200	Φ10@200	Φ10@200	φ6@600@600

图 9-18　剪力墙身列表注写示例

3. 截面注写方式

原位注写方式是指在分标准层绘制的剪力墙平面布置图上以直接在墙柱、墙身、墙梁上注写截面时和配筋具体数值的方式来表达剪力墙平法施工图，如图 9-19 所示。

选用适当的比例原位放大绘制剪力墙平面布置图，其中对墙柱绘制配筋截面图；对所有墙柱、墙身、墙梁分别按剪力墙编号规定进行编号，并分别在相同编号的墙柱、墙身、墙梁中选择一根墙柱、一道墙身、一根墙梁进行注写，注写内容如下。

(1) 墙柱注写内容为截面配筋图、截面尺寸、全部纵筋和箍筋的具体数值。

(2) 墙身注写内容为墙身编号、墙厚尺寸、水平分布钢筋和竖向分布钢筋以及拉筋的具体数值。

(3) 墙梁注写内容为墙梁编号、墙梁截面尺寸、墙梁箍筋、上部纵筋、下部纵筋和墙梁顶面标高高差。

4. 剪力墙洞口的表示方法

无论采用列表注写方式还是截面注写方式，剪力墙上的洞口均可在剪力墙平面布置图上原位表达，具体内容如下。

(1) 在剪力墙平面布置图上绘制洞口示意，并标注洞口中心的平面定位尺寸。

(2) 在洞口中心位置引注洞口编号、洞口几何尺寸、洞口中心相对标高、洞口每边补强钢筋。

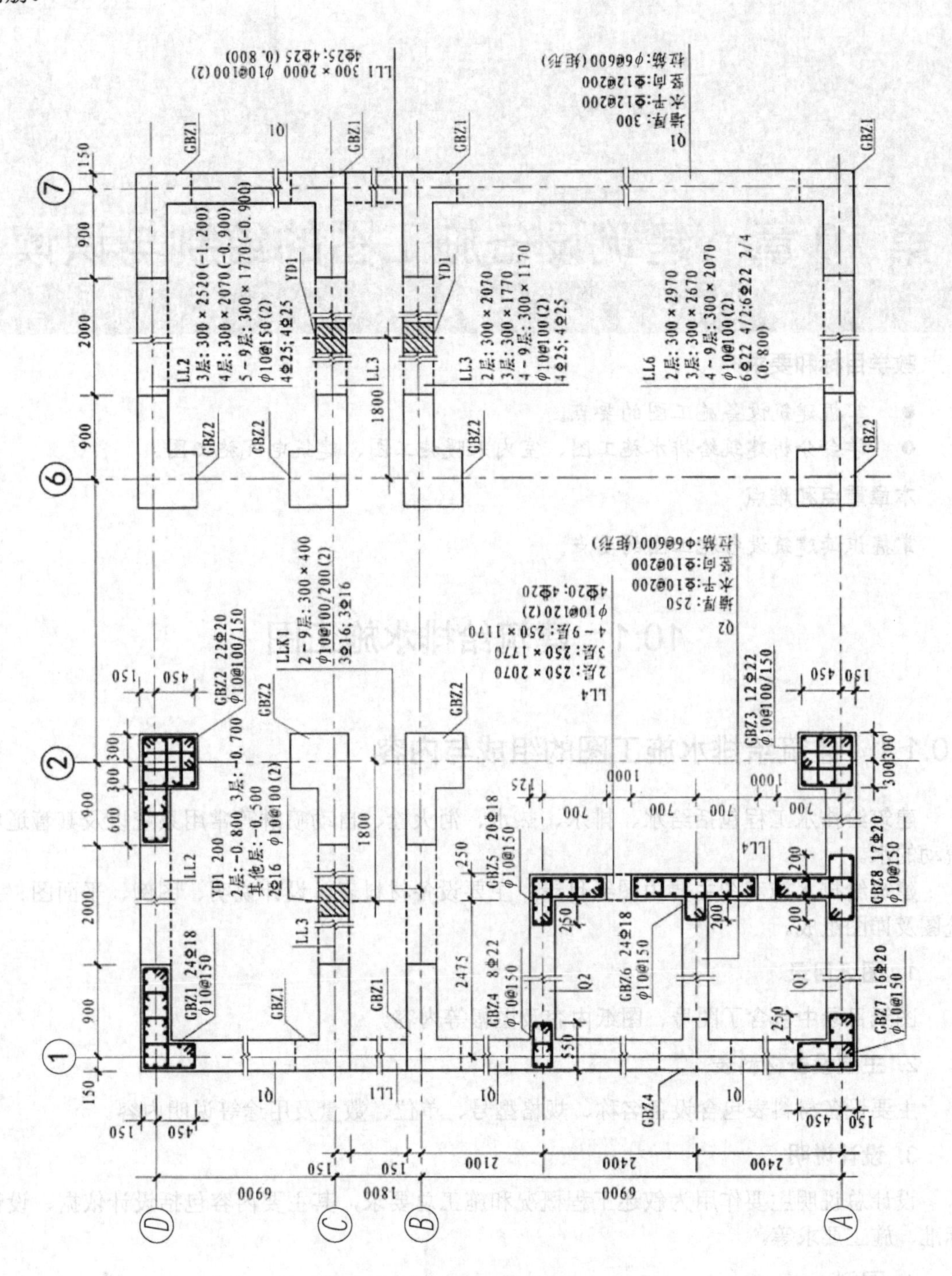
LL1 300×2000 φ10@100(2)
4⌀25; 4⌀25(0.800)
Q1
墙厚: 300
水平: ⌀12@200
竖向: ⌀12@200
拉筋: φ6@600(矩形)
LL2
3层: 300×2520(-1.200)
4层: 300×2070(-0.900)
5～9层: 300×1770(-0.900)
φ10@150(2)
4⌀25; 4⌀25
LL3
2层: 300×2070
3层: 300×1770
4～9层: 300×1170
φ10@100(2)
4⌀25; 4⌀25
LL6
2层: 300×2970
3层: 300×2670
4～9层: 300×2070
φ10@100(2)
6⌀22 4/2; 6⌀22 2/4
(0.800)
Q2
墙厚: 250
水平: ⌀10@200
竖向: ⌀10@200
拉筋: φ6@600(矩形)
LL4
2层: 250×2070
3层: 250×1770
4～9层: 250×1170
φ10@120(2)
4⌀20; 4⌀20
LLK1
2～9层: 300×400
φ10@100/200(2)
3⌀16; 3⌀16
YD1 200
2层: -0.800 3层: -0.700
其他层: -0.500
2⌀16 φ10@100(2)
GBZ1 24⌀18 φ10@150
GBZ2 22⌀20 φ10@100/150
GBZ3 12⌀22 φ10@100/150
GBZ4 8⌀22 φ10@150
GBZ5 20⌀18 φ10@150
GBZ6 24⌀18 φ10@150
GBZ7 16⌀20 φ10@150
GBZ8 17⌀20 φ10@150
6900
1800
6900
2100
2400
2400
1
2
6
7
A
B
C
D

图 9-19　截面注写

第 10 章　建筑设备施工图的绘制与识读

教学目标和要求

- 掌握建筑设备施工图的要点。
- 学会分析建筑给排水施工图、室内采暖施工图、建筑电气施工图。

本章重点和难点

掌握识读建筑设备施工图的要点。

10.1　建筑给排水施工图

10.1.1　建筑给排水施工图的组成与内容

建筑给排水工程包括给水、排水、热水、消火栓、自动喷淋等常用系统以及其管道中流动的水。

建筑给排水施工图主要由图纸目录、主要设备材料表、设计说明、图例、平面图、系统图及详图组成。

1. 图纸目录

图纸目录中包含了图号、图纸内容及图幅等内容。

2. 主要设备材料表

主要设备材料表包含设备名称、规格型号、单位、数量及用途等说明内容。

3. 设计说明

设计总说明主要作用为叙述工程概况和施工总要求，其主要内容包括设计依据、设计标准、施工要求等。

4. 图例

略。

5. 平面图

平面图表示建筑物各层给排水管道与设备的平面布置，具体内容如下。

(1) 水房的名称、编号、卫生器具或用水设备的类型和位置。

(2) 给水引入管，污水排出管的位置、名称与管径。

(3) 给排水干管、立管、支管的位置、管径与编号。

(4) 水表、阀门、清扫口等附件的位置。

6. 系统图

系统图也称为轴测图，表示给排水系统的空间位置及各层间、前后左右间的关系。给水与排水系统图应分别绘制，在系统图上要标明各立管编号、管段直径、管道标高、坡度等。

7. 详图

详图表示卫生器具、设备或节点的详细构造与安装要求。如能选用国家标准图时，可不绘制详图，但要加以说明，给出标准图集号。

10.1.2　制图标准规定的常见图例

根据《建筑给水排水制图标准》(GB/T 50106—2010)的规定，涉及的管道、附件、排水沟以及构筑物等均应使用相关图例进行表示，如表 10-1～表 10-4 所示。

表 10-1　管道图例

序　号	名　称	图　例	备　注
1	生活给水管	—— J ——	
2	热水给水管	—— RJ ——	
3	热水回水管	—— RH ——	
4	中水给水管	—— ZJ ——	
5	循环给水管	—— XJ ——	
6	循环回水管	—— Xh ——	
7	热媒给水管	—— RM ——	
8	热媒回水管	—— RMH ——	
9	蒸汽管	—— Z ——	
10	凝结水管	—— N ——	
11	废水管	—— F ——	可与中水源水管合用
12	压力废水管	—— YF ——	
13	通气管	—— T ——	
14	污水管	—— W ——	
15	压力污水管	—— YW ——	
16	雨水管	—— Y ——	
17	压力雨水管	—— YY ——	
18	膨胀管	—— PZ ——	

续表

序 号	名 称	图 例	备 注
19	保温管		
20	多孔管		
21	地沟管		
22	防护套管		
23	管道立管	XL-1 平面 XL-1 系统	X：管道类别 L：立管 1：编号
24	伴热管		
25	空调凝结水管	KN	
26	排水明沟	坡向	
27	排水暗沟	坡向	

注：分区管道用加注角标方式表示：如 J1、J2、RJ1、RJ2……。

表 10-2 管道附件

序 号	名 称	图 例	备 注
1	套管伸缩器		
2	方形伸缩器		
3	刚性防水套管		
4	柔性防水套管		
5	波纹管		
6	可曲挠橡胶接头		
7	管道固定支架		
8	管道滑动支架		
9	立管检查口		
10	清扫口	平面 系统	
11	通气帽	成品 铅丝球	
12	雨水斗	平面 系统	
13	排水漏斗	平面 系统	
14	圆形地漏		通用。如为无水封，地漏应加存水弯
15	方形地漏		

续表

序 号	名 称	图 例	备 注
16	自动冲洗水箱		
17	挡墩		
18	减压孔板		
19	Y 形除污器		
20	毛发聚集器		
21	防回流污染止回阀		
22	吸气阀		

表 10-3　管道连接

序 号	名 称	图 例	备 注
1	法兰连接		
2	承插连接		
3	活接头		
4	管堵		
5	法兰堵盖		
6	弯折管		表示管道向后及向下弯转 90°
7	三通连接		
8	四通连接		
9	盲板		
10	管道丁字上接		
11	管道丁字下接		
12	管道交叉		在下方和后面的管道应断开

表 10-4　管件

序 号	名 称	图 例	备 注
1	偏心异径管		
2	异径管		
3	乙字管		
4	喇叭口		
5	转动接头		
6	短管		
7	存水弯		
8	弯头		

续表

序 号	名 称	图 例	备 注
9	正三通		
10	斜三通		
11	正四通		
12	斜四通		
13	浴盆排水件		

10.1.3 建筑给排水施工平面图的识读与绘制

1. 建筑给排水施工平面图的识读方法

按照先一层平面图后各层平面图，先卫生器具后管道系统，引入管-立管-干管-支管(给水系统)，器具排水管-横支管-立管-排水管(排水系统)的顺序识读。

2. 建筑给排水施工平面图的绘制步骤

先画一层给排水平面图，再画各楼层的给排水平面图。

在画每一层的平面图时，先抄绘建筑平面图，因建筑平面图不是主要表达的内容，应用细实线或细虚线表示；然后画卫生设备及水池，应按照图例绘制；接着画管道平面图，因其为主要的表达内容，用粗实线表示，也可自设图例，给水管用粗实线，污水管用粗虚线；最后标注尺寸、符号、标高和文字说明。

10.1.4 建筑给排水系统图的识读

1. 建筑给排水系统图的识读方法

给水系统包括生活冷水系统、消火栓给水系统、生活热水系统等；排水系统包括污废水排水系统、雨水排水系统、冷凝水排水系统等。

系统图主要表示管道系统的空间走向，在给水的系统图上不画出卫生器具，只用图例符号画出水龙头、淋浴器喷头、冲洗水箱等；在排水的系统图上也不画出卫生器具，只画出卫生器具下的存水弯或器具排水管，识读系统图时要重点掌握以下两点。

(1) 查明各部分给水管的空间走向、标高、管径尺寸及其变化、阀门的位置。

(2) 查明各部分排水管的空间走向、管路分支情况、管径尺寸及其变化，查明水平管坡度、各管道标高、存水弯形式及清通设备的设置情况。

2. 给水系统图的绘制

(1) 绘图比例通常与给排水平面图相同，可直接在平面图上量取长度。

(2) 先画各系统立管。

(3) 定出各楼层的楼地面及屋面，各支管的位置。

(4) 从立管往管道进口方向转折画出引入管，然后从各支管画到水龙头、大便器的冲洗阀等；绘图过程中遇到管道交叉需做打断处理，可见的管道延续，不可见的管道打断。

(5) 定出穿墙的位置。

(6) 标注管径、管道坡度以及各楼层、屋面及管道标高等文字说明。

10.2　室内采暖施工图

10.2.1　室内采暖施工图的组成与内容

室内采暖施工图主要由图纸目录、主要设备材料表、设计说明、图例、平面图、系统图及详图组成。

1. 图纸目录

图纸目录是将全部施工图纸按其编号、图名、顺序填入图纸目录表格，同时在表头上标明建设单位、工程项目、分部工程名称等，装订于封面。其作用是核对图纸数量，便于识图时查找。

2. 设计说明

设计说明一般包括以下主要内容。

(1) 工程概况。

(2) 设计依据。

(3) 设计范围。

(4) 设计参数，如室内计算温度、室外气象参数等。

(5) 围护结构传热系数。

(6) 采暖设计热负荷、热源形式、系统阻力等。

(7) 设计中用图形无法表示的一些设计要求，如散热器的种类及其安装形式、设备类型及规格等。

(8) 施工中应遵循和采用的规范、标准图集等。

3. 图例

图例是将施工图中的图例及其对应的名称列在表中，以表格的形式表示。

4. 主要设备材料表

其主要设备材料表包括设备材料的名称、规格、型号及生产厂家等。

10.2.2　室内采暖平面图

平面图表示建筑物各层采暖管道与设备的平面位置，它包括底层平面图、标准层平面图、顶层平面图。具体包括以下内容。

(1) 建筑物轮廓，其中应注明轴线、房间尺寸、指北针，必要时应注明房间的名称。

(2) 热力入口位置，供、回水总管名称、管径。

(3) 干管、立管、支管的位置和走向、管径以及立管编号。

(4) 散热器的类型、位置和数量。

(5) 对于多层建筑，各层散热器布置基本相同，可采用标准层画法。在标准层平面图上，散热器要注明层数和各层的数量。

(6) 平面图中散热器与供水(供汽)、回水(冷凝水)管道的连接方式。

(7) 当平面图、剖面图中的局部需要另绘制详图时，应在平面图或剖面图中标注索引符号。

(8) 地沟的位置、尺寸，检查口的位置灯。

(9) 施工要求、文字说明等。

采暖平面图一般与建筑平面图的绘图比例相同。

10.2.3　室内采暖系统图

系统图应以轴测图绘制，系统图的布置方向一般与平面图一致。主要表示采暖管道及设备的空间位置及各层、前后左右间的关系，包括以下内容。

(1) 管道走向、坡度、径向、管径、变径的位置以及管道与管道之间的连接方式。

(2) 散热器与管道的连接方式，如是竖单管还是水平串联。

(3) 管路系统中阀门的位置、规格。

(4) 集气罐的规格、安装形式。

(5) 蒸汽供暖疏水器和减压阀的位置、规格和类型。

(6) 节点详图的索引符号。

(7) 按规定对系统图进行编号，并标注散热器的数量。柱型、圆翼型散热器的数量应标注在散热器内；光管式、串片式散热器的规格和数量应标注在散热器上方。

(8) 采暖系统编号、入口编号由系统代号和顺序号组成。

(9) 竖向布置的垂直管道系统应标注立管号。为避免引起误解，可只标注序号，但应与建筑轴线编号有明显区别。

系统图的绘图比例一般与平面图相同。

10.2.4　室内采暖详图

详图也称大样图，表示采暖系统节点与设备的详细构造与安装尺寸。

平面图和系统图中表示不清，又无法用文字说明的地方，要用详图表示。如果选用国家标准图集，可以不画出详图，但要加以说明，给出标准图集号。它包括节点图、大样图和标准图。

1. 节点图

能清楚地表示某一部分采暖管道的详细结构和尺寸，但管道仍然用单线条表示，只是将比例放大，使人能够看清楚。

2. 大样图

管道用双线图表示，看上去有真实感。

3. 标准图

标准图是具有通用性质的详图，一般由国家或有关部委出版标准图集，作为国家标准或标准的一部分颁发。

详图一般采用局部放大的比例来绘制，常用比例为 1：10～1：50。

10.2.5　室内供暖施工图的识读

识读供暖施工图一般按首页→平面图→系统图→详图的顺序识读，同时应将平面图与系统图相互对照。

(1) 先看施工说明，从文字中了解以下几点。

① 散热器的型号。

② 管道用什么管材，管道的连接方式。

③ 管道、支架、设备的刷油、保温情况。

④ 施工图中使用了哪些标准图、通用图。

(2) 识读平面图主要是为了了解管道、设备及附件的平面位置、规格和数量。看图时应注意以下几点。

① 散热器的位置、片数。

② 供、回水干管的布置方式及干管上的阀门、固定支架、补偿器的平面位置。

③ 膨胀水箱、集气罐等设备的位置。

④ 哪些部位的管走地沟，哪些部位的管在管道井等。

(3) 识读系统图一般从热力入口起，先弄清楚干管的走向，再逐一看各立管、支管。看图时应注意以下几点。

① 采暖管道的来龙去脉，包括管道的走向、空间位置、管径及管道变径点的位置。

② 管道上的阀门位置和规格。

③ 散热器与管道的连接方式。

④ 和平面图对应地看哪些管道明装，哪些管道暗装。

(4) 采暖详图中一般绘制的详图有以下几个。

① 地沟内支架的安装大样图。

② 采暖入口处的详图，即热力入口详图。

10.3　建筑电气施工图

10.3.1　建筑电气施工图基本知识

建筑电气施工图往往是根据建筑物不同的功能而分为不同的种类，主要有照明工程施工图、变配电工程施工图、动力系统工程施工图、电气设备控制电路图、防雷与接地施工图。本教材主要介绍室内照明工程施工图。

一套完整的电气工程施工图主要包括图纸目录、设计说明、平面图、立面图、剖面图、系统图、安装详图等。

1. 图纸目录

图纸目录是将全部施工图纸按其编号、图名、顺序填入图纸目录表格，同时在表头上标明建设单位、工程项目、分部工程名称等，装订于封面。其作用是核对图纸数量，便于识图时查找。

2. 设计说明

设计说明一般包括以下主要内容。

(1) 工程概况。

(2) 设计依据。

(3) 工程类别、级别。

(4) 电源概况。

(5) 导线、照明器、开关及插座的选型。

(6) 电气安保措施。

(7) 自编图形符号。

(8) 施工安装要求及注意事项。

(9) 施工中应遵循和采用的规范、标准图集等。

3. 主要设备材料表

主要设备材料表包括工程所需的各种设备、管材、导线等名称、型号、规格、数量等。设备材料表上所列的数量，由于与工程量的计算方法和要求不同，不能作为工程量编制预算的依据，只能作为参考数量。

10.3.2 电气照明平面图的内容

电气照明平面图可表明进户点、配电箱、配电线路、灯具、开关及插座等的平面位置及安装要求的布置。每层都应有平面图，但有标准层时可以用一张标准层平面图表示相同各层的平面布置。

平面图是表示电气线路和电气设备的平面布置，也是进行电气安装的重要依据。平面图表示电气线路中各种设备的具体情况、安装位置和连线方式，但不表示电气设备的具体形状。具体包括以下内容。

(1) 建筑物的平面布置、轴线分布、尺寸及图纸比例。

(2) 各种变配电设备的编号、名称。

(3) 各种用电设备的名称、型号及其在平面图上的位置。

(4) 各种配电线路的起点、敷设方式、型号、规格和根数以及在建筑物中的走向、平面和垂直位置。

(5) 建筑物和电气设备防雷、接地的安装方式以及在平面图上的位置。

10.3.3　配电系统图的内容

电气照明系统图又称为配电系统图。系统图用单线绘制，图中虚线所框的范围为一个配电盘或配电箱。各配电盘、配电箱应标明其编号及所用的开关、熔断器等电器的型号、规格。配电干线及支线应用规定的文字符号标明导线的型号、截面、根数、敷设方式(如穿管敷设，还要标明管材和管径)。电气工程图对于设备的安装方法、质量要求以及使用维修方面的技术要求等往往不能完全表达，所以在识读图纸时，有关安装方法、技术要求等问题应参照相关图集和规范。

10.3.4　安装详图的内容

安装详图多以国家标准或各设计单位自编的图集作为选用的依据。详图的比例一般比较大，一定要结合现场情况，结合设备、构件尺寸详细绘制。

(1) 电气工程详图，指配电柜(盘)的布置图和某些电气部件的安装大样图，图中对安装部件的各部位注有详细尺寸。一般是在没有标准图可选用并有特殊要求的情况下才绘制。

(2) 标准图，是通用性详图，表示一组设备或部件的具体图形和详细尺寸，以便于安装。

10.3.5　建筑电气照明图的识读

1. 电气图例符号

熟悉电气图例符号，弄清图例、符号所表示的内容。常用的电气工程图例及文字符号可参见国家颁布的电气图形符号相关标准。

2. 电气施工图的识读顺序

针对一套电气施工图，应按以下顺序识读，然后对某部分进行重点识读。

(1) 看标题栏及图纸目录，了解工程名称、项目内容、设计日期及图纸内容、数量等。

(2) 看设计说明，了解工程概况、设计依据，了解图纸中未能表达清楚的各项事项。

(3) 看设备材料表，了解工程中所使用的设备、型号、规格和数量。

(4) 看系统图，了解系统基本组成，主要电气设备、元器件之间的连接关系及其规格、型号、参数等，掌握该系统的组成概况。

(5) 看平面布置图，了解电气设备的规格、型号、数量及线路的起始点、敷设部位、敷设方式和导线根数等。平面图的识读可按照以下顺序进行：电源进线→总配电箱→干线→支线→分配电箱→电气设备。

(6) 看控制原理图，了解系统中电气设备的电气自动控制原理，以指导设备安装调试工作。

(7) 看安装接线图，了解电气设备的布置和接线。

(8) 看安装详图，了解电气设备的具体安装方法、安装部位的具体尺寸等。

3. 抓住电气施工图要点进行识读

(1) 在识图时，应抓住要点进行识读，如了解供电电源的来源、引入方式及路数。
(2) 了解电源的进户方式是由室外低压架空引入还是电缆直埋引入。
(3) 明确各配电回路的路径、管线敷设部位、敷设方式以及导线的型号、根数。
(4) 明确电气设备、器件的平面安装位置。

4. 结合土建施工图进行识读

电气施工与土建施工结合得非常紧密，施工中常常设计各工种之间的配合问题。电气施工平面图只反映了电气设备的平面布置情况，结合土建施工图的识读还可以了解电气设备的立体布设情况。

5. 熟悉施工顺序，便于识读电气施工图

如识读配电系统图、照明与插座平面布置图时，应首先了解室内配线的施工顺序。
(1) 根据电气施工图确定设备安装位置、导线敷设方式、敷设路径及导线穿墙或楼板的位置。
(2) 结合土建施工进行各种预埋件、线路、接线盒、保护管的预埋。
(3) 装设绝缘支持物、线夹等，敷设导线。
(4) 安装灯具、开关、插座及电气设备。
(5) 进行导线绝缘测试、检查及通电试验。
(6) 工程验收。

6. 施工图中各图纸应协调配合识读

对于具体工程来说，说明配电关系是需要有配电系统图；说明电气设备、器件的具体安装位置时需要有平面布置图等。这些图纸各自的用途不同，但相互之间是有联系并协调一致的。在识读时应根据需要将各图纸结合起来识读，以达到对整个工程全面了解的目的。

第 11 章　建筑施工图的识读

教学目标和要求

- 掌握框架结构的特性。
- 掌握识读框架结构建筑施工图的要点。
- 学会分析框架结构建筑施工平、立、剖面图及详图。

本章重点和难点

- 掌握框架结构的特性。
- 掌握识读框架结构建筑施工图的要点。
- 掌握砖混结构与框架结构的区别。

11.1　框架结构建筑概述

在讲述框架结构识图前，首先介绍一下关于框架结构的特点、性质以及一些相关的设计信息，这样才能使得大家学习得透彻，看图看得清楚明白。相关规范没有全部列举，详细内容参照建筑结构规范设计等。

11.1.1　框架结构

1. 概念

框架结构是指由钢筋混凝土横梁、柱组成的承受垂直荷载和水平荷载的结构，墙体起维护与隔断作用，不传递力，是非结构构件。框架结构示意图见图 11-1。

框架结构建筑平面布置灵活，可提供较大空间，使用方便，能满足各种建筑功能的要求。

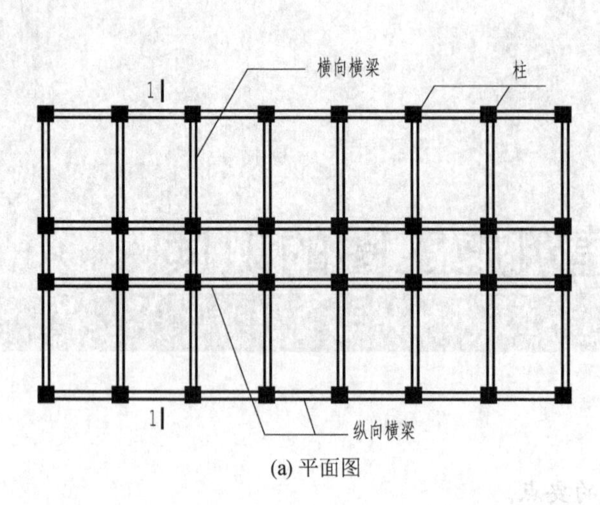

(a) 平面图

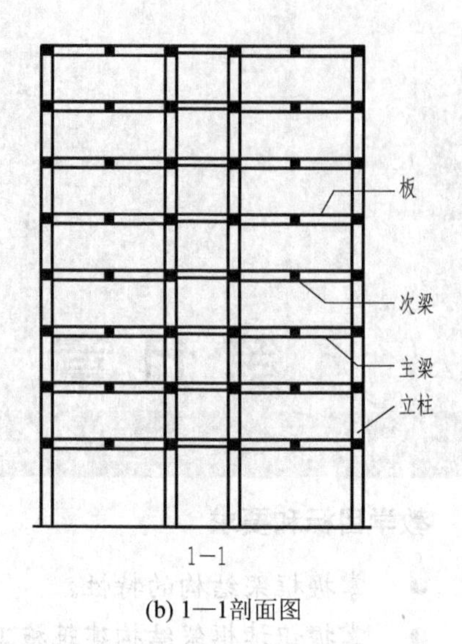

(b) 1—1剖面图

图 11-1 框架结构

2. 分类

房屋的框架按跨数分有单跨、多跨；按层数分有单层、多层；按立面构成分有对称、不对称；按所用材料分有钢框架、混凝土框架、胶合木结构框架或钢与钢筋混凝土混合框架等。其中最常用的是混凝土框架(现浇整体式、装配式、装配整体式，也可根据需要施加预应力，主要是对梁或板)、钢框架。

(1) 整体式框架也称全现浇框架，其优点是整体性好，建筑布置灵活，有利于抗震；但工程量大，模板耗费多，工期长。

(2) 装配式框架的构件全部为预制，在施工现场进行吊装和连接。其优点是节约模板，缩短工期，有利于施工机械化。

(3) 装配整体式框架是将预制梁、柱和板现场安装就位后，在构件连接处浇捣混凝土，使之形成整体。其优点是，省去了预埋件，减少了用钢量，整体性比装配式提高；但节点施工复杂。

3. 受力特点

水平方向仍然是楼板，然后楼板应该搭在这个梁上，梁支撑在两边的柱子上，这就把重量递给了柱子，沿着高度方向传到基础的部分，即梁、板、柱构成的承重体系。框架结构的特点非常突出：所有的墙都不承重，与厂房的承重没有关系，那个承重是板搭在梁上，梁传给了柱子，墙都是后放置上去的，使用其他的轻质材料，墙都不会承重，应用的时候都很灵活，如想要大房间不要墙，就要大房间，想要小的就可以在其中用其他的轻质材料来进行房间划分，房间划分成若干个小房间，因此它的墙不承重，仅起划分空间以及保温、隔热、隔声的作用。注意：框架结构指梁、板、柱的承重体系。

框架建筑的主要优点是空间分隔灵活，自重轻，有利于抗震，节省材料；同时具有可以较灵活地配合建筑平面布置的优点，利于安排需要较大空间的建筑结构；同时框架结构的梁、柱构件易于标准化、定型化，便于采用装配整体式结构，以缩短施工工期。

框架结构体系的缺点如下。

① 框架节点应力集中显著。

② 框架结构的侧向刚度小，属柔性结构框架，在强烈地震作用下，结构所产生水平位移较大，易造成严重的非结构性破性。

③ 对于钢筋混凝土框架，当高度大、层数相当多时，结构底部各层不但柱的轴力很大，而且梁和柱由水平荷载所产生的弯矩也显著增加，从而导致截面尺寸和配筋增大，对建筑平面布置和空间处理，就可能带来困难，影响建筑空间的合理使用，在材料消耗和造价方面也趋于不合理。

④ 钢材和水泥用量较大，构件的总数量多，吊装次数多，接头工作量大，工序多，浪费人力，施工受季节、环境影响较大。

4. 适用范围

框架结构可设计成静定的三铰框架或超静定的双铰框架与无铰框架。混凝土框架结构广泛用于住宅、学校、办公楼，也有根据需要对混凝土梁或板施加预应力，以适用于较大的跨度；框架钢结构常用于大跨度的公共建筑、多层工业厂房和一些特殊用途的建筑物中，如剧场、商场、体育馆、火车站、展览厅、造船厂、飞机库、停车场、轻工业车间等。

11.1.2　框架结构的布置

1. 框架结构的布置原则

(1) 结构平面布置宜简单、规则和对称。

(2) 建筑平面长宽比不宜过大，*L*/*B* 宜小于 6。

(3) 结构的竖向布置要做到刚度均匀而连续，避免刚度突变。

(4) 建筑物的高宽比不宜过大，*H*/*B* 不宜大于 5。

(5) 房屋的总长度宜控制在最大伸缩缝间距以内；否则需设伸缩缝或采取其他措施，以防止温度应力对结构造成的危害。

(6) 在地基可能产生不均匀沉降的部位及有抗震设防要求的房屋，应合理设置沉降缝和防震缝。

2. 框架结构方案

框架结构是由若干个平面框架通过连系梁的连接而形成的空间结构体系。

在这个体系中，平面框架是基本的承重结构，按其布置方向的不同，框架体系可以分为下列 3 种。

1) 横向框架承重方案

在这种布置方案中，主要承重框架沿房屋的横向布置。沿房屋的纵向设置板和连系梁，见图 11-2 (a)。

2) 纵向框架承重方案

在这种布置方案中，主要承重框架沿房屋的纵向布置。沿房屋的横向设置板和连系梁，见图 11-2 (b)。

3) 纵横向框架混合承重方案

在这种布置方案中，主要承重框架沿房屋的纵、横向布置，见图 11-2 (c)。

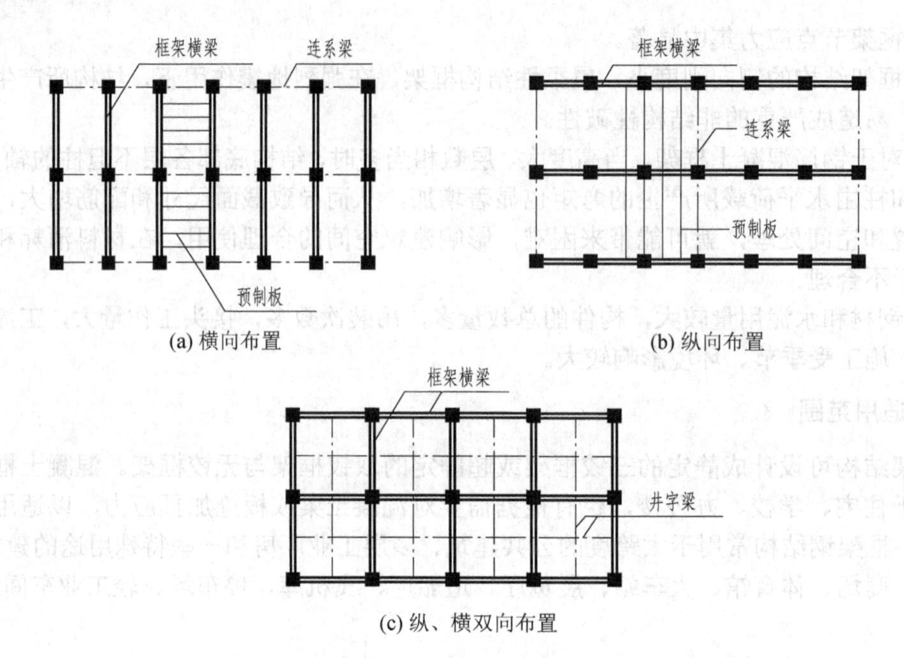

图 11-2 框架体系的布置

3. 变形缝的设置

变形缝分为伸缩缝和沉降缝，在地震设防区还需按《建筑抗震设计规范》(GB 50011—2010)的规定设置防震缝。

伸缩缝是为了避免温度应力和混凝土收缩应力使房屋产生过大伸缩变形或裂缝而设置的，伸缩缝仅将基础以上的房屋分开。钢筋混凝土框架结构的伸缩缝最大间距见表 11-1。

表 11-1 钢筋混凝土框架结构伸缩缝最大间距(m)

框架类别	环境条件	
	室内或土中	露 天
装配式	75	50
现浇式	55	35

沉降缝是为了避免地基不均匀沉降在房屋构件中产生裂缝而设置的，沉降缝必须将房屋连同基础一起分开。在建筑物的下列部位宜设置沉降缝。

(1) 土层变化较大处。

(2) 地基基础处理方法不同处。

(3) 房屋在高度、重量、刚度有较大变化处。

(4) 建筑平面的转折处。

(5) 新建部分与原有建筑的交界处。

沉降缝由于是从基础断开，缝两侧相邻框架的距离可能较大，给使用带来不便，此时可利用挑梁或搁置预制梁、板的方法进行建筑上的闭合处理，见图 11-3。

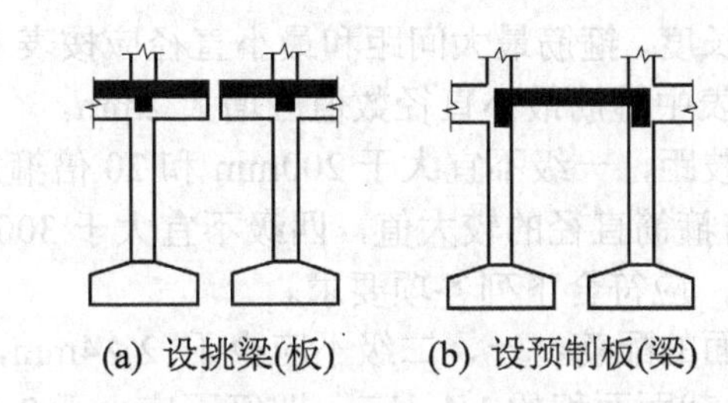
(a) 设挑梁(板)　(b) 设预制板(梁)

图 11-3　沉降缝做法

11.1.3　框架结构的抗震构造措施

(1) 梁的截面尺寸，宜符合下列各项要求。

① 截面宽度不宜小于 200mm。

② 截面高宽比不宜大于 4。

③ 净跨与截面高度之比不宜小于 4。

(2) 采用梁宽大于柱宽的扁梁时，楼板应现浇，梁中心线宜与柱中线重合，扁梁应双向布置，且不宜用于一级框架结构。扁梁的截面尺寸应符合下列要求，并应满足现行有关规范对挠度和裂缝宽度的规定。

(3) 梁的钢筋配置，应符合下列各项要求。

① 梁端纵向受拉钢筋的配筋率不应大于 2.5%，且计入受压钢筋的梁端混凝土受压区高度和有效高度之比，一级不应大于 0.25，二、三级不应大于 0.35。

② 梁端截面的底面和顶面纵向钢筋配筋量的比值，除按计算确定外，一级不应小于 0.5，二、三级不应小于 0.3。

③ 梁端箍筋加密区的长度、箍筋最大间距和最小直径应按表 11-2 采用，当梁端纵向受拉钢筋配筋率大于 2%时，表中箍筋最小直径数值应增大 2mm。

表 11-2　梁端箍筋加密区的长度、箍筋最大间距和最小直径(mm)

抗震等级	加密区长度(采用较大值)	箍筋最大间距(采用较小值)	箍筋最小直径
一	$2h_b$，500	$h_b/4$，$6d$，100	10
二	$1.5h_b$，500	$h_b/4$，$8d$，100	8
三	$1.5h_b$，500	$h_b/4$，$8d$，150	8
四	$1.5h_b$，500	$h_b/4$，$8d$，150	6

注：1. d 为纵向钢筋直径，h_b 为梁截面高度。

2. 箍筋直径大于 12mm、数量不少于 4 肢且肢距不大于 150mm 时，一、二级的最大间距允许适当放宽，但不得大于 150mm。

(4) 梁的钢筋配置，应符合下列各项要求。

① 梁端纵向受拉钢筋的配筋率不应大于 2.5%，且计入受压钢筋的梁端混凝土受压区高度和有效高度之比，一级不应大于 0.25，二、三级不应大于 0.35。

② 梁端截面的底面和顶面纵向钢筋配筋量的比值，除按计算确定外，一级不应小于 0.5，二、三级不应小于 0.3。

③ 梁端箍筋加密区的长度、箍筋最大间距和最小直径应按表 11-2 采用，当梁端纵向受拉钢筋配筋率大于 2%时，表中箍筋最小直径数值应增大 2mm。

④ 梁端加密区的箍筋肢距，一级不宜大于 200mm 和 20 倍箍筋直径的较大值，二、三级不宜大于 250mm 和 20 倍箍筋直径的较大值，四级不宜大于 300mm。

(5) 梁的纵向钢筋配置，应符合下列各项要求。

① 沿梁全长顶面和底面的配筋，一、二级不应少于 2ϕ4mm，且分别不应少于梁两端顶面和底面纵向配筋中较大截面面积的 1/4，三、四级不应少于 2ϕ12mm。

② 一、二级框架梁内贯通中柱的每根纵向钢筋直径，对矩形截面柱，不宜大于柱在该方向截面尺寸的 1/20；对圆形截面柱，不宜大于纵向钢筋所在位置柱截面弦长的 1/20。

(6) 柱的截面尺寸宜符合下列要求：截面的宽度和高度均不宜小于 300mm；圆柱直径不宜小于 350mm。

(7) 柱的钢筋配置应符合下列各项要求。

① 柱纵向钢筋的最小总配筋率应按表 11-3 采用，同时每一侧配筋率不应小于 0.2%；对建造于Ⅳ类场地且较高的高层建筑，表中的数值应增加 0.1。

表 11-3 梁端箍柱纵向钢筋的最小总配筋率

类　别	抗震等级			
	一	二	三	四
框架中柱和边柱	0.8	0.7	0.6	0.5
框架角柱、框支柱	1.0	0.9	0.8	0.7

注：采用 HRB400 级热轧钢筋时应允许减少 0.1，混凝土强度等级高于 C60 时应增加 0.10。

② 二级框架柱的箍筋直径不小于 10mm 且箍筋肢距不大于 200mm 时，除柱根外最大间距应允许采用 150mm；三级框架柱的截面尺寸不大于 400mm 时，箍筋最小直径应允许采用 6mm；四级框架柱剪跨比不大于 2 时，箍筋直径不应小于 8mm。

③ 框支柱和剪跨比不大于 2 的柱，箍筋间距不应大于 100mm。

(8) 柱的纵向钢筋配置，尚应符合下列各项要求。

① 宜对称配置。

② 截面尺寸大于 400mm 的柱，纵向钢筋间距不宜大于 200mm。

③ 柱总配筋率不应大于 5%。

④ 一级且剪跨比不大于 2 的柱，每侧纵向钢筋配筋率不宜大于 1.2%。

⑤ 边柱、角柱及抗震墙端柱在地震作用组合产生小偏心受拉时，柱内纵筋总截面面积应比计算值增加 25%。

⑥ 柱纵向钢筋的绑扎接头应避开柱端的箍筋加密区。

(9) 柱的箍筋加密范围，应按下列规定采用。

① 柱端取截面高度(圆柱直径)、柱净高的 1/6 和 500mm 三者的最大值。

② 底层柱，柱根不小于柱净高的 1/3；当有刚性地面时，除柱端外尚应取刚性地面上下各 500mm。

③ 剪跨比不大于 2 的柱和因设置填充墙等形成的柱净高与柱截面高度之比不大于 4 的柱，取全高。

④ 框支柱，取全高。

⑤ 一级及二级框架的角柱，取全高。

(10) 柱箍筋加密区箍筋肢距应符合下列要求。一级不宜大于 200mm，二、三级不宜大于 250mm 和 20 倍箍筋直径的较大值，四级不宜大于 300mm。至少每隔一根纵向钢筋宜在两个方向有箍筋或拉筋约束；采用拉筋复合箍时，拉筋宜紧靠纵向钢筋并勾住箍筋。

(11) 柱箍筋加密区的体积配箍率应符合下列要求。

① 普通箍指单个矩形箍和单个圆形箍；复合箍指由矩形、多边形、圆形箍或拉筋组成的箍筋；复合螺旋箍指由螺旋箍与矩形、多边形、圆形箍或拉筋组成的箍筋；连续复合矩形螺旋箍指全部螺旋箍为同一根钢筋加工而成的箍筋。

② 框支柱宜采用复合螺旋箍或井字复合箍，其最小配箍特征值应比表内数值增加 0.02，且体积配箍不应小于 1.5%。

③ 剪跨比不大于 2 的柱宜采用复合螺旋箍或井字复合箍，其体积配箍率不应小于 1.2%，9 度时不应小于 1.5%。

计算复合螺旋箍的体积配箍率时，其非螺旋箍的箍筋体积应乘以换算系数 0.8。

(12) 柱箍筋非加密区的体积配箍率应符合下列要求。不宜小于加密区的 50%；箍筋间距，一、二级框架柱不应大于 10 倍纵向钢筋直径，三、四级框架柱不应大于 15 倍纵向钢筋直径。

11.1.4 框架结构与砖混结构的区别

框架结构与砖混结构的区别见表 11-4。

表 11-4　框架结构与砖混结构的区别

类　别	结构类型	
	框架结构	砖混结构
适用范围	框架结构住宅是指以钢筋混凝土浇捣成承重梁柱，再用预制的加气混凝土、膨胀珍珠岩、浮石、蛭石、陶瓷等轻质板材隔墙分户装配而成的住宅，适合大规模工业化施工，效率较高，工程质量较好	砖混结构是指建筑物中枢向承重结构的楼、柱等采用砖或者砌块砌筑，梁、楼板、屋面板等采用钢筋混凝土结构，是以小部分钢筋混凝土及大部分砖墙承重的结构。适用于房间的使用面积不大、墙体位置比较固定的建筑，如住宅、宿舍、旅馆等
承重特点	楼板的重量传递到梁，梁传递到柱，柱传递到基础	砖混结构作用在纵墙上的水平荷载(如风荷)一部分直接由纵墙传给横墙，另一部分则通过屋盖和楼盖传给横墙，再由横墙传至基础，最后传给地基
材料	内分隔墙一般是非承重空心砖，轻，但做外墙时保温隔热隔声差些。梁、板、柱都是现浇混凝土	以前一般都是实心黏土砖，但为了保护耕地，几年前就已经下文严禁再使用此砖，现在开发砖混的房子有可能用的是承重空心砖，但可靠性和技术成熟度都比不上实心黏土砖
破坏要点	墙体裂缝类问题少，但在框架梁底和填充墙顶的交接部位会经常出现裂缝(这是通病，很难完全避免)，尤其外墙此处如有裂缝，墙面会渗水	对温度变化、地基沉降变化的敏感度较高，表现为较容易出现各种墙体裂缝，如顶层屋面板下、窗户的四角、底层窗台四角等，可以说砖混结构的墙体裂缝是一个非常普遍的问题，但大部分不会影响到结构安全

续表

类 别	结构类型	
	框架结构	砖混结构
造价	相对这两种结构而言，框架最贵，混合结构次之	砖混结构最便宜。一般砖混结构会比框架结构便宜 100～200 元/m^2
抗震性能	相对这两种结构而言，框架最好，混合结构次之	砖混结构最差。对于低度抗震区的低层结构，比如 6 层以下的，砖混可以考虑，如果是 7 度区或者 8 度区，经济允许的话最好不用砖混结构
隔音效果	框架结构的隔声效果取决于隔断材料的选择，一些高级的隔断材料的隔音效果要比砖混结构好	砖混住宅的隔声效果是中等水平
墙体作用	框架结构的墙体是填充墙，多数墙体不承重，起围护和分隔作用，框架结构的特点是能为建筑提供灵活的使用空间，但抗震性能差	砖混结构的墙体是承重结构，承重墙厚度及长度是根据强度和稳定性的要求，通过计算来确定的。砖混结构适合开间进深较小，房间面积小，多层或低层的建筑，对于承重墙体不能改动
受力特点	框架结构的承载力和刚度都较低，受力特点类似于竖向悬臂剪切梁，楼层越高，水平位移越慢，高层框架在纵、横两个方向都承受很大的水平力	砖混结构一般指把砖砌体用作内外承重墙或隔墙，楼盖、屋盖、梁、柱(也可是砖柱)是钢筋混凝土作用在墙柱上的荷载，主要是由梁板传来的屋盖、楼盖上的活、恒荷载，通过墙柱基础传到地基。在砖混结构中的梁有门窗过梁、圈梁、雨篷梁、阳台梁、楼梯梁等，这些梁的长度、配筋和截面尺寸，除圈梁是按构造配筋外，其他都是通过计算设计。圈梁主要作用是提高房屋空间刚度、增加建筑物的整体性，提高砖石砌体的抗剪、抗拉强度，因此圈梁不是承重梁，当圈梁用作过梁时，只在过梁部位按设计配筋，其他部位仍是按构造配筋

11.2 施工图设计说明

讲述完框架结构一些知识要点后，开始学习一套框架结构施工图的识图。这是一个产品研发办公楼，为框架结构。同样和上一套识图砖混结构图，从房屋建筑施工图的施工设计说明、门窗表、各层建筑平面图、各朝向建筑立面图、剖面图和各种详图等内容做识图说明和讲解。为了内容不重复，目录页和总平面部分识图参照砖混结构部分，这里不再赘述。

施工设计说明是用来讲述图样的设计依据和施工要求。中小型房屋的施工设计总说明也常与总平面图一起放在建筑施工图内。设计总说明包括：工程概况(建筑名称、建筑地点、建设单位、建筑占地面积、建筑等级、建筑层数)；设计依据(政府有关批文、建筑面积、造价以及有关地质、水文、气象资料)；设计标准(建筑标准结构、抗震设防烈度、防火等级、采暖通风要求、照明标准)；施工要求(验收规范要求、施工技术及材料的要求，采用新技术、新材料或有特殊要求的做法说明，图纸中不详之处的补充说明)。

图 11-4 和图 11-5 就是该框架结构的施工设计说明，那么从设计说明中对每个内容进行简单解释。

施工设计说明

1. 设计依据
1.1 建设单位提供的施工图设计任务书及相关要求。
1.2 现行国家有关建筑设计规范、标准。

规范名称	编号
《建筑设计防火规范》	GB 50016–2006
《建筑内部装修设计防火规范》	GB 50222–95
《屋面工程技术规范》	GB 50345–2004
《建筑制图标准》	GB/T 50104–2001
《总图制图标准》	GB/T 50103–2001
《房屋建筑制图统一标准》	GB/T 50001–2001
《建筑玻璃应用技术规程》	JGJ 113–2003
《天津市建设项目配建停车场（库）标准》	J 10484–2004

2. 工程概况
2.1 建筑名称：（建设单位）办公楼（产品研发）。
2.2 建设地点：南至 四纬路 ；北至 单层厂房 ；东、西均至 厂区空地 。
2.3 工程性质：研发车间。
2.4 建设单位：（建设单位）。
2.5 建筑面积：1709.72m²。
2.6 建筑基底面积：563.62m²。
2.7 设计使用年限为 50 年。
2.8 建筑层数和檐口高度 三层，12.35米 。
2.9 防火设计建筑分类和耐火等级 二级耐火 。
2.10 人防工程抗力（防护）等级 无人防工程 。
2.11 屋面防水等级为 三 级。
2.12 抗震设防烈度：7度(0.15g)。
2.13 结构类型：钢筋混凝土框架结构 。
2.14 本工程相对标高 ±0.000 相当于大沽标高 4.250 米。

3. 基本要求
3.1 本施工图设计说明与施工图互为补充，施工单位应在施工前熟悉图纸，经我院各专业技术交底后方能施工。如遇图纸交代不清或做法不当时，请及时与设计人联系解决，未经同意不得擅自变更设计。
3.2 本工程总平面图高程及尺寸以米（ m ）为单位，其他图纸尺寸以毫米（ mm ）为单位。
3.3 各层标高为完成面标高，屋面标高为结构面标高。
3.4 所有尺寸均以图面标注为准，不可直接从图纸量取；所有尺寸均需在现场校核准确方准施工。
3.5 有关施工质量、操作规程、验收标准均以国家部委和本市颁发的有关规范、规程、验收标准为准。

4. 楼地面工程
4.1 房心土、还槽土除注明者外均用原槽土或黏土回填分层夯实，对其中掺杂的垃圾、草根、杂物应清除干净。
4.2 大面积水泥地面面层宜分格，每格不大于 25 m²，分格线位置与垫层伸缩缝位置重合。垫层伸缩缝纵向缝采用平头缝或企口缝间距 3~6m，横向缝采用假缝，间距 6~12m，缝宽 5~20mm。
4.3 所有室外台阶、坡道地面标高均低于室内地面 15 mm，以缓坡过渡。
4.4 卫生间地面标高最高处不高于相邻房间、走道地面，并向地漏处找 0.5% 的泛水，并按相关要求做地面蓄水试验，经检查 24小时无渗漏无积水为合格。

5. 墙砌体、混凝土工程
5.1 外墙：墙体材料 200厚加气混凝土砌块 。
5.2 内墙：墙体材料 200厚加气混凝土砌块 。
5.3 采用砂浆类别和强度等级 M7.5 混合砂浆
5.4 墙体留洞：钢筋混凝土墙预留洞，见结构和设备专业图纸，砌体承重墙和非承重墙预留洞，见建筑和设备专业施工图纸。
5.5 墙身防潮层一般为钢筋混凝土地圈梁，无地圈梁处在－0.020处做高效有机硅防水砂浆 20mm 厚，当墙身两侧的室内地面标高有高差时，应分别在两个地坪以下 60mm 处设置防潮层，在较低地坪一侧墙身外表面抹 1：2.5 水泥砂浆，25mm 厚的垂直防潮层，表面压光不得空鼓、裂纹，保证防潮层作法的连续性。
5.6 墙体上的预埋件及孔洞应在砌筑时予留，不准事后剔凿，木门窗洞口木砖留设位置，应距洞口上下各四皮砖，中距不大于 70 cm，塑钢门窗应预留搭卡或射钉枪固定钢板埋件，空心砌块及轻质隔墙板门窗固定方法由厂家提供。
5.7 建筑变形缝内不得有砖头，砂石等杂物，缝口处理必须严格按图施工。
5.8 室内隔墙若采用加气混凝土或石膏板等吸水性强的轻质墙体，先在地面作 100~150mm 高的混凝土带，再于其上安装墙体。卫生间轻质墙体下部做 150 mm 高的 C20 混凝土带同轻墙宽，地面防水材料卷起 150 mm 高。
5.9 砌体墙阳角处均做 1:2.5 水泥砂浆 20厚护角，做于洞口时抹过墙角各 120mm，做于门窗时一侧抹过 120 mm 另一侧压入框料灰口线内，其高度在门窗口时同门窗高度。在洞口楼梯间阳角处为通高。
5.10 内外窗台、台阶、雨台、散水做到内高外低，女儿墙、檐口顶、地漏处做到外高内低，做到不积水，杜绝倒水现象。
5.11 窗套、窗台下、压顶、雨罩、檐头、腰线等凡突出墙面 60mm 以下者板上面做流水坡度，下面做滴水线。雨罩、挑檐、遮阳板、窗楣等凡突出墙面 60mm 以上者，板上面按图纸要求抹出流水坡度，板下面做滴水槽。
5.12 窗立口未注明者应为中立口，凡未注明的室内窗台板用 1:2.5水泥砂浆抹面，正面突出内墙外 10mm厚，两侧伸出窗口各 30 mm，正面高 30mm，并压光做小圆角。
5.13 预留孔洞要求位置准确，严禁剔凿、断筋、孔洞采用防水套管，且用 C20 细石混凝土浇灌严密，并做闭水试验，要求 24小时无渗漏方为合格。
5.14 门窗樘口尺寸按洞口尺寸每侧所预留 15mm 空隙是按一般工程 20mm 外粉刷饰面考虑的，凡 20mm 以上外饰面（如镶贴花岗石饰面时）应相应调整樘口尺寸。有吊顶处之门应结合吊顶标高及节点情况确定门樘口尺寸的高度和立框构造。
5.15 在结构构件中（如梁、板、挑檐）为安装建筑配件的预埋件、窗预埋件、电梯预埋件等均由相关厂家提供给施工单位，所有预埋件做防锈处理。
5.16 墙体拉结筋、构造柱、圈梁均详结构专业图纸。

6. 屋面工程
6.1 本工程屋面防水等级根据《屋面工程技术规范》确定为 三 级，设防要求为 一 道。
6.2 凡采用焦渣找坡必须经过筛分，粒径控制在 5~40mm，其中不应含有有机物、石块、土块、矿渣块和未燃煤块。如局部采用混凝土找坡，均采用 C20 细石混凝土找坡，并与水平面成 6度角。
6.3 屋面突出部位及转角处的找平层，抹成平缓的半圆弧形，半径控制在 100~120mm，弧度要求一致。
6.4 高低跨屋面相接部位的高跨屋面雨水管位置处，在低跨（非上人）屋面上铺设 600×600×40 C20 混凝土预制块或预制混凝土簸箕保护。
6.5 卷材天沟内排水及泛水等部位均在防水层下面铺卷材一层，雨水口周围加铺卷材二层。水落口周围直径 500mm 范围内坡度≥ 5%。
6.6 凡排水雨水管收水处设镀锌网罩或篦子，安装时注意与屋面卷材交接严密，避免渗漏现象。凡采用金属管材者，雨水管外刷防锈漆一道，调和漆二道，内刷防锈漆二道。雨水管安装应弹立线，做到垂直、牢固，雨水管的扁铁卡必须用膨胀螺栓或埋件固定，不得用木楔直接钉入砖缝。

（设计单位）						
工程主持人	月 日	工程名称	（建设单位）		工 号	100011
主任工程师	月 日					
专业负责人	月 日	工程项目	办公楼（产品研发）		分 号	1
审 核	月 日					
校 正	月 日	图 名	施工设计说明		图 号	
设 计	月 日					
制 图	月 日					

图 11-4　框架结构施工设计说明一

施工设计说明(续)

7. 内外装修工程

7.1 油漆工程基层的含水，混凝土和抹灰不得大于 8%．冬季施工室内油漆工程应在室内采暖条件下进行，室温保持均衡不得突然变化．

7.2 混凝土表面和抹灰表面油漆前应干燥洁净，不得有起皮、松散等现象，粗糙处磨光，缝隙和小孔洞等应用腻子补平．

7.3 所有油漆颜色均由设计人员提出基本色，施工单位做出样板，由我院会同建设单位共同决定．

7.4 金属材料必须除锈并刷防锈漆一道，再依据设计要求刷面漆．凡预埋木砖必须做防腐处理．

7.5 门窗洞口须镶花岗岩板时所留缝隙应与门窗制造厂家及外饰面施工单位共同协商决定。有吊顶处，门应结合吊顶标高及节点情况确定门的高度和立框构造．

7.6 门窗上的五金均采用优质产品，由建设单位与设计人员共同协商决定．卫生间、防火门，均设闭门器，所有门窗必须与墙体有牢固的连接，以确保安全．

7.7 门窗隔断上的玻璃除图说规定外，凡无注明要求者应符合《建筑玻璃应用技术规程》(JGJ113-2003) 附录 A 的要求．

7.8 采用木压条的门窗，木压条与裁口紧贴，割角整齐，不留钉帽．

7.9 外檐石材幕墙的设计、安装施工应由具有设计资质的专业生产厂家负责，其设计应遵循国家现行规范及本工程总体设计意图，提供石材分板、分格、构造详图、预埋件尺寸位置等，经我院设计人确认后方可施工．

7.10 外檐抹灰、涂料、板材的材质及颜色，应由施工单位按照设计的要求事先提供样板或样品，经规划部门、设计人与建设单位共同确认后方可定货施工．

8. 其他事项

8.1 本工程墙内、梁内留洞穿管时，施工时应注意各专业图纸的协调，避免遗漏和留错，做到准确无误．凡建筑图中未表示的孔洞均详见有关专业图纸．各专业管道凡在墙内暗装者，各专业应配合施工满足安装要求，先安装后封堵．

8.3 本工程电梯的建筑、结构、电气设计图纸设计须由电梯厂家核实无误后方可进行土建施工．

8.4 有关无障碍设计部分的具体做法均详见有关专业图纸．

8.5 如采用轻质隔墙，应严格按该材料的安装构造图集施工．

8.6 外门窗框与墙体之间的缝隙采用发泡聚氨酯高效保温材料填实，其洞口周边缝隙内外两侧采用硅酮系列建筑胶密封．门窗上口应做滴水线．

8.7 外墙挑出构件及附墙构件如：阳台、雨罩、靠外墙阳台栏板、空调室外机搁板、凸窗的非透明构件等采用抹 30 厚胶粉聚苯颗粒保温浆料的隔断热桥保温措施．

8.8 对伸出外墙的雨水卡管、预埋件、支架和其他设备安装到位后，穿墙孔洞缝隙必须采用硅酮系列建筑密封胶密封，以防渗透破坏防水层．

8.9 外墙空调机管留洞并预埋 PVCϕ80 过墙管，管中位置由空调厂家配合主体施工安装，不得事后剔凿．洞口应内高外低，高差为 20mm，空调电源位置作相应设置．

8.10 其他未尽事宜参照国家和天津市标准、规范及《05 系列建筑标准设计图集》的要求和做法执行．

局部做法

局　部　做　法
1. 室外多步台阶 做法参见 05J9-1 (2C/67) (30 厚机刹花岗岩台阶面材)
2. 室外一步台阶 做法参见 05J9-1 (1/65) (30 厚机刹花岗岩台阶面材)
3. 散水 05J9-1 (3/57) 宽 800 (灰土垫层)
4. 雨水管 05J5-1 (6/62) (D/63) (3/67) (4/67) (2/65) (8/62) ø100, Upvc
5. 雨水管安装 05J3-1 (–/H3)
注：露明雨水管颜色均采用与相邻墙面相同颜色．
6 楼梯栏杆水平段长度超过 500 时，高度为 1100；采用立杆时净间距≤110．
7. 卫生间排风道做法 津06J102 (PA-1/6)
8. 排风道出屋面做法参照 津06J102 (1/10)
9. 透气管出屋面 05J5-1 (2/30)
10. 上人孔做法 05J5-1 (2/24)
11. 铁爬梯参照 05J8 (1/107)
12. 窗台压顶做法：压顶高，80 压顶内配 3ø8 分布筋 ø6@200．
13. 屋面门洞及过水孔参照 05J5-1 (1/23) (3/23)
14. 外墙、外门窗口保温做法及滴水线参照 津 07SJ110 (F1/10) (3/18) (2/20) (A/17)
注：外墙外保温材料采用 FTC 相变自调节保温材料，t=50mm．
15. 凡外露空调板、女儿墙、窗台板、等热桥部位均围抹 30 胶粉聚苯颗粒保温砂浆．

(设计单位)						
工程主持人		月 日	工程名称	(建设单位)	工 号	100011
主任工程师		月 日				
专业负责人		月 日				
审 核		月 日	工程项目	办公楼(产品研发)	分 号	1
校 正		月 日				
设 计		月 日	图 名	施工设计说明(续)	图 号	
制 图		月 日				

图 11-5　框架结构施工设计说明二

1. 设计依据

其包括政府有关批文，这些内容主要包括两个方面：一是立项，就是建设单位提供的施工图任务书和要求、规划许可证等；二是相关国家建筑设计规范。

2. 工程概况

介绍了建筑名称、建筑地点、建筑面积等一系列关于本建筑的信息，这一部分的介绍有很多信息是识图的关键所在，不仅是介绍建筑的属性，还涉及后面关于结构的取值范围，包括设计使用年限、抗震设防烈度等都是结构的重要信息。

3. 基本要求

这部分是对建筑尺寸、标高和操作规程的一个简单说明。

4. 楼地面工程

这部分内容开始基本上都是施工上需要施工单位注意的关键点，对水泥地面、卫生间的特殊标高，还有室外台阶坡道等要求，都是施工上须重点注意的要点。

5. 墙砌体、混凝土工程

在这个工程中这部分内容最多，关于墙体厚度等尺寸要求，门窗尤其是和墙体有关的，还有变形缝、预留洞口等有关的信息，希望同学们仔细阅读。

6. 屋面工程

这部分主要是对屋顶的防水、排水做一些重点的说明，包括设防等级、排水细部结构特点及操作说明等。

7. 内外装修工程

这部分是关于装饰装修的一个说明，包括油漆、门窗隔断、外檐石材幕墙，外檐抹灰等说明。

8. 其他事项

这部分是关于前几项没有涉及的内容做一个重点的提出，包括最后的局部做法，都是对重点的细部构造部分做的特殊说明。

11.3 平　面　图

这部分是真正进入到施工图的识图部分了，对建筑平面图先做一个大致的介绍。建筑平面图较全面且直观地反映建筑物的平面形状大小、内部布置、内外交通联系、采光通风处理、构造做法等基本情况，是建施图的主要图纸之一，是概预算、备料及施工中放线、砌墙、设备安装等的重要依据。

看图时应该根据施工顺序抓住主要部位。应先记住房屋的总长、总宽，几道轴线，轴线间的尺寸，一般是柱子的轴线间距、墙厚、门、窗尺寸和编号，门窗还可以列出表来(一般这部分单独有说明)。再有就是细部构造，如楼梯平台标高、踏步走向以及大门入口处的细部结构，标高等部分应先看懂，先在内心有个大致的了解。其次再记下一步施工的有关部分，比如 1—1 剖面的位置在哪，还有细部符号、指北针的方向，该层平面图中所标注的图例符号等，还有在图 11-6 中关于外墙面装修的材料说明，图中已经标明参见立面图及墙身详图。包括楼梯部分也有索引符号标识。比例比较小的图纸中，有些构造节点表达不清楚时，可以用索引和局部详图来表示。索引符号和详图符号呈一一对应的方式，即有索引符号，就有详图符号。这部分前面已经详细介绍，这里不做过多说明。往往施工的全过程中，一张平面图要看好多次，所以看图纸时先应抓住总体，抓住关键，一步一步地看才能把图记住。

由于本项目是一个单位的研发车间，所以二层平面图与首层的最大区别就是门口台阶部分、散水和雨篷。请同学们仔细观察首层和二层平面图的区别，阅读各层平面图做到心中有数。

若是高层建筑到了三层平面图这部分以及再高的层数就很好理解了，因为从第三层开始到除了屋顶最高层外，大多建筑的设计都是一样的了，一般称为标准层。但由于本建筑只有三层，所以每层都是不一样的，三层平面图比一层二层都少了外部门口台阶部分、散水和雨篷，是最简洁的楼层部分。

最后一个是屋顶平面图，屋顶平面图主要说明屋顶上建筑构造的平面布置。它包括如住宅屋顶上的排烟气道、通风通气孔道的位置，屋面上人孔、女儿墙位置，平屋顶要标示出流水坡向、坡度大小、水落管及集水口位置，有的还有前后檐的雨水排水天沟等。不同房屋的屋顶平面图是不相同的，由于屋顶形状、雨水排水方式(内落水或外落水)不同，平面布置也不一样。本建筑屋顶上与其他建筑最大的区别就是有很多老虎窗，这部分要引起注意。这些都要在看图中根据图上的具体情况来了解其内容了。

拿到屋顶平面图后，先看它外围有无女儿墙或天沟，再看流水坡向、雨水出口及型号，还要看出入人孔位置、附墙的上屋顶铁爬梯的位置及型号。图 11-6～图 11-9 所示为各层平面图。

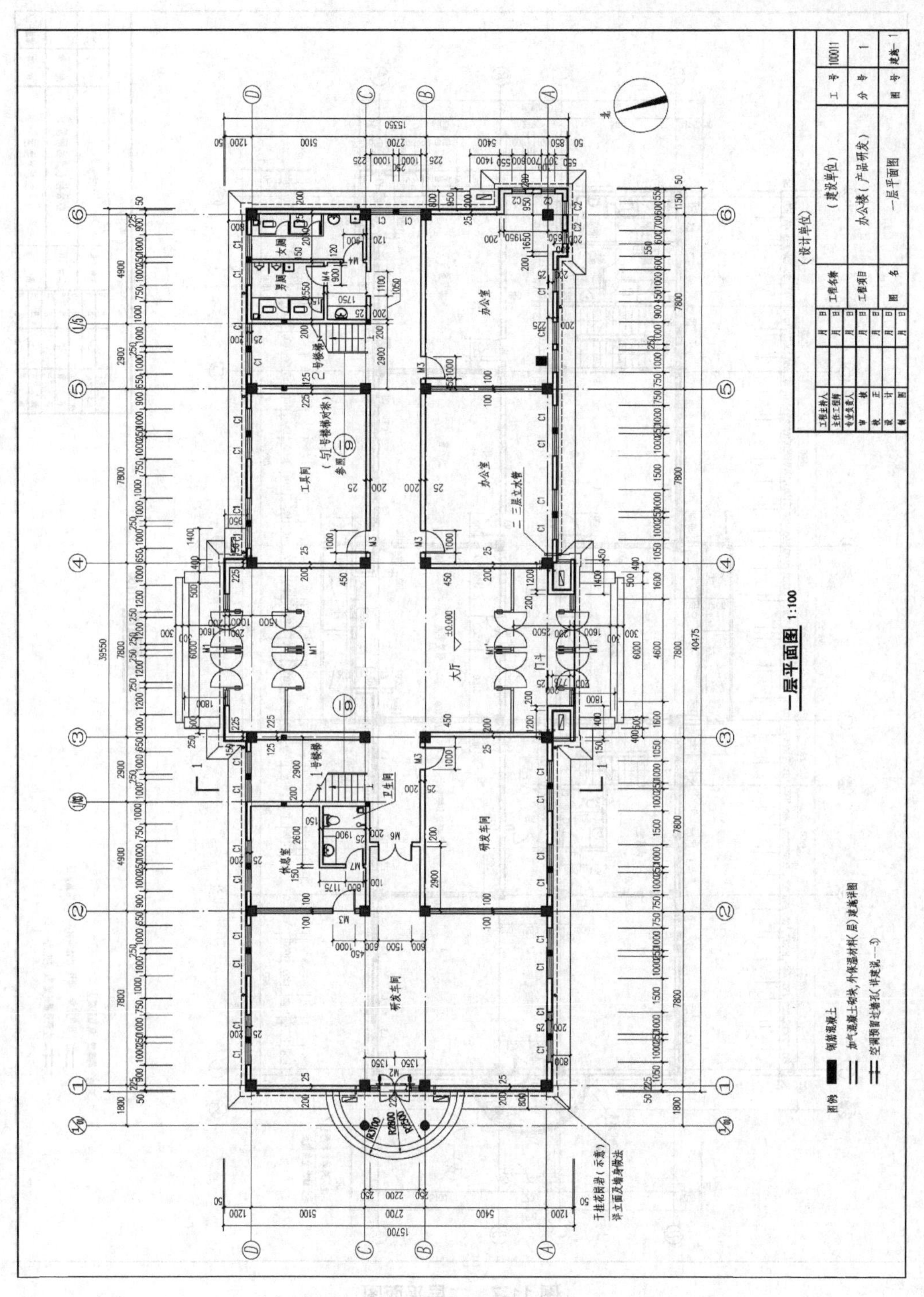

图 11-6　一层平面图

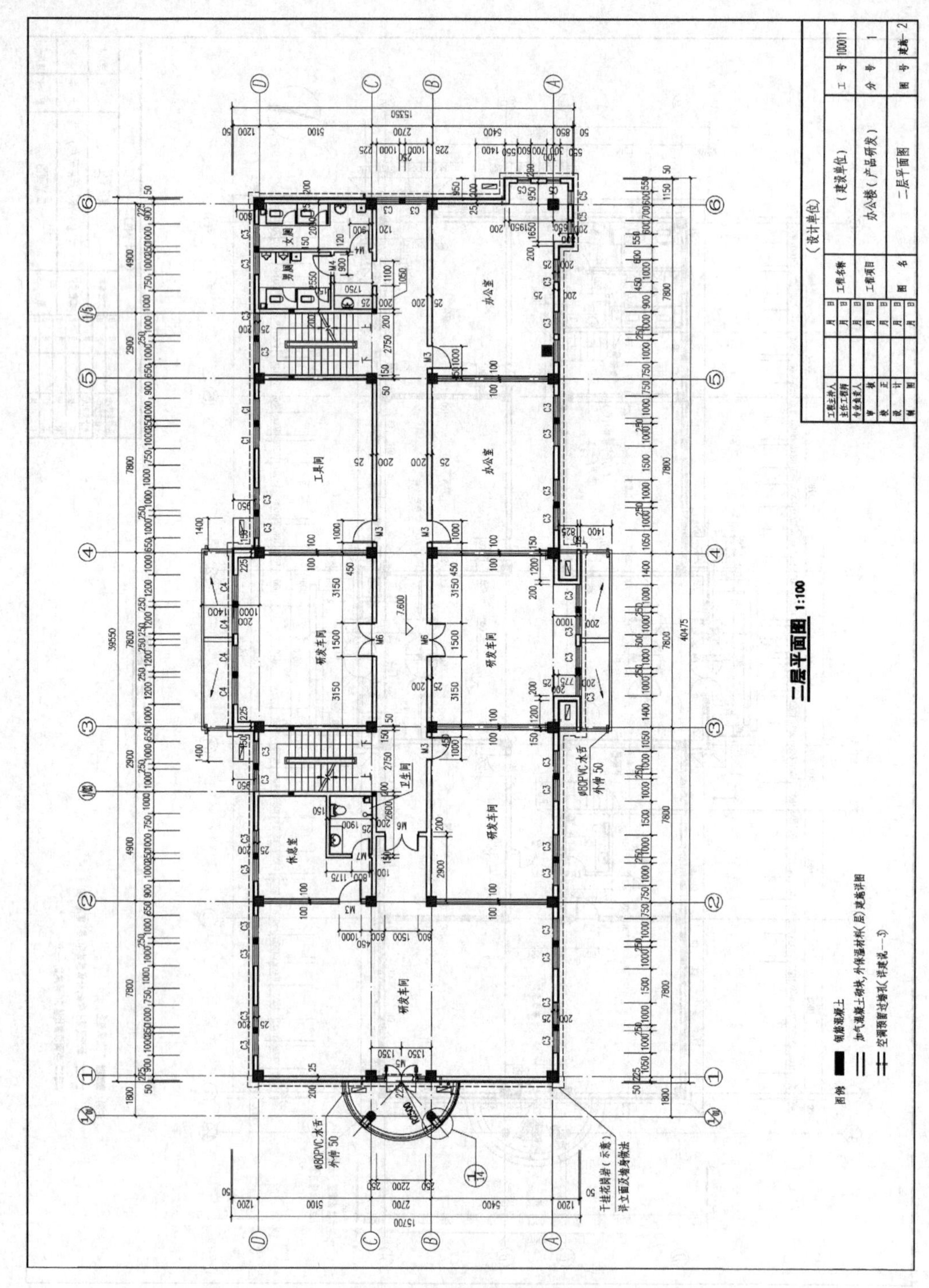

图 11-7 二层平面图

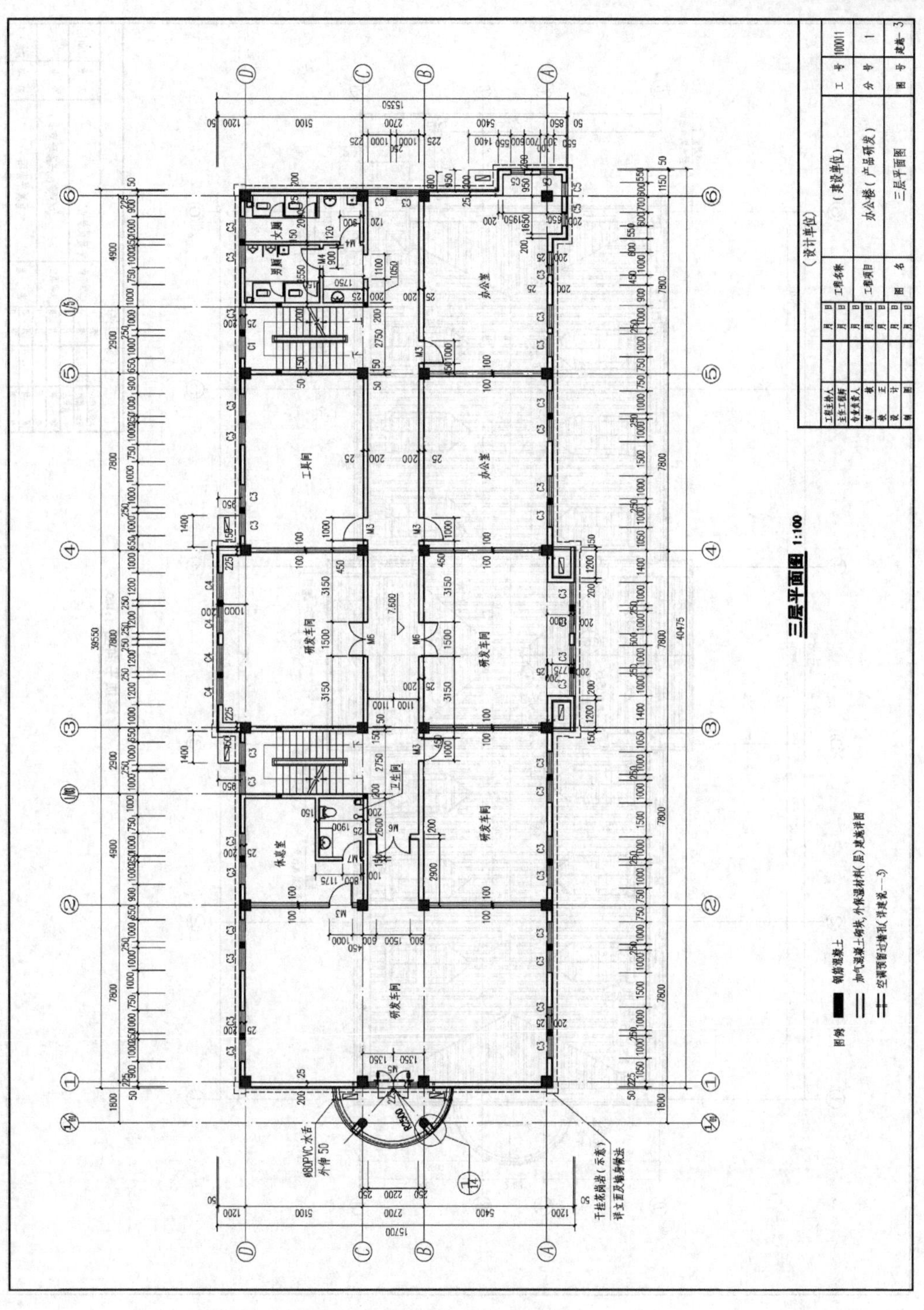
三层平面图 1:100
办公室
研发车间
工具间
休息室
男厕
女厕
卫生间
图例
钢筋混凝土
（设计单位）
（建设单位）
办公楼（产品研发）
三层平面图

图 11-8　三层平面图

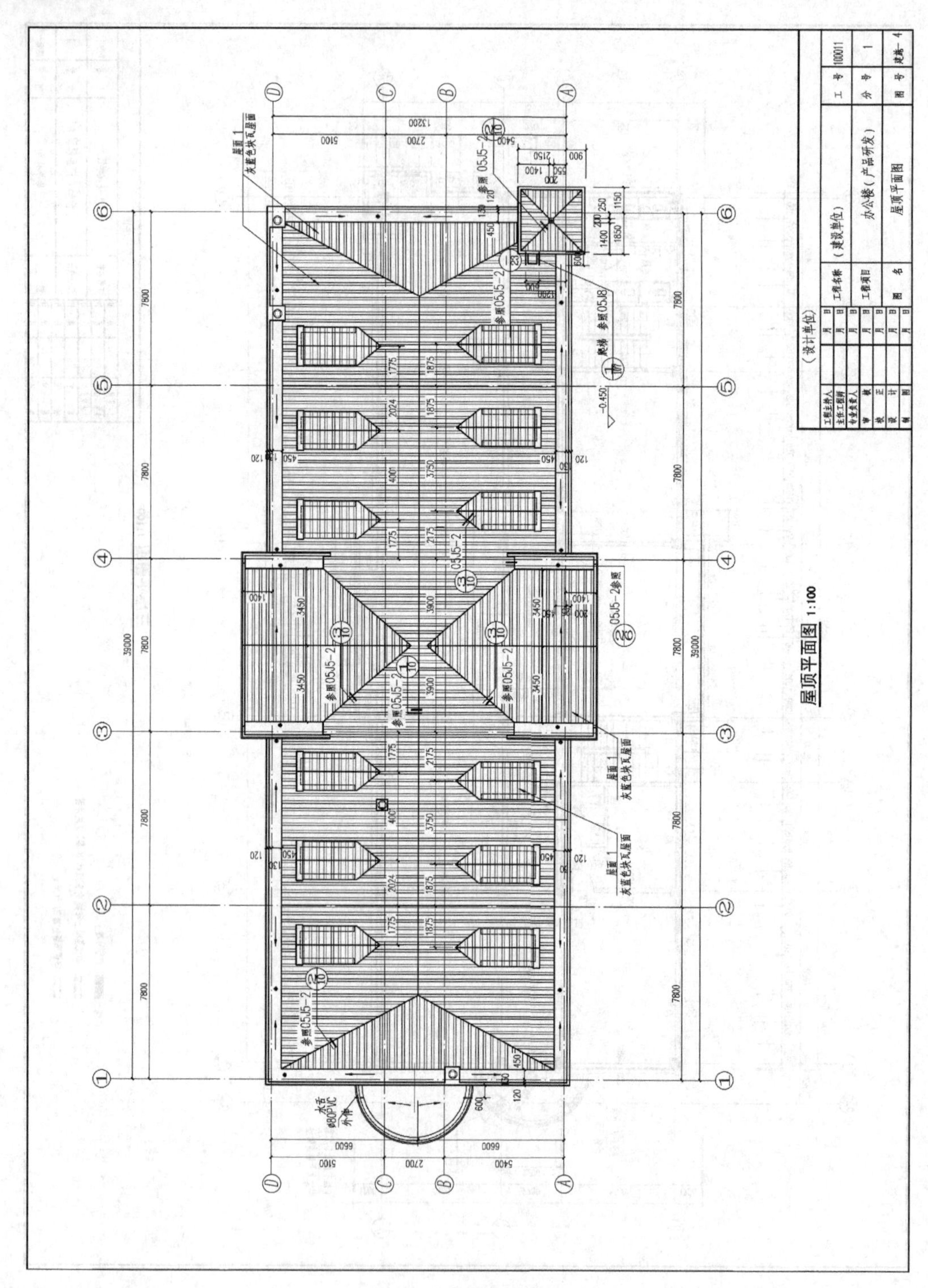

图 11-9 屋顶平面图

11.4 立 面 图

立面图主要表达房屋的外部造型及外墙上所看见的各构、配件的位置和形式，还有的表达了外墙面的装修、材料和做法，如房屋的外轮廓形状、房屋的层数、外墙上所看见的门、窗、阳台、雨篷、遮阳、雨水管等的位置、形状、尺寸和标高，与建筑平面图一样，也是建筑施工图的重要基本图样。

立面图是一座房屋的立面形象，因此主要应记住它的外形，外形中主要的是标高以及门、窗位置，其次要记住装修做法，哪一部分有出檐或有附墙柱等、哪些部分做抹面都要分别记住。此外，如附加的构造如爬梯、雨水管等的位置，记住后在施工时就可以考虑随施工的进展进行安装。

总之，立面图是结合平面图说明房屋外形的图纸，图示的重点是外部构造，因此这些仅从平面图上是想象不出的，必须与立面图结合起来，才能把房屋的外部构造表达出来。

一般建筑物都有前、后、左、右 4 个面。其中，表示建筑物正立面特征的正投影图称为正立面图；表示建筑物背立面特征的正投影图称为背立面图；表示建筑物侧立面特征的正投影图称为侧立面图，侧立面图又分左侧立面图和右侧立面图。在建筑施工图中一般都设有定位轴线，建筑立面图的名称又可以根据两端定位轴线编号来确定，如①～⑥立面图。

但是本建筑没有按照正立面、背立面图来命名，是以东、南、西、北的方位来注明，一般来说，根据指北针的方向大致能判断出正立面和背立面。本建筑南立面图即为正立面，北立面图为背立面，东立面图和西立面图是两个侧面。阅读这部分内容最重要的就是轴线、尺寸、标高，尤其以标高为重点。外檐墙体及屋顶仍旧参见后面详图部分。

图 11-10～图 11-13 所示为东、南、西、北各立面图。

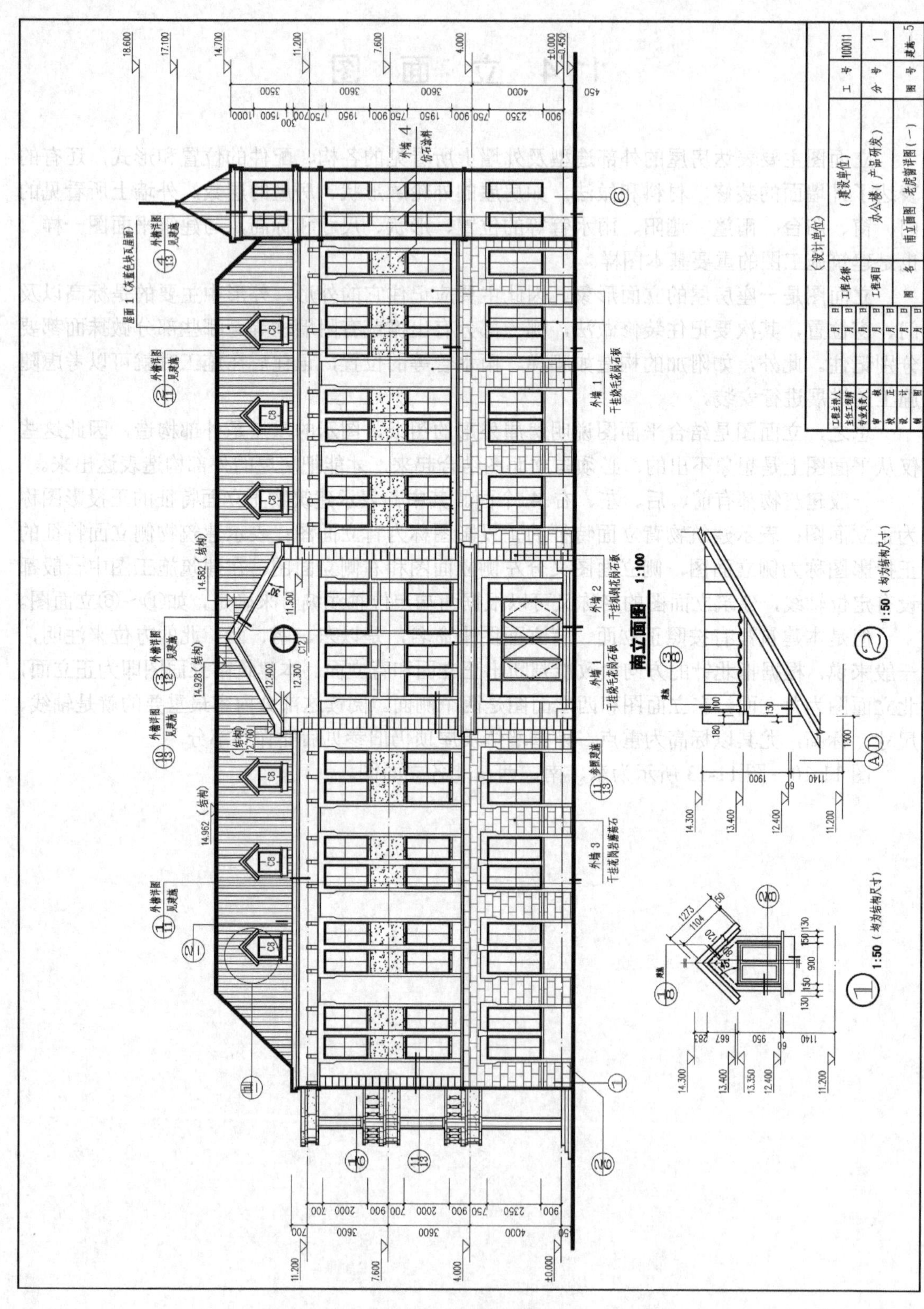

图 11-10 南立面图

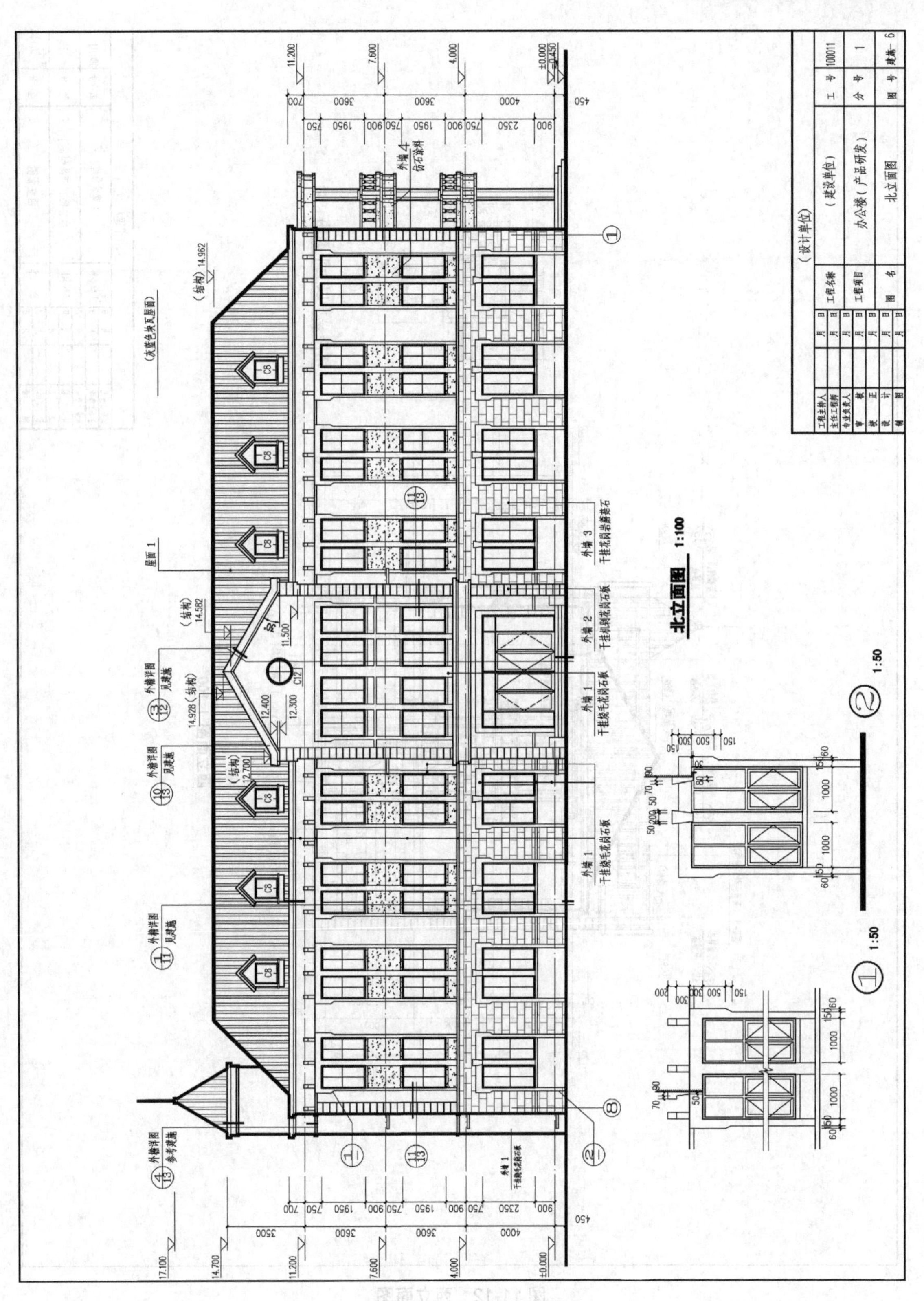

图 11-11　北立面图

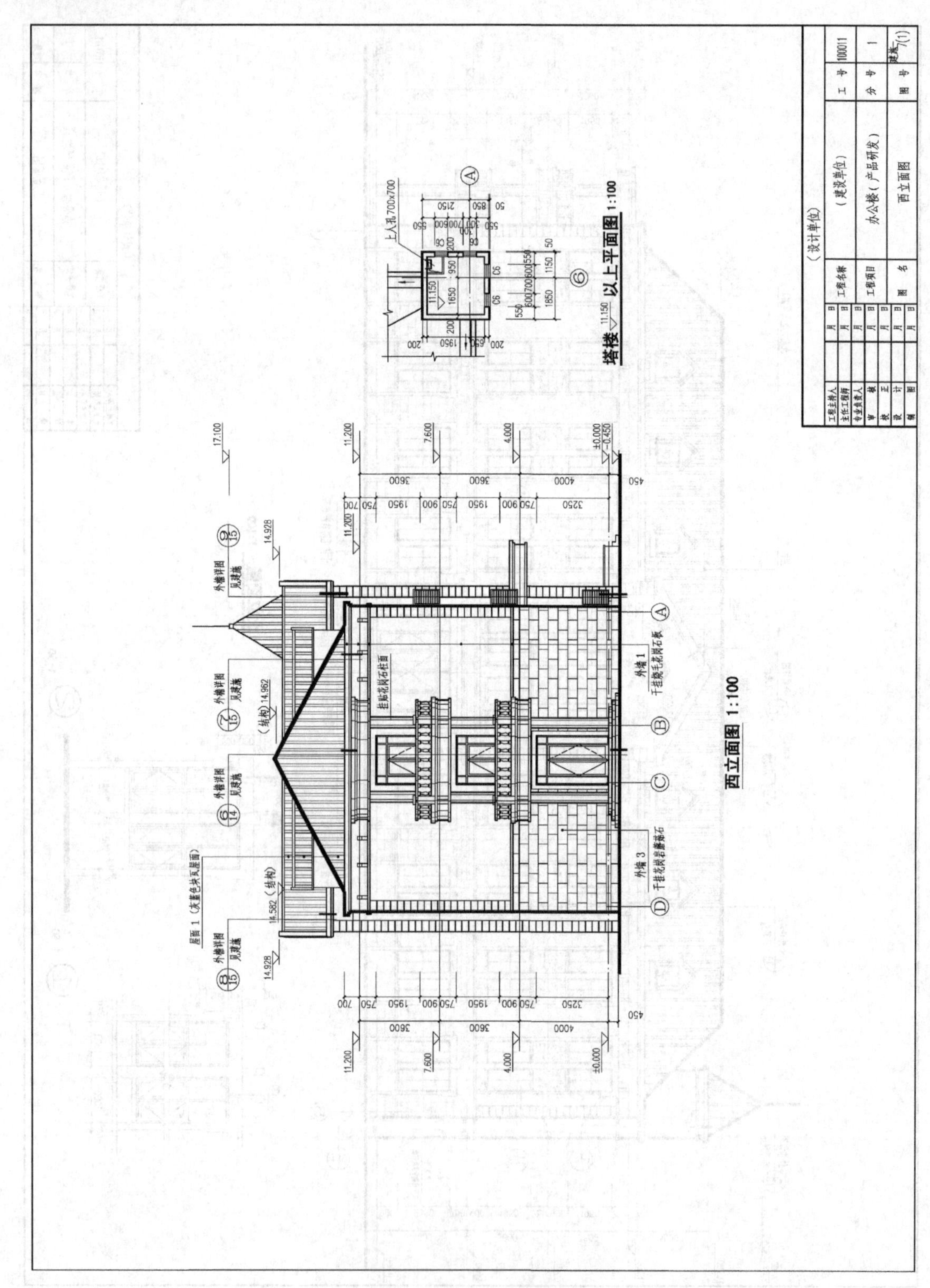

图 11-12　西立面图

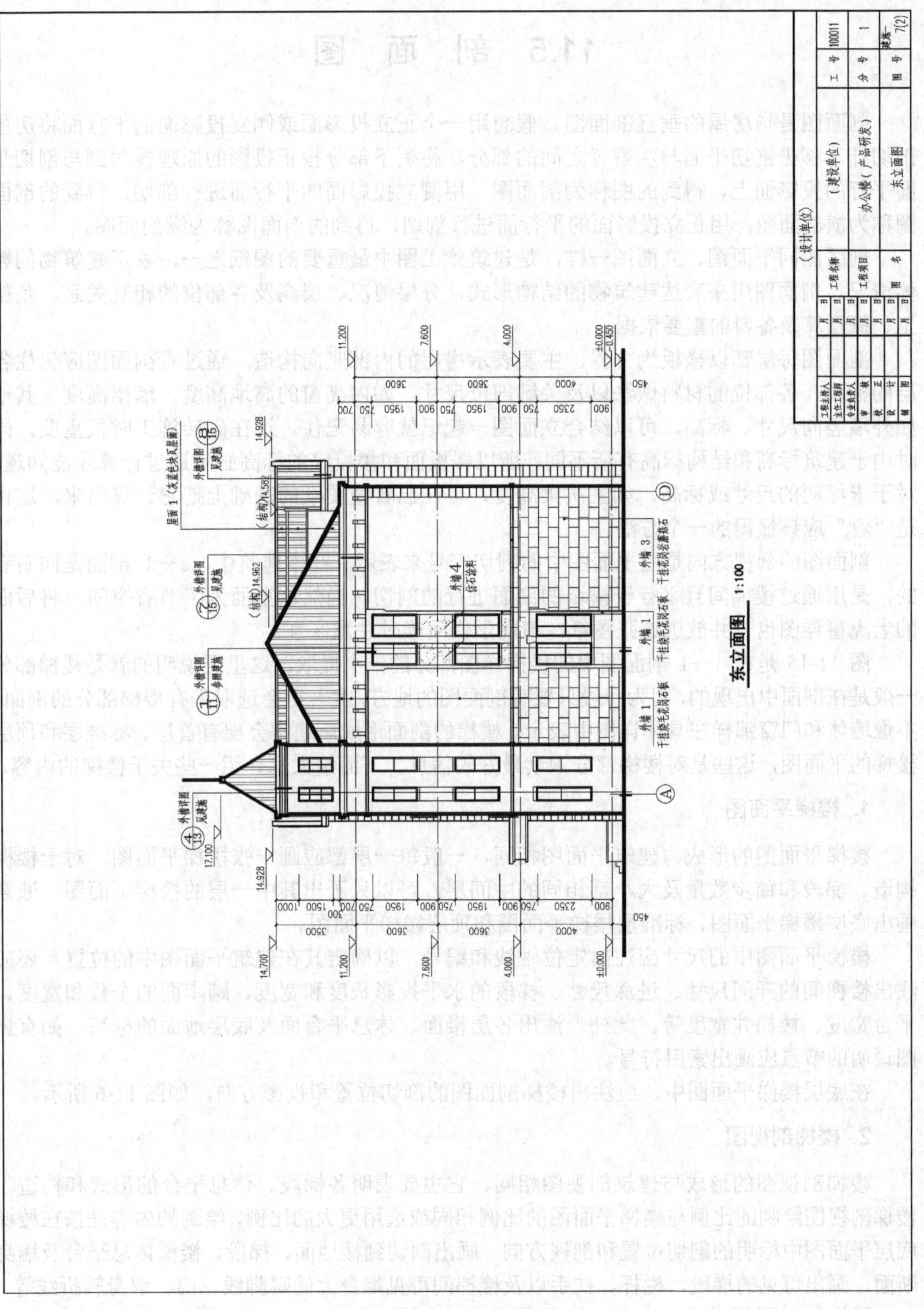

图 11-13　东立面图

11.5 剖 面 图

剖面图是指房屋的垂直剖面图。假想用一个正立投影面或侧立投影面的平行面将房屋剖切开，移去剖切平面与观察者之间的部分，将剩下部分按正投影的原理投射到与剖切平面平行的投影面上，得到的图称为剖面图。用侧立投影面的平行面进行剖切，得到的剖面图称为横剖面图；用正立投影面的平行面进行剖切，得到的剖面图称为纵剖面图。

剖面图同平面图、立面图一样，是建筑施工图中最重要的图纸之一，表示建筑物的整体情况。剖面图用来表达建筑物的结构形式，分层情况、层高及各部位的相互关系，是施工、概预算及备料的重要依据。

剖面图每层都以楼板为分界，主要表示房屋的内部竖向构造。通过看剖面图应记住各层的标高、各部位的材料做法以及关键部位尺寸，如内高窗的离地高度、墙裙高度。其他如外墙竖向尺寸、标高，可以结合立面图一起记就容易记住，这在砌砖施工时很重要。同时由于建筑标高和结构标高有所不同，所以楼板面和楼板底的标高必须通过计算才能知道。对于未标明的尺寸或标高，如主次梁高度，可在已看懂图纸的基础上把它计算出来，这也是“看”应该懂得的一个方法。

剖面图的剖视方向是由平面图中的剖切符号来表示。在本建筑中，1—1 剖面是向右看的，是用通过楼梯间且平行于横墙的剖面进行的剖切。当然这里面为了节省空间，将后面的老虎窗详图也一并放进这张图纸，请同学们阅读时注意区别。

图 11-15 是在 1—1 剖面图中的楼梯详图部分的一个提取。这里要说明的就是楼梯部分一般是在剖面中出现的，因为一般只要有剖面图的地方，就一定会选取带有楼梯部分的剖面，不像墙体和门窗那样在具体详图中表示。楼梯的剖面形成后通常会配有首层、标准层和顶层楼梯的平面图，这些是对楼梯部分识读最好的信息。下面给大家介绍一些关于楼梯的内容。

1. 楼梯平面图

楼梯平面图的形成与建筑平面图相同，一般每一层都应画一张楼梯平面图，对于楼梯构造、梯段和踏步数量及大小都相同的中间层，可以只画出其中一层的楼梯平面图。通常画出底层楼梯平面图、标准层楼梯平面图和顶层楼梯平面图。

楼梯平面图中的尺寸应注出定位轴线和编号，以确定其在建筑平面图中的位置，还应注出楼梯间的开间尺寸、进深尺寸、梯段的水平投影长度和宽度、踏步面的个数和宽度、平台宽度、楼梯井宽度等。此外，注出各层楼面、休息平台面及底层地面的标高。如有详图说明的节点应画出索引符号。

在底层楼梯平面图中，应注出楼梯剖面图的剖切位置和投影方向，如图 11-6 所示。

2. 楼梯剖视图

楼梯剖视图的形成与建筑剖视图相同，它主要表明各梯段、休息平台的形式和构造。楼梯剖视图绘制的比例与楼梯平面图的比例相同或选用更大的比例，绘制的内容是按在楼梯底层平面图中标明的剖切位置和剖视方向，画出剖切到楼地面、梯段、楼梯休息平台及墙身断面，画出可见的梯段、栏杆、扶手以及楼梯间可见墙身上的踢脚线、门、墙身转折线等。

楼梯剖视图的尺寸，应注出各层楼面、平台面、底层地面及楼梯间的门窗洞口等的标高，还应注出各楼层高、各梯段的高度、踏步个数和高度尺寸。

3. 楼梯节点详图

楼梯节点详图主要表明栏杆、扶手及踏步的形状、构造与尺寸。图 11-14 和图 11-15 所示为节点详图。

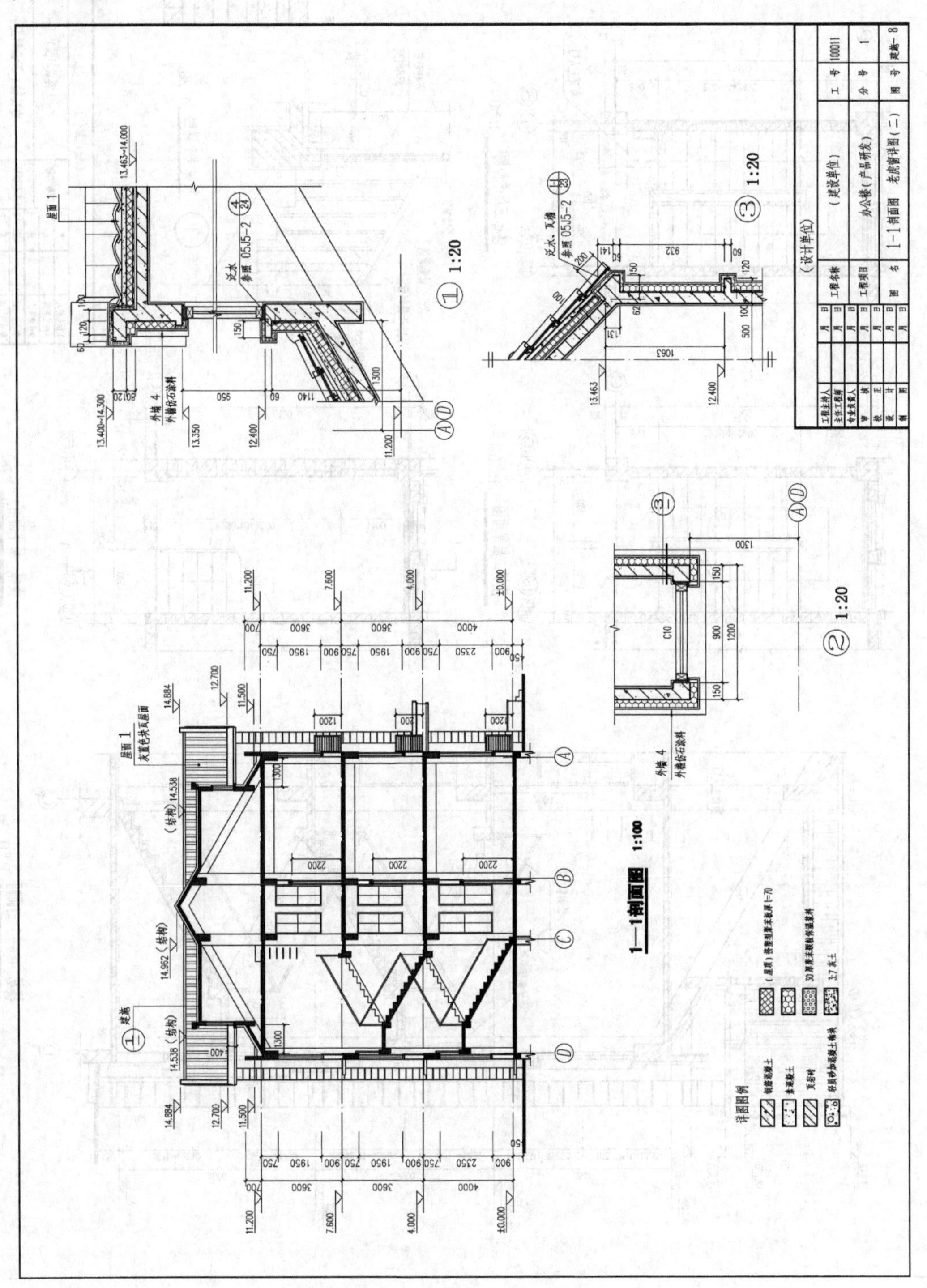

图 11-14　楼梯节点详图一

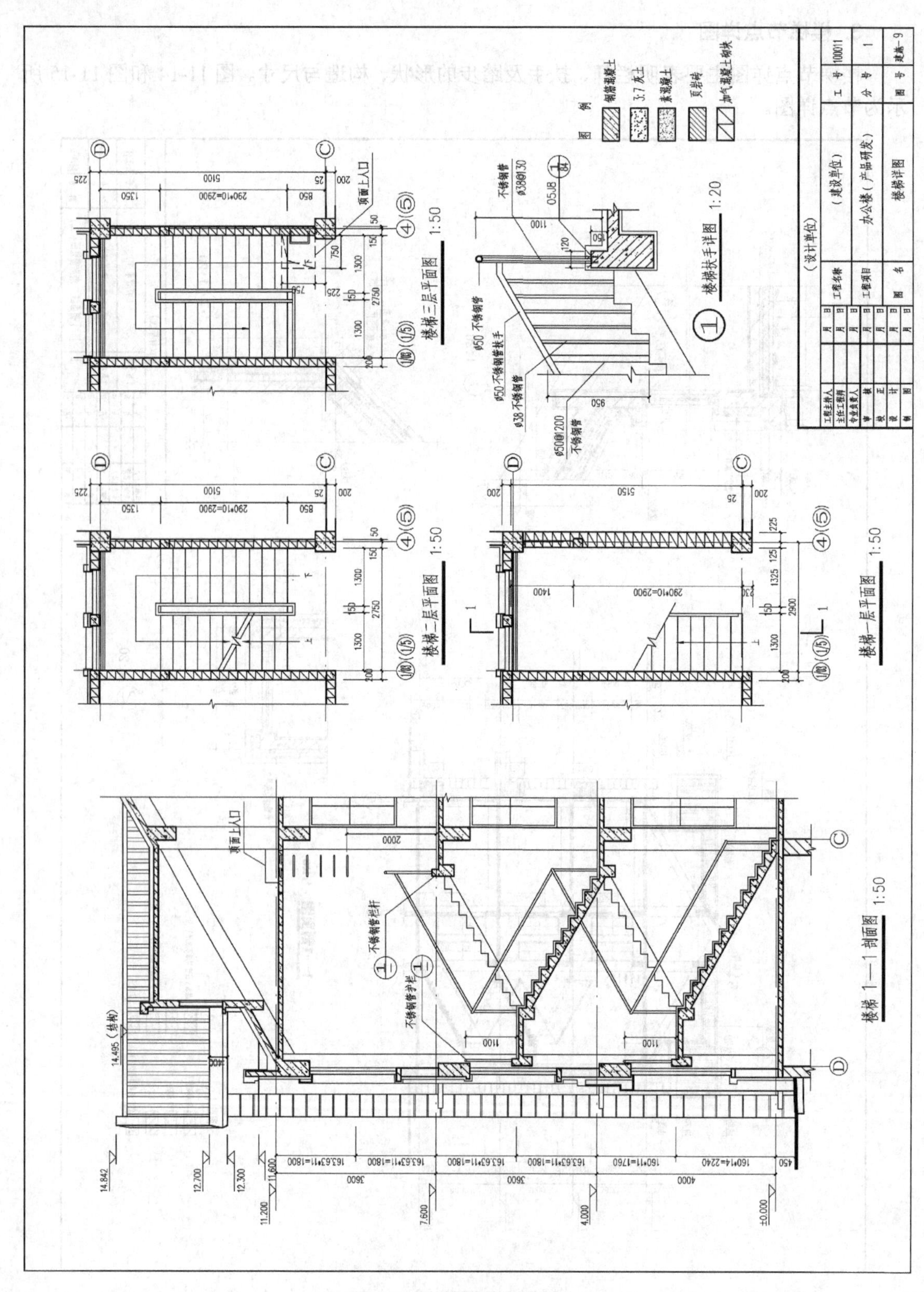

图 11-15　楼梯节点详图二

11.6 建 筑 详 图

在建筑详图从建筑的平、立、剖面图上，虽然可以看到房屋的外形、平面布置、立面概况和内部构造及主要尺寸，但是由于图幅的限制，局部细节的构造在这些图上不能够明确表达出来，为了清楚地表达这些细节构造，对房屋的细部或构、配件用较大的比例(1∶20、1∶10、1∶5、1∶2、1∶1 等)将其形状、大小、材料和做法，按正投影的画法详细地表示出来的图样，称为建筑详图，也称建筑大样图，如图 11-16 所示为门窗详图、门窗表、卫生间详图等。

1. 详图的特点

(1) 大比例。在详图上应画出建筑材料图例符号及各层次构造，如抹灰线。

(2) 全尺寸。图中所画出的各构造，除用文字标注或索引外，都需详细注出尺寸。

(3) 详细说明。因详图是建筑施工的重要依据，不仅要大比例，还必须图例和文字详尽清楚，有时还引用标准图。

2. 墙身详图

1) 墙身详图的内容

外墙详图常用的是外墙剖面图。它是建筑剖面图的局部放大图。它表达房屋的屋面、楼层、地面和檐口构造、楼板与墙的连接、门窗顶、窗台和勒脚、散水等处构造的情况，是施工的重要依据。

多层房屋中，若各层情况一样时，可只画底层、顶层或加一个中间层来表示。画图时，往往在窗洞中间处断开，成为几个节点详图的组合。有的也可不画出整个墙身详图，而是把各个节点的详图分别单独绘制。

2) 墙身详图的阅读

阅读外墙详图时，首先应找到详图所表示的建筑部位，与平面图、剖面图或立面图对应来看。看图时一般是要由下向上阅读。要阅读每一个节点，了解各部位的详细构造尺寸做法，并应与材料做法表核对，看其是否一致，图 11-17～图 11-19 都详细表示外墙保温节点。

第一节点：室内外地坪部分(包括勒脚、室内地面、室外地面、散水、台阶、防潮层)。由室外地坪至一层窗的底标高。

第二节点：窗套部分(包括室内窗台、室外窗台、过梁、圈梁、楼板)。由一层窗的顶标高至顶层窗的底标高。

第三节点：檐口部分(包括挑檐、女儿墙、屋顶构造层次、圈梁、屋面板、雨水板)。由顶层窗的顶标高至檐口顶部。

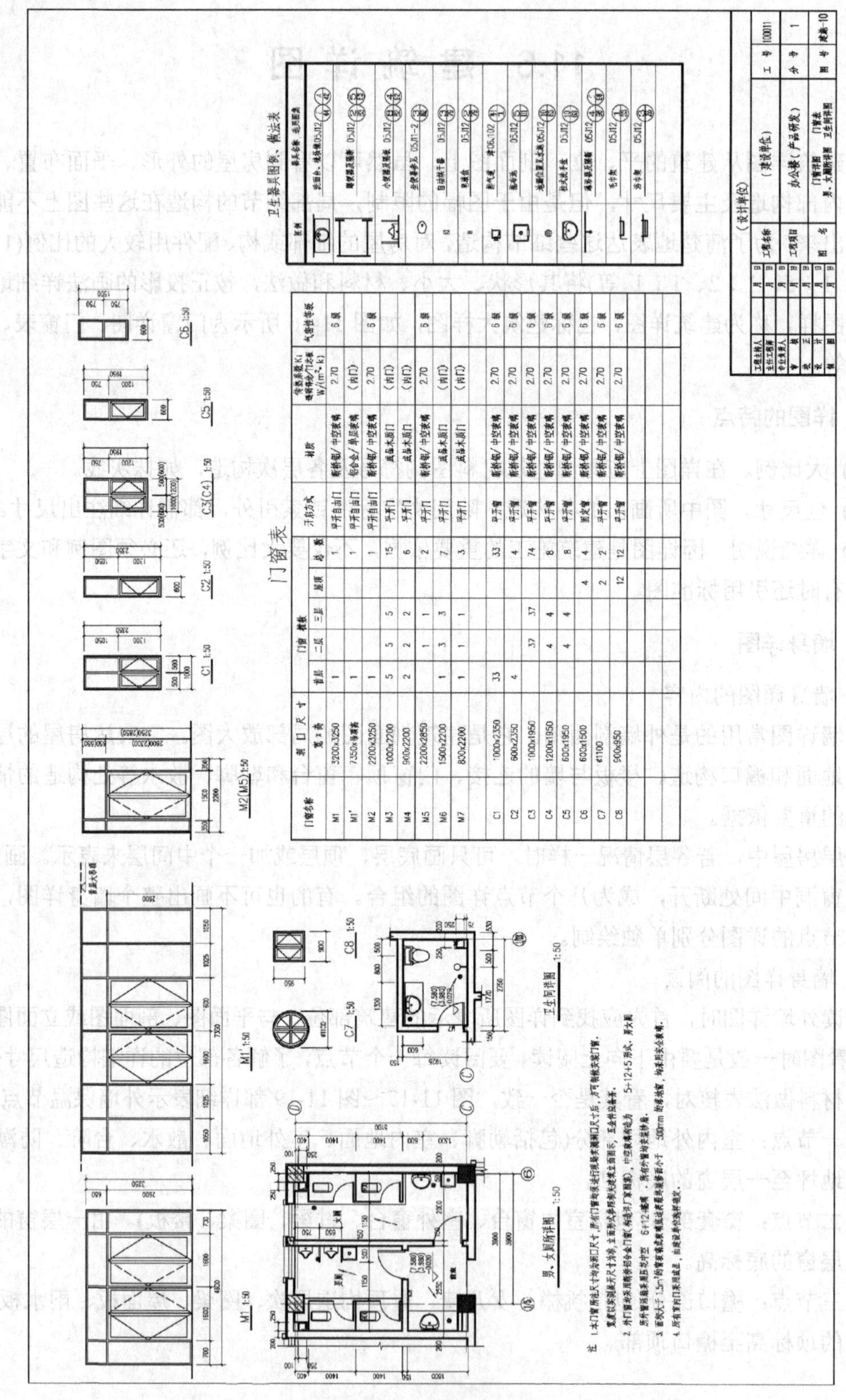

图 11-16　门窗等的详图

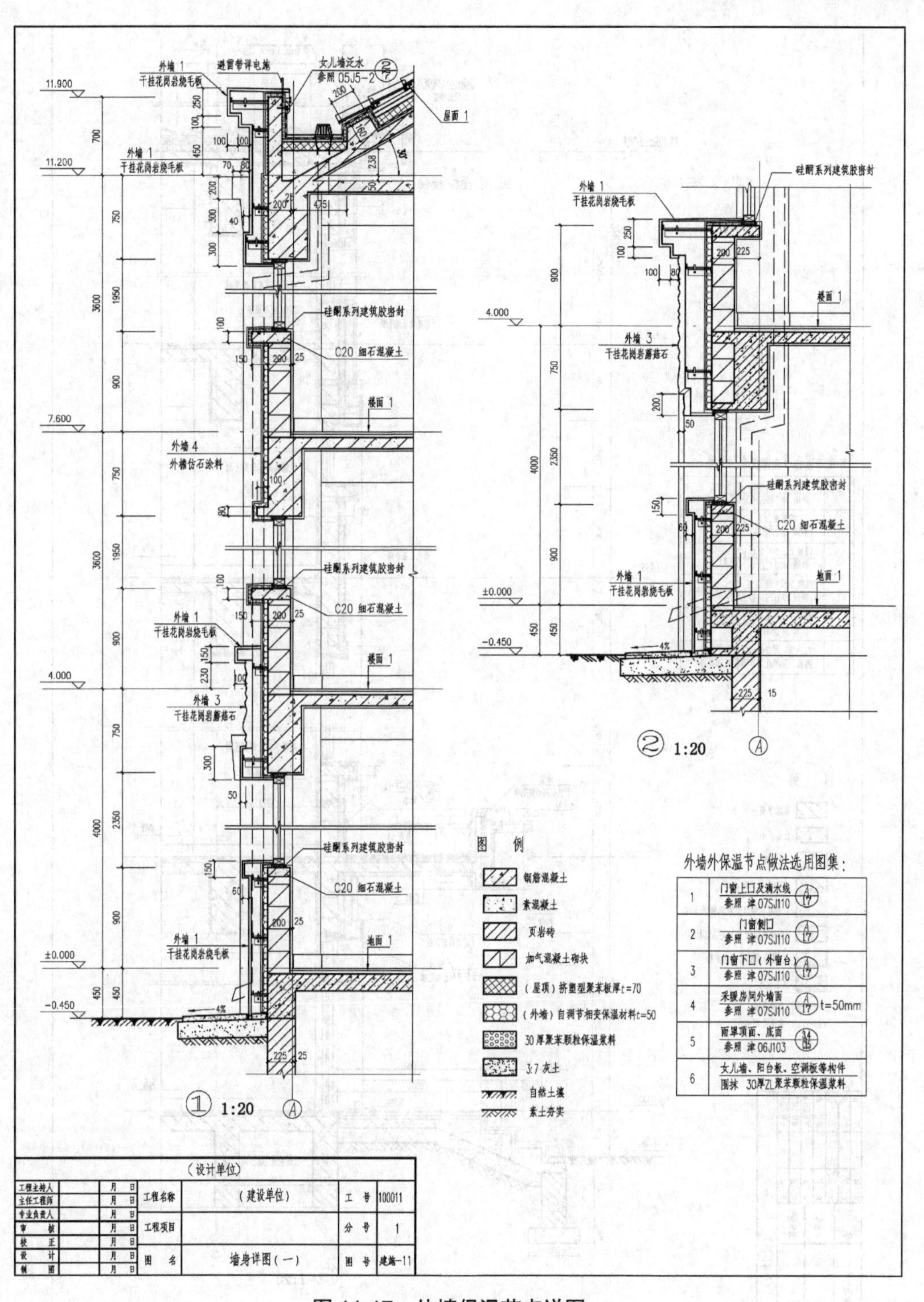

图 11-17　外墙保温节点详图一

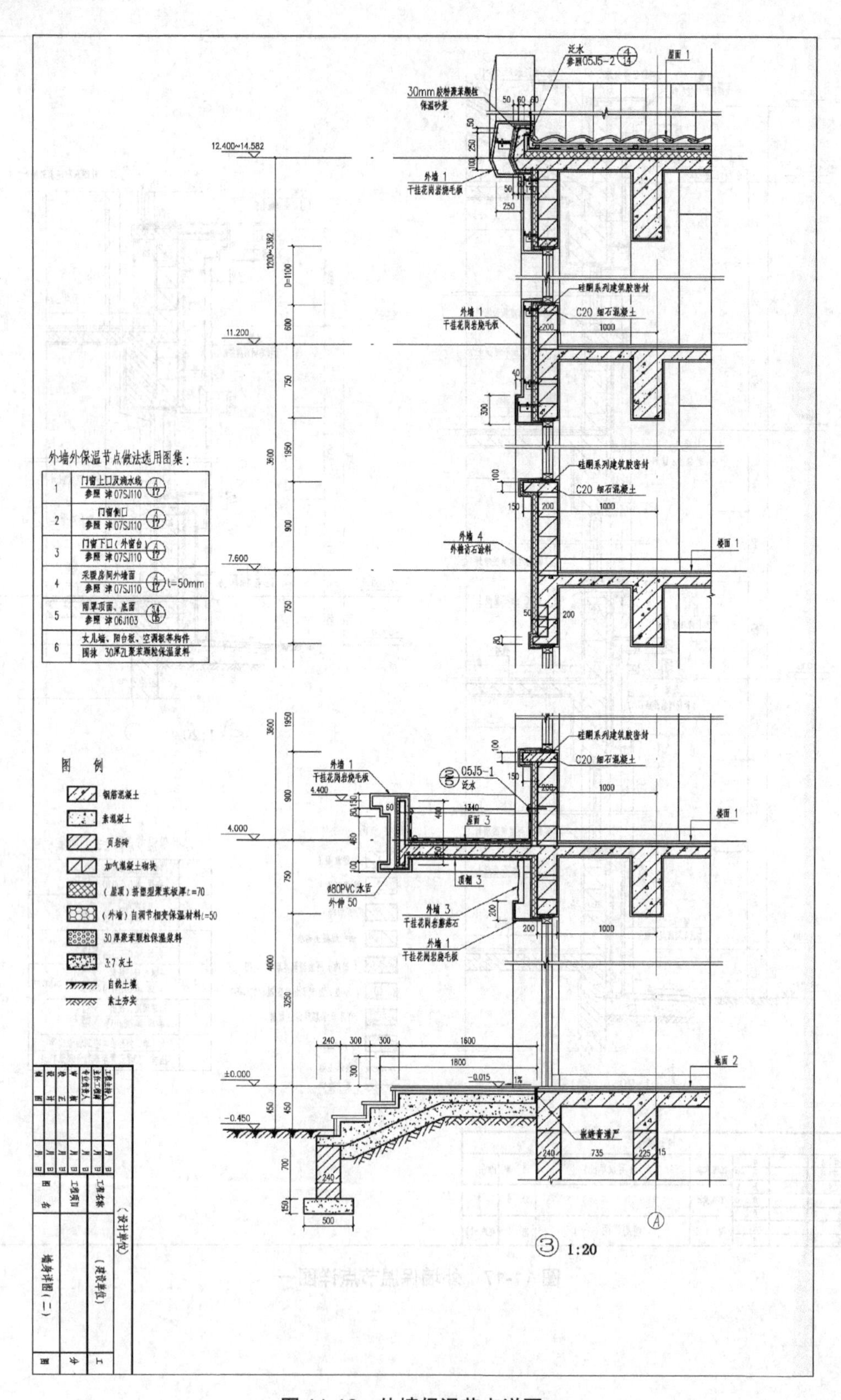

图 11-18 外墙保温节点详图二

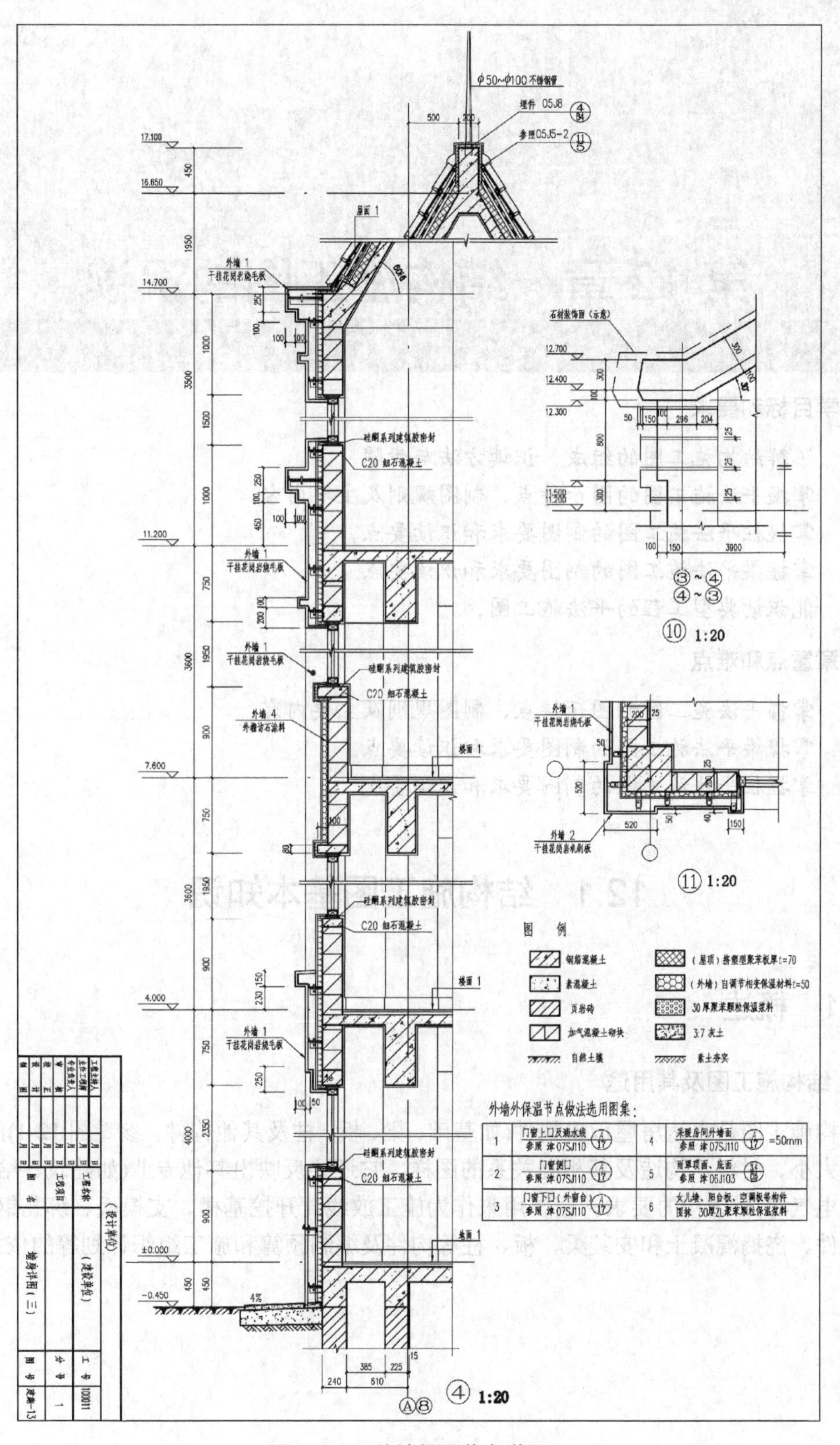

图 11-19　外墙保温节点详图三

第 12 章　结构施工图的识读

教学目标和要求

- 了解结构施工图的组成、识读方法与步骤。
- 掌握平法施工图的图示特点、制图规则及主要内容。
- 掌握柱平法施工图的制图要求和识读要点。
- 掌握梁平法施工图的制图要求和识读要点。
- 能识读典型工程的平法施工图。

本章重点和难点

- 掌握平法施工图的图示特点、制图规则及主要内容。
- 掌握梁平法施工图的制图要求和识读要点。
- 掌握柱平法施工图的制图要求和识读要点。

12.1　结构施工图基本知识

12.1.1　概述

1. 结构施工图及其用途

结构施工图是表达房屋承重构件(如基础、梁、板、柱及其他构件，参看图 12-1)的布置、形状、大小、材料、构造及其相互关系的图样，它还要反映出其他专业(如建筑、给排水、暖通、电气等)对结构的要求。主要用来作为施工放线、开挖基槽、支模板、绑扎钢筋、设置预埋件、浇捣混凝土和安装梁、板、柱等构件及编制预算和施工组织计划等的依据。

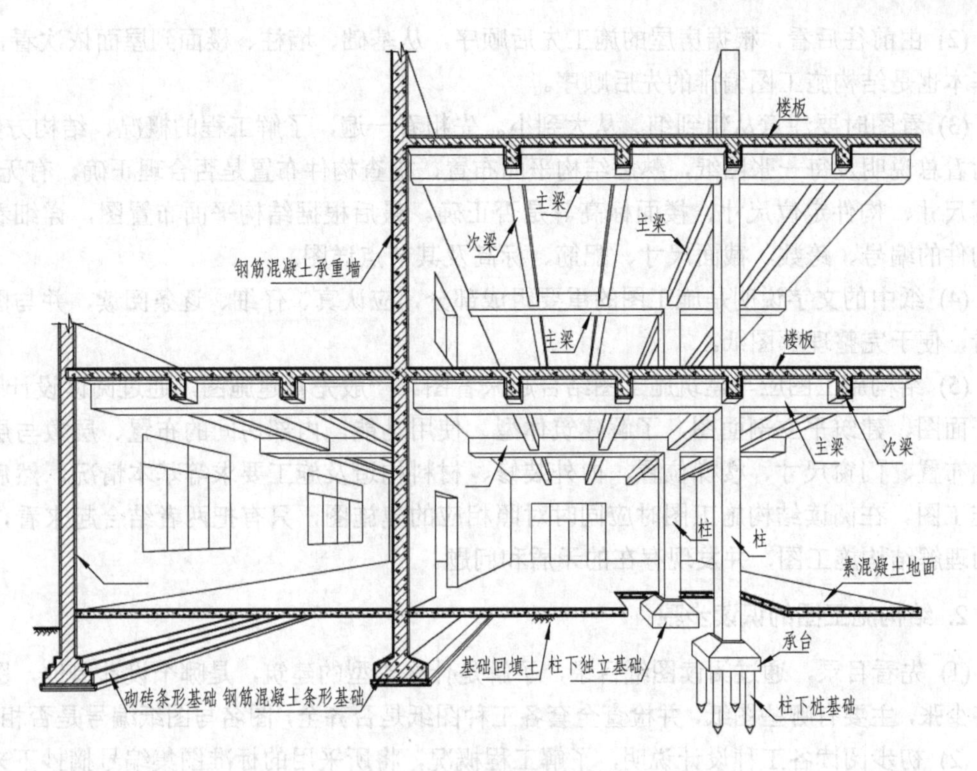

图 12-1　房屋承重构件

2. 结构施工图的组成

(1) 结构设计说明。

抗震设计与防火要求，地基与基础，地下室，钢筋混凝土各种构件，砖砌体，后浇带与施工缝等部分选用的材料类型、规格、强度等级，施工注意事项等。

(2) 结构平面图。

① 基础平面图。

② 楼层结构平面布置图。

③ 屋面结构平面布置图。

(3) 构件详图。

① 梁、板、柱及基础结构详图。

② 楼梯结构详图。

③ 刚架结构详图。

④ 其他详图，如支撑详图等。

12.1.2　结构施工图识读的方法与步骤

1. 结构施工图识读方法

(1) 从上往下、从左往右的看图顺序是施工图识读的一般顺序。比较符合看图的习惯，同时也是施工图绘制的先后顺序。

(2) 由前往后看，根据房屋的施工先后顺序，从基础、墙柱、楼面到屋面依次看，此顺序基本也是结构施工图编排的先后顺序。

(3) 看图时要注意从粗到细、从大到小。先粗看一遍，了解工程的概况、结构方案等。然后看总说明及每一张图纸，熟悉结构平面布置，检查构件布置是否合理正确，有无遗漏，柱网尺寸、构件定位尺寸、楼面标高等是否正确。最后根据结构平面布置图，详细看每一个构件的编号、跨数、截面尺寸、配筋、标高及其节点详图。

(4) 纸中的文字说明是施工图的重要组成部分，应认真、仔细、逐条阅读，并与图样对照看，便于完整理解图纸。

(5) 结构施工图应与建筑施工图结合起来看图。一般先看建施图，通过阅读设计说明、总平面图、建筑平立剖面图，了解建筑体型、使用功能，内部房间的布置、层数与层高、柱墙布置、门窗尺寸、楼梯位置、内外装修、材料构造及施工要求等基本情况，然后看结构施工图。在阅读结构施工图时应同时对照相应的建施图，只有把两者结合起来看，才能全面理解结构施工图，并发现存在的矛盾和问题。

2. 结构施工图的识读步骤

(1) 先看目录，通过阅读图纸目录，了解是什么类型的建筑，是哪个设计单位，图纸共有多少张，主要有哪些图纸，并检查全套各工种图纸是否齐全，图名与图纸编号是否相符等。

(2) 初步阅读各工种设计说明，了解工程概况，将所采用的标准图集编号摘抄下来，并准备好标准图集，供看图时使用。

(3) 阅读建施图。读图次序依次为设计总说明、总平面图、建筑平面图、立面图、剖面图、构造详图。初步阅读建施图后，应能在头脑中形成整栋房屋的立体形象，能想象出建筑物的大致轮廓，为下一步结构施工图的阅读做好准备。

(4) 阅读结构施工图。结构施工图的阅读顺序可按下列步骤进行。

① 阅读结构设计说明。准备好结构施工图所套用的标准图集及地质勘查资料备用。

② 阅读基础平面图、详图与地质勘查资料。基础平面图应与建筑底层平面图结合起来看图。

③ 阅读柱平面布置图。根据对应的建筑平面图校对柱的布置是否合理，柱网尺寸、柱断面尺寸与轴线的关系尺寸有无错误。

④ 阅读楼层及屋面结构平面布置图。对照建施平面图中的房间分隔、墙体的布置、检查各构件的平面定位尺寸是否正确、布置是否合理、有无遗漏以及楼板的形式、布置、板面标高是否正确等。

⑤ 按前述的施工图识读方法，详细阅读各平面图中的每一个构件的编号、断面尺寸、标高、配筋及其构造详图，并与建施图结合，检查有无错误与矛盾。看图中发现的问题要一一记下，最后按结构施工图的先后顺序将存在的问题全部整理出来，以便在图纸会审时加以解决。

⑥ 在前述阅读结构施工图中，涉及采用标准图集时，应详细阅读规定的标准图集。

12.2　结构设计总说明

结构设计总说明是带全局性的文字说明，是对建筑结构类型、耐久年限、抗震设防烈度、地基情况、选用材料的强度等级，选用标准图集，新结构新工艺及特殊部位的施工顺序、方法及质量检验标准，施工注意事项等进行综合说明。这些都是对结构施工图很好的介绍和应注意的内容，下面列出结构设计总说明的目录。

1. 总则

(1) 主要设计依据。
(2) 工程场地自然条件。
(3) 结构类型和安全等级。
(4) 抗震设防。
(5) 主要使用荷载标准值。

2. 钢筋混凝土结构工程设计

(1) 本工程使用的标准图集。
(2) 混凝土部分。
(3) 钢筋与钢材部分。
(4) 钢筋混凝土结构的构造要求。
(5) 钢筋混凝土结构耐久性设计要求。

3. 地基及基础工程设计

略。

4. 承重结构构件的构造要求

(1) 钢筋混凝土板。
(2) 现浇钢筋混凝土梁。
(3) 钢筋混凝土柱。

5. 非承重结构构件的构造要求

(1) 填充墙。
(2) 构造柱、圈梁、过梁。

6. 其他设计及构造要求

略。

7. 特别说明

图 12-2～图 12-5 展示了该产品研发中心办公楼结构设计总说明的全部内容。

结构设计总说明

一、总则：

<一> 主要设计依据：

1.《建筑结构可靠度设计统一标准》 GB50068-2001
2.《建筑工程抗震设防分类标准》 GB50223-2008
3.《建筑结构荷载规范》（2006年版）GB50009-2001
4.《建筑抗震设计规范》 GB50011-2010
5.《混凝土结构设计规范》 GB50010-2002
6.《建筑地基基础设计规范》 GB50007-2002
7.《高层建筑混凝土结构技术规程》 JGJ3-2002
8.《建筑桩基技术规范》 JGJ94-2008
9.《岩土工程技术规范》 DB29-20-2000
10.《混凝土外加剂应用技术规范》 GB50119-2003
11.《混凝土结构耐久性设计规范》 GB/T 50476-2008
12.《天津市预防混凝土碱-集料反应技术规程》 DB29-176-2007
13.《工程结构可靠性设计统一标准》 GB50153-2008
14.《地下工程防水技术规范》 GB50108-2008
15.天津市勘察院提供的《岩土工程勘察报告》工号: GLTJ10-Y-025

<二> 工程场地自然条件：

1.工程地址：本工程位于天津东丽区.
2.工程高程：本工程室内地坪±0.000，相当于大沽高程3.650m，室内外高差为0.450m.
3.地震基本烈度：7(0.15)度.
4.基本风压：0.50kN/m² 地面粗糙度：B类.
5.基本雪压：0.40kN/m².
6.场地标准冻土深度：0.6m.

微腐蚀性.
在干湿交替作用下，本场地地下水对混凝土结构弱腐蚀性；对钢筋混凝土结构中的钢筋具有中等腐蚀性

<三> 结构类型和安全等级：

1.结构类型：本工程现浇钢筋混凝土框架结构，地上三层.
2.建筑结构及构件的安全等级：建筑结构二级；地基基础设计等级丙级.
3.建筑物的设计使用年限：50年.
4.本工程沉降量要求：≤150mm

<四> 抗震设防：

1.本工程抗震设防烈度：7(0.15)度；设计地震分组：第二组
2.本工程建筑物的抗震设防标准：标准设防类（丙类）.
3.本工程建筑物的结构抗震等级：框架抗震等级为三级，按8 度采取抗震构造措施
4.本工程地基场地土类别：Ⅲ类，非液化场地.
5.场地特征周期：0.55s.
6.水平地震影响系数最大值：多遇地震 0.16，罕遇地震 0.9.
7.建筑结构的阻尼比为0.05.

<五> 主要使用荷载标准值：

1.办公室：2.0kN/m²
2.走廊、门厅：2.5kN/m²
3.卫生间 2.0kN/m²
4.楼梯 3.5 kN/m²
5.不上人屋面：0.5kN/m²

本工程采用由中国建筑科学研究院开发的计算机辅助设计PKPM系列软件-SATWE 2008年版
严禁兼做其他用途.

1.《混凝土结构工程施工质量验收规范》(GB50204-2002)
2.《建筑地基基础工程施工质量验收规范》(GB50202-2002)
3.《钢结构工程施工质量验收规范》(GB50205-2001)
4.《地下防水工程质量验收规范》(GB50208-2002)
5.《建筑变形测量规范》(JGJ 8-2007)
6.天津市建委签发的（建质安管[1997]529）施工时应按现行国家和地方有关标准，规范要求执行.

二、钢筋混凝土结构工程设计：

<一> 本工程使用的标准图集：

1.《混凝土结构施工图平面整体表示方法制图规则和构造详图》03G101-1、2、04G101-3.
2.《建筑物抗震构造详图》03G329-1
3.《02系列结构标准设计图集》DBJT29-45-2002 02G01~04

<二> 混凝土部分：

1.各构件的混凝土强度等级：
a基础混凝土强度等级：

垫层	柱	梁	楼板		备注
C15	C30	C30	C30		

b地下及地上结构混凝土强度等级：

结构层数 \ 构件	柱	梁	楼板	楼梯	圈梁、过梁及构造柱
零层~顶层	C30	C30	C30	C30	C20

2.根据《天津市预防混凝土碱-集料反应技术规程》 J 11063-2007 DB29-176-2007，本工程±0.000以下混凝土工程属Ⅱ类，地上部分混凝土工程为Ⅰ类，应按该规程进行施工及验收.
3.当框架梁、板、柱的混凝土强度等级不同且相差两级以上时，其接头处必须按混凝土等级较高的一级施工.在混凝土初凝前即浇筑梁板混凝土，并加强混凝土的振捣和养护.

<三> 钢筋与钢材部分：

1.钢筋：Φ-HPB235、Φ-HRB335、Φ-HRB400.
2.型钢及钢板：Q235B、Q345B.
3.焊条：HPB235焊接采用E43型焊条、HRB335焊接采用E50型焊条、HRB400焊接采用E55型焊条.
4.对于钢筋和钢材的质量要求详见《混凝土结构工程施工质量验收规范》中的有关规定.
5.抗震等级为一、二级的框架结构，其纵向受力钢筋采用普通钢筋时，钢筋的抗拉强度实测值与屈服强度实测值的比值不应小于1.25；且钢筋的屈服强度实测值与强度标准值的比值不应大于1.3；且钢筋在最大拉力下的总伸长率实测值不应小于9%.

<四> 钢筋混凝土结构的构造要求：

1.保护层厚度：
未注明的保护层厚度均详见规范要求及相应的标准图集，以上保护层厚度的要求均需满足《防火规范》中相应的要求.
当钢筋保护层厚度大于40mm时，在保护层中间增配细钢筋网片，规格结合施工经验现场商定.

2.钢筋的接头：
a.钢筋的接头位置应相互错开，当采用搭接接头时，从任一接头中心到1.3倍搭接长度的区段范围内，有接头的钢筋面积不应大于钢筋总面积的25%（受拉区）和50%（受压区）.当采用焊接接头时，任一焊接接头中心到长度为钢筋直径的35倍且不小于500mm的区段范围内，有接头的钢筋面积不应大于钢筋总面积的50%，且同一根钢筋不能有两接头当采用机械连接接头时，在任一机械接头中心至长度为钢筋直径35倍区段内有接头的面积不应大于钢筋总面积的50%且同一根钢筋不能有两个接头，机械连接接头强度等级为 级.
b.在纵向钢筋搭接接头长度范围内，箍筋间距不大于100mm和5倍纵筋直径，其直径不应小于搭接钢筋较大直径的0.25倍.
c.粗细钢筋搭接时，按粗钢筋截面积计算接头面积百分率，按细钢筋直径计算搭接长度.
d.其他钢筋接头的构造要求均详见相应的标准图集.

3.当需要以强度等级较高的钢筋替代原设计中的纵向受力钢筋时，应按照钢筋承载力设计值相等的原则换算，并应满足最小配筋率、抗裂验算等要求.

<五>.钢筋混凝土结构耐久性设计要求：

本条针对混凝土抗裂、防水、抗腐蚀、抗冻融及钢筋的锈蚀等对钢筋混凝土结构耐久性有影响的环境因素而进行的设计

（设计单位）						
工程主持人		月 日	工程名称	（建设单位）	工 号	100011
主任工程师		月 日				
专业负责人		月 日	工程项目	办公楼（产品研发）	分 号	1
审 核		月 日				
校 正		月 日	图 名	结构设计总说明(一)	图 号	结施说-1
设 计		月 日				
制 图		月 日				

图 12-2 结构设计总说明一

和施工技术说明.

1.环境类别表

环境类别		条　件
一		室内正常环境
二	a	室内潮湿环境；非严寒和非寒冷地区的露天环境、与无侵蚀性的水或土壤直接接触的环境
	b	严寒和寒冷地区的露天环境、与无侵蚀性的水或土壤直接接触的环境
三		使用除冰盐的环境；严寒和寒冷地区冬季水位变动的环境；滨海室外环境
四		海水环境
五		受人为或自然的侵蚀性物质影响的环境

本工程环境类别：地上部分　一类　　卫生间　二a类
　　　　　　　　地下部分　二b类

2.钢筋保护层最小厚度：

环境类别		板、墙、壳			梁			柱		
		≤C20	C25~C45	≥C50	≤C20	C25~C45	≥C50	≤C20	C25~C45	≥C50
一		20	15	15	30	25	25	30	30	25
二	a	—	20	20	—	30	30	—	30	30
	b	—	25	20	—	35	30	—	35	30
三		—	30	25	—	40	35	—	40	35

注：基础中纵向受力钢筋的混凝土保护层厚度不应小于40mm；当无垫层时不应小于70mm.

3. 普通环境下混凝土的施工要求：

a. 采取有效措施保证钢筋保护层厚度尺寸及钢筋定位的准确性.

b. 混凝土施工前应进行配比试验，对混凝土的工作性、强度和耐久性指标进行测定，与各种外加剂进行相容试验，最终确定配比指标.

c. 为保证混凝土的均匀性，混凝土搅拌宜采用卧轴式、行星式或逆流式搅拌机，并严格按标准控制搅拌时间. 控制坍落度指标以避免离析和泌水.

d. 混凝土在养护过程中，应及时浇水和苫盖. 条件许可时，可采取蓄水和洒水养护，养护时间应满足施工条例中的规定.

e. 混凝土的入模温度应视气温而调整，炎热气候下不宜高于气温且不超过 30度，−5℃ 下不宜低于 5度，入模后内部最高温度一般不高于 70度，内部与表面温差一般不大于20度，新浇混凝土与邻接的已硬化的混凝土之间的温差不大于 20度. 养护水应符合混凝土拌和水的要求.

f. 在混凝土浇筑后的抹面压平工序中，严禁向混凝土表面洒水.

g. 对于施工缝等各种连接缝处的混凝土施工，应预先制定适当的操作工艺，保证混凝土的密实性，且不影响止水带等连接件的准确定位.

h. 冬季施工应采用蓄热保温措施进行浇筑和养护，并使用低水胶比混凝土，原则上不采用防冻剂.

(2). 施工要求：

a. 混凝土原材料的选用：

本工程选用普通硅酸盐水泥，混凝土的最大碱含量不应大于 3.0kg/m³. 水泥的出厂温度不宜高于 60度，施工时不得使用高于 60度的水泥. 骨料采用天然水洗河砂和 5~25mm的碎石. 掺合料采用Ⅰ、Ⅱ级粉煤灰，不得采用高钙粉煤灰.

b. 采用分段施工，间歇式浇筑法，施工缝应设钢板止水带. 各部位 CMA抗裂防水剂掺量如下：底板 8% 底板厚度≥1000mm以上 10%，地下室外墙车库室外顶板 10%，后浇带（或加强带）12%.

c. 混凝土入模坍落度为 180±20mm.

d. 混凝土浇筑要连续，避免出现冷缝. 振捣要密实，振捣时间宜为 10~30秒. 混凝土接茬时间不得超过 3小时. 如遇特殊情况，应采取有效措施进行处理.

e. 应提供给设计方材料复试报告及混凝土的材料报告.

三、地基及基础工程设计：

1. 本工程基础为独立地基

2. 本工程设计要求详见基础平面图

3.地下室工程：

施工单位应采取一定措施，以降低基础底板大体积混凝土施工时的水化热.

4.基坑设计：本工程基坑设计由建设单位单独委托，相应技术要求详见其专业图纸.

四、承重结构构件的构造要求：

1.钢筋混凝土板：

a.双向板钢筋放置：板下钢筋当双向配筋的直径和间距相同时，短跨钢筋应放置在长跨钢筋之下；当双向配筋直径或间距不同时，配筋大方向的钢筋应放置在配筋小方向的钢筋之下.

b.双向板的短跨L≥4200时，无上部钢筋处应加设 φ6@200 双向构造钢筋网片，并与原有钢筋按受拉钢筋的要求搭接或在周边构件中锚固.

c.板上砌筑轻质隔样：当图纸中未注明其位置时，位置详建筑图，板内下侧沿墙方向加设2Φ16通长钢筋，锚入梁墙内. 钢筋的锚固长度应满足构造要求.

d.板上预留孔洞：当图中标注或未标注的洞尺寸≤250mm时，板内钢筋由洞边绕过，不得截断，见详图二；当图中标注或未标注的洞尺寸>250mm时，在未设梁的洞边加筋，见详图三. 孔洞位置详见建筑及设备图纸.

e.板中埋设电线管：电线管尽量不与板筋呈90角交角，电线管宜置于板截面高度中部，管上下的混凝土保护层厚度宜大于30mm，并在电线管表面放置φ4@200十字钢筋网片，网片宽度宜大于400mm.
净距≥100mm.

（设计单位）						
工程主持人	月 日	工程名称	（建设单位）		工　号	100011
主任工程师	月 日					
专业负责人	月 日					
审　核	月 日	工程项目	办公楼（产品研发）		分　号	1
校　正	月 日					
设　计	月 日	图　名	结构设计总说明（二）		图　号	结施说-2
制　图	月 日					

图 12-3　结构设计总说明二

f. 楼板支座负筋遇框架柱处，负筋长度应自柱边算起.
g. 当板的短边跨度 L≥3.6m时，应按施工规范要求起拱．要求起拱高度不小于跨度的 2/1000．

2. 现浇钢筋混凝土梁：
a. 框架梁中心线与框架柱中心线偏心：做法见详图四.
b. 梁上预留孔洞：做法见详图五.
c. 相邻跨度面存在高差：当高差≤30mm时，支座盖筋可以打弯通过，见详图一；当高差>30mm时，支座盖铁分离设置.
d. 次梁高于主梁：做法见详图六.
e. 悬挑梁做法：当挑出长度>1.5m时，应增设抗剪筋，见详图七.
f. 悬挑梁部分箍筋间距为 100mm．
g. 梁跨度 L≥4.0m时或悬挑长度大于1.5m的悬挑构件，应按施工规范要求起拱．要求当梁跨度 L<9.0m时，起拱高度不小于跨度的 3/1000；当梁跨度 L>9.0m时，起拱高度不小于跨度的 4/1000．

3. 钢筋混凝土柱：
a. 柱箍筋在有错层梁时（例如楼梯间梁），应通长加密.
b. 顶层柱插筋节点详图选用图集 03G101-1 P37页中节点类型（一）.
c. 框架柱在基础内应预留插筋，根数、直径及布置均同底层柱配筋.

五、非承重结构件的构造要求：

1. 填充墙：
a. 地下可采用砖 MU10，采用水泥砂浆 M7.5砌筑.
b. 地上采用蒸压轻质砂加气混凝土（AAC）砌块，容重不得超过 6.0kN/m³，地上部分填充墙宜采用 M7.5专用干粉砂浆砌筑.
c. 填充墙应在主体结构施工完毕后，由下而上逐层砌筑．成品轻质隔墙平米荷载均不得超过 0.6kN/m².
d. 填充墙砌至梁、板附近时，墙顶每隔600mm用L型铁件与梁底拉结.
e. 框架柱、构造柱与砌体交接处，从柱内甩出2Φ6@500拉结筋伸入砌体内，沿墙全长贯通设置，做法参照图集 06CG01 ．

2. 构造柱、圈梁、过梁：
a. 构造柱布置原则：根据建筑平面图上外围护墙、填充墙及女儿墙的位置，在墙体的转角、纵横墙的交接处及自由端，小墙垛处，洞口宽度大于2m的洞口两侧，跨度小于2.5m的弧形梁两侧，沿墙长每小于4m（视门窗洞口情况调整）设置钢筋混凝土构造柱，构造柱截面及配筋见详图八；跨度大于2.5m的弧形梁两侧，设置钢筋混凝土构造柱．构造柱截面及配筋见详图九．在与构造柱对应位置的主体构件中应预埋与构造柱相同配筋的短筋，埋入与伸出长度为 500mm，做法参照图集3G329-1　．施工时应先砌墙后浇构造柱.
b. 当填充墙体的高度超过4.0m时，应在墙体半高或门窗洞口上皮，设置与柱连接且沿墙全长贯通的圈梁做法见详图十．钢筋混凝土水平圈梁一道．与圈梁相连的主体应预埋短筋，做法同构造柱，圈梁做法见详图十.
c. 楼梯间填充墙每隔 2.0m设置一道钢筋混凝土圈梁，遇门窗洞口改为洞口上皮，
d. 门窗洞口的过梁宜采用AAC专用配筋过梁.
e. 本工程填充墙门窗洞口过梁根据建筑平面及跨度也可参见下表选用.

洞口宽度L_0/mm	梁高 H/mm	下部筋AS1	上部筋AS2	箍筋ASV
L_0≤1000	100	2Φ12	2Φ10	Φ6@250
1000<L_0≤1800	150	3Φ12	2Φ12	Φ6@200
1800<L_0≤2400	200	3Φ14	2Φ12	Φ6@150
2400<L_0≤3000	250	3Φ16	2Φ12	Φ8@200
3000<L_0≤4000	350	3Φ18	2Φ12	Φ8@150

表注：1）当过梁一端与混凝土柱或混凝土墙相交无法设砖砌体支座时，过梁主筋应在相应位置预留插筋，长度应满足锚固及搭接要求.
2）当门窗洞口上皮距结构梁或板高度小于过梁高度时，则过梁与结构或板浇成整体.
3）过梁长度=洞口跨度（L_0）+500mm（每侧 250mm）.
4）轻质板材隔墙过梁由供货商自理.
5）过梁钢筋可根据等强原则进行代换，但最小直径应≥Φ12.
6）若窗洞口（单洞）宽度>4m时，应在洞口中设置吊柱，要求吊柱分割后的洞口宽度<3m．吊柱的端部锚入上端的框架梁内．吊柱做法详详图十.

f. 设备暗装箱体洞口大于300mm时，过梁可参照图表选用.

3. 附着于楼、屋面结构上的非结构构件，以及楼梯间的非承重墙体，应采取与主体结构可靠连接或锚固的措施.

六、其他设计及构造要求：
1. 施工悬挑构件时，应有可靠措施确保负筋位置的准确，待强度达到 100%时方可拆模.
2. 所有外露的钢筋混凝土构件如女儿墙、挑檐板、雨罩板以及各种混凝土装饰构件，当长度较长时，均应沿纵向每隔12m留一道温度缝，缝宽为10mm，拆模后用沥青麻丝填充.
3. 本施工图与建筑及设备专业图纸配合施工，未注明的楼板留洞、通风孔位置及尺寸详建筑，施工时按平面图位置及尺寸预留．未注明的设备专业预留孔洞详设备专业图纸．楼梯、栏杆、泛水等建筑用的预埋件，其位置及详图均以建筑图为准．所有预埋件、预埋套管、预留孔洞等均应与有关专业图纸核对无误后预先设置，不得事后剔凿.
4. 设备专业管道井内的钢筋在预留洞口内不得切断，待管道安装后用高一标号细石混凝土浇筑.
5. 钢筋混凝土结构防雷做法：所有钢筋混凝土结构的防雷措施，其位置按电气专业图纸要求，土建配合施工．在电气专业指定的柱上，做防雷接地电阻测定点，具体做法详见电气专业图纸．柱内两根竖向钢筋作为防雷引线，从上至下焊成通路，并与基础钢筋网焊牢，焊接要求除满足双面焊 6d外，尚不应小于100mm，两根竖向钢筋上端要露出柱顶150mm且与屋顶避雷带连接，位置见电气专业施工图.
6. 沟盖板、沟过梁选自图集 02G04，室内管沟选用一级荷载板，室外管沟选用二级荷载板.
7. 凡外露铁件必须在除锈后涂防腐漆、面漆二道，并注意定期维护.

七、特别说明：
本《结构设计总说明》与本工程结构施工图互为补充，施工图上已有说明的以施工图为准，无说明者均以本说明为准.

（设计单位）						
工程主持人		月 日	工程名称	（建设单位）	工 号	100011
主任工程师		月 日				
专业负责人		月 日	工程项目	办公楼（产品研发）	分 号	1
审 核		月 日				
校 正		月 日				
设 计		月 日	图 名	结构设计总说明（三）	图 号	结施录-3
制 图		月 日				

图 12-4　结构设计总说明二

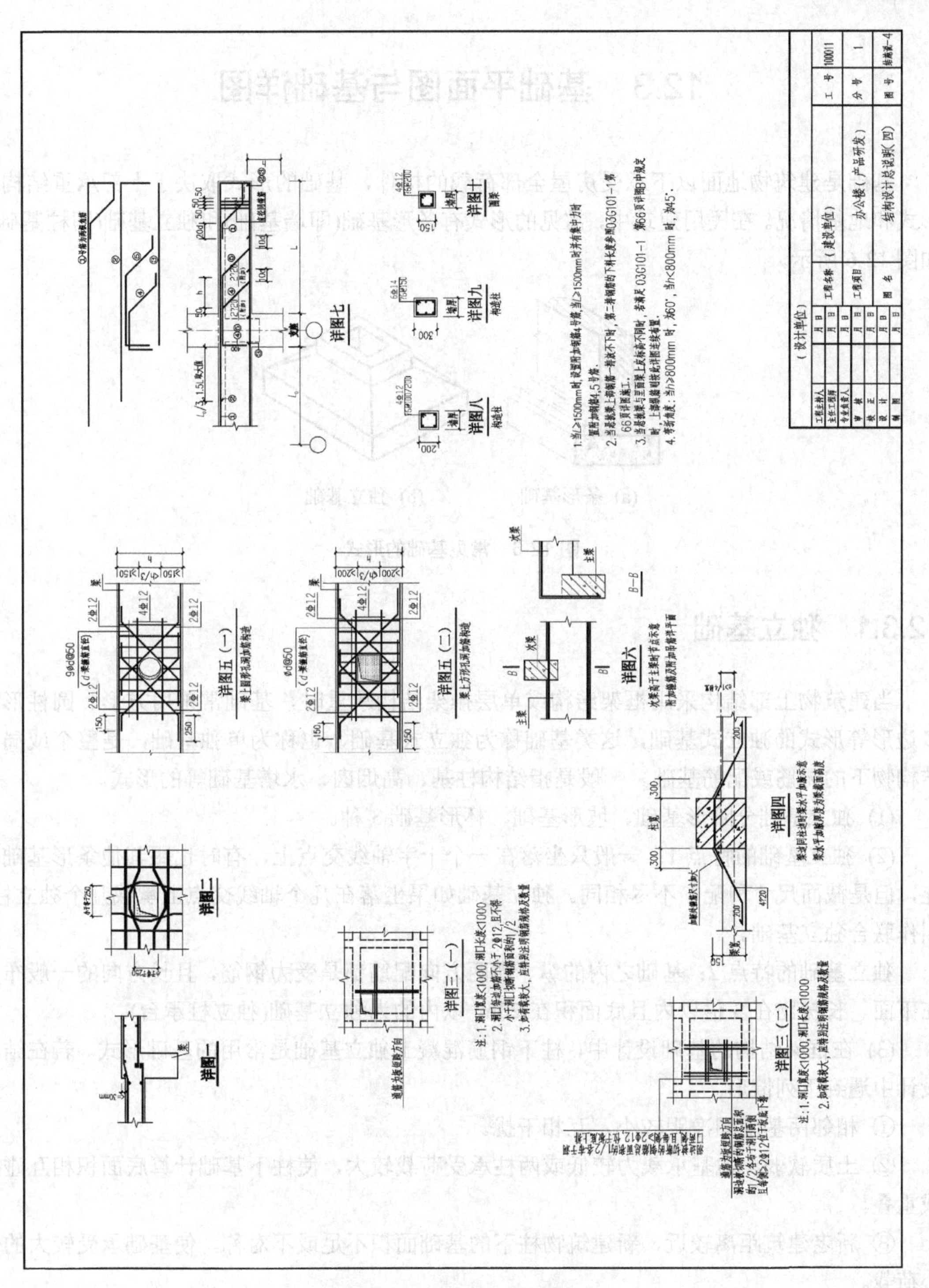

图 12-5　结构设计总说明四

12.3 基础平面图与基础详图

基础是建筑物地面以下承受房屋全部荷载的构件，基础的形式取决于上部承重结构的形式和地基情况。在民用建筑中，常见的形式有条形基础(即墙基础)和独立基础(即柱基础)，如图 12-6 所示。

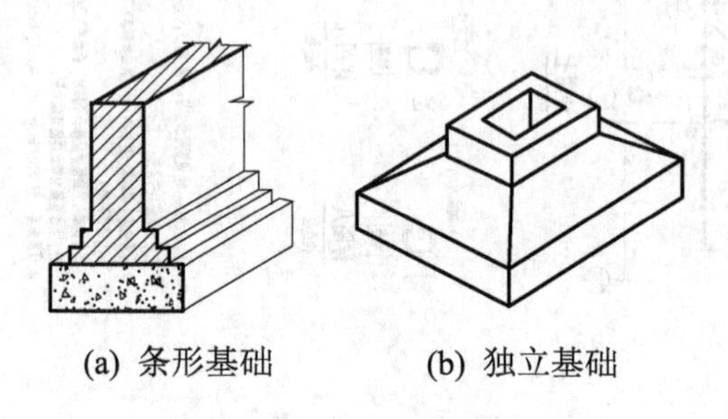

(a) 条形基础　　(b) 独立基础

图 12-6 常见基础的形式

12.3.1 独立基础

当建筑物上部结构采用框架结构或单层排架结构承重时，基础常采用方形、圆柱形和多边形等形式的独立式基础，这类基础称为独立式基础，也称为单独基础，是整个或局部结构物下的无筋或配筋基础。一般是指结构柱基、高烟囱、水塔基础等的形式。

(1) 独立基础分阶形基础、坡形基础、杯形基础 3 种。

(2) 独立基础的特点 1：一般只坐落在一个十字轴线交点上，有时也跟其他条形基础相连，但是截面尺寸和配筋不尽相同。独立基础如果坐落在几个轴线交点上承载几个独立柱，叫作联合独立基础。

独立基础的特点 2：基础之内的纵、横两方向配筋都是受力钢筋，且长方向的一般布置在下面。长宽比在 3 倍以内且底面积在 20m^2 以内的为独立基础(独立桩承台)。

(3) 在框架结构的基础设计中，柱下钢筋混凝土独立基础是常用的基础形式。若在结构设计中遇到下列情形。

① 相邻两基础间净距较小，互相干扰。

② 土质软弱、地基承载力较低或两柱承受荷载较大，使柱下基础计算底面积相互碰撞或重叠。

③ 新老建筑距离较近，新建筑物柱下的基础面积不足或不对称，使基础承受较大的偏心荷载。

此时无法按柱下独立基础进行设计，解决办法是采用双柱联合基础，即将同列相邻两柱设置在公共的基础上，由该基础将上部荷载传递给地基。

12.3.2　基础平面图

基础平面图主要是表示建筑物在相对标高±0.000 以下基础结构的图纸(即表示建筑物室内地面以下基础部分图样)，一般包括基础平面图和基础详图。它是施工时在基地上放灰线、开挖基槽、砌筑基础的依据。本建筑基础是采用独立基础和双柱联合基础。图 12-7 就是基础平面图。

12.3.3　基础详图

在基础的某一处用铅垂剖切平面切开基础所得到的断面图称为基础详图。

基础平面图只表明了基础的平面布置，而基础各部分的形状、大小、材料、构造以及基础的埋置深度等都没有表达出来，这就需要画出各部分的基础详图。

基础详图常用 1∶10、1∶20、1∶50 的比例绘制。

基础详图表示了基础的断面形状、大小、材料、构造、埋深及主要部位的标高等，图 12-8 就是基础详图。

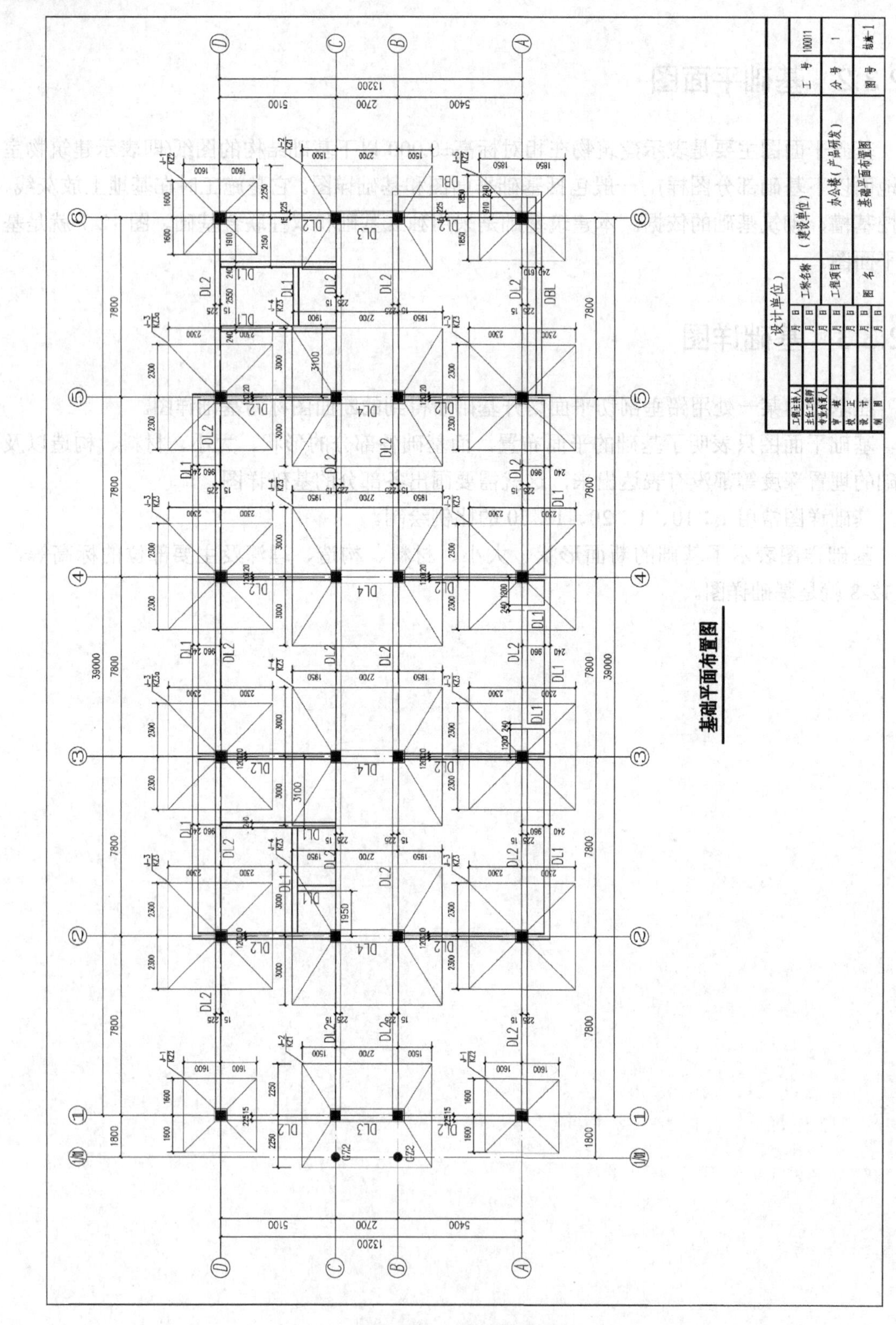

图 12-7　基础平面图

基础配筋表

J-X	a/mm	b/mm	h/mm	①	②
J-1	3200	3200	600	Φ14@150	Φ14@150
J-2	4500	5700	600	Φ14@150	Φ14@150
J-3	4600	4600	600	Φ14@150	Φ14@150
J-4	6000	6600	750	Φ16@150	Φ16@150
J-5	3700	3700	600	Φ14@150	Φ14@150

基础说明：

1.根据《岩土工程勘察报告》本工程基础持力层为粉质粘土④层，地基承载力特征值取 $f_{ak}=100kPa$。

2.开槽时应清除全部人工填土层等不良土层，清平槽底土并进行晾槽，局部沟坑下挖处应作 $h:b=1:2(h<500)$ 退踏放坡，然后分步回填土石屑并振密至设计标高，要求土石屑干密度 $r \geqslant 1.90t/m^3$，土石屑垫层从基础边放出尺寸为300mm，垫层放角为30°并且要求粒径小于2mm部分不得超过总重的45%含粉量（粒径小于0.075mm）不得超过总重的9%，含泥量不得超过总重的3%。土石屑垫层具体作法详见《岩土工程技术规范》DB29-2-2000。

3.开槽后应用钢钎遍探槽底，作好记录，经验槽后，方可进行下一步施工。

4.材料：φ—HPB235钢筋，φ—HRB335钢筋，φ—HRB400钢筋
混凝土：基础垫层C10，基础底板、短柱、地梁C30。
钢筋保护层厚度：短柱、地梁:30mm，基础50mm。

5.地基、基础的施工及检测应严格按照国家及及当地有关规范、规定执行。

6.本工程预防碱集料反应，基础按II类工程考虑。

J-X　1-1　DL-1　DL-2　DBL　DL-3　DL-4　DQL

（设计单位）					
工程主持人	月 日	工程名称	（建设单位）	工 号	100011
主任工程师	月 日				
专业负责人	月 日				
审 核	月 日	工程项目	办公楼（产品研发）	分 号	1
校 正	月 日				
设 计	月 日	图 名	基础详图	图 号	结施-2
制 图	月 日				

图 12-8　基础详图

12.4 楼层(屋盖)结构平面图

12.4.1 楼层结构平面图

1. 楼层结构平面图的形成

楼层结构平面图是假想用一个水平的剖切平面沿楼板面将房屋剖开后所作的楼层水平投影。它是用来表示每层的梁、板、柱、墙等承重构件的平面布置，说明各构件在房屋中的位置，以及它们之间的构造关系是现场安装或制作构件的施工依据。

2. 楼层结构平面图的表示方法

(1) 对于多层建筑，一般应分层绘制楼层结构平面图。但如各层构件的类型、大小、数量、布置相同时，可只画出标准层的楼层结构平面图。

(2) 如平面对称，可采用对称画法，一半画屋顶结构平面图，另一半画楼层结构平面图。楼梯间和电梯间因另有详图，可在平面图上用相交对角线表示。

(3) 当铺设预制楼板时，可用细实线分块画出板的铺设方向。

(4) 当现浇板配筋简单时，直接在结构平面图中表明钢筋的弯曲及配置情况，注明编号、规格、直径、间距。当配筋复杂或不便表示时用对角线表示现浇板的范围。

(5) 梁一般用单点粗点画线表示其中心位置，并注明梁的代号。

(6) 圈梁、门窗过梁等应编号注出，若结构平面图中不能表达清楚时，则需另绘其平面布置图。

(7) 楼层、屋顶结构平面图的比例同建筑平面图，一般采用 1∶100 或 1∶200 的比例绘制。

(8) 楼层、屋顶结构平面图中一般用中实线表示剖切到或可见的构件轮廓线，图中虚线表示不可见构件的轮廓线。

(9) 楼层结构平面图的尺寸，一般只注开间、进深、总尺寸及个别地方容易弄错的尺寸。定位轴线的画法、尺寸及编号应与建筑平面图一致。

3. 楼层结构平面图的主要内容

(1) 图名、比例。

(2) 与建筑平面图相一致的定位轴线及编号。

(3) 墙、柱、梁、板等构件的位置及代号和编号。

(4) 预制板的跨度方向、数量、型号或编号和预留洞的大小及位置。

(5) 轴线尺寸及构件的定位尺寸。

(6) 详图索引符号及剖切符号。

(7) 文字说明。

图 12-9～图 12-17 是柱配筋图和各楼层结构梁、板平面配筋图。这部分内容多为平法表示，所以一定要学习平法的基本知识。

平法的表达形式，概括来讲是把结构构件的尺寸和配筋等，按照平面整体表示方法制图规则，整体直接表达在各类构件的结构平面布置图上，再与标准构造详图相配合，即构成一套新型完整的结构设计。这部分具体内容在项目篇(砖混结构)中已经介绍，这里不再赘述。

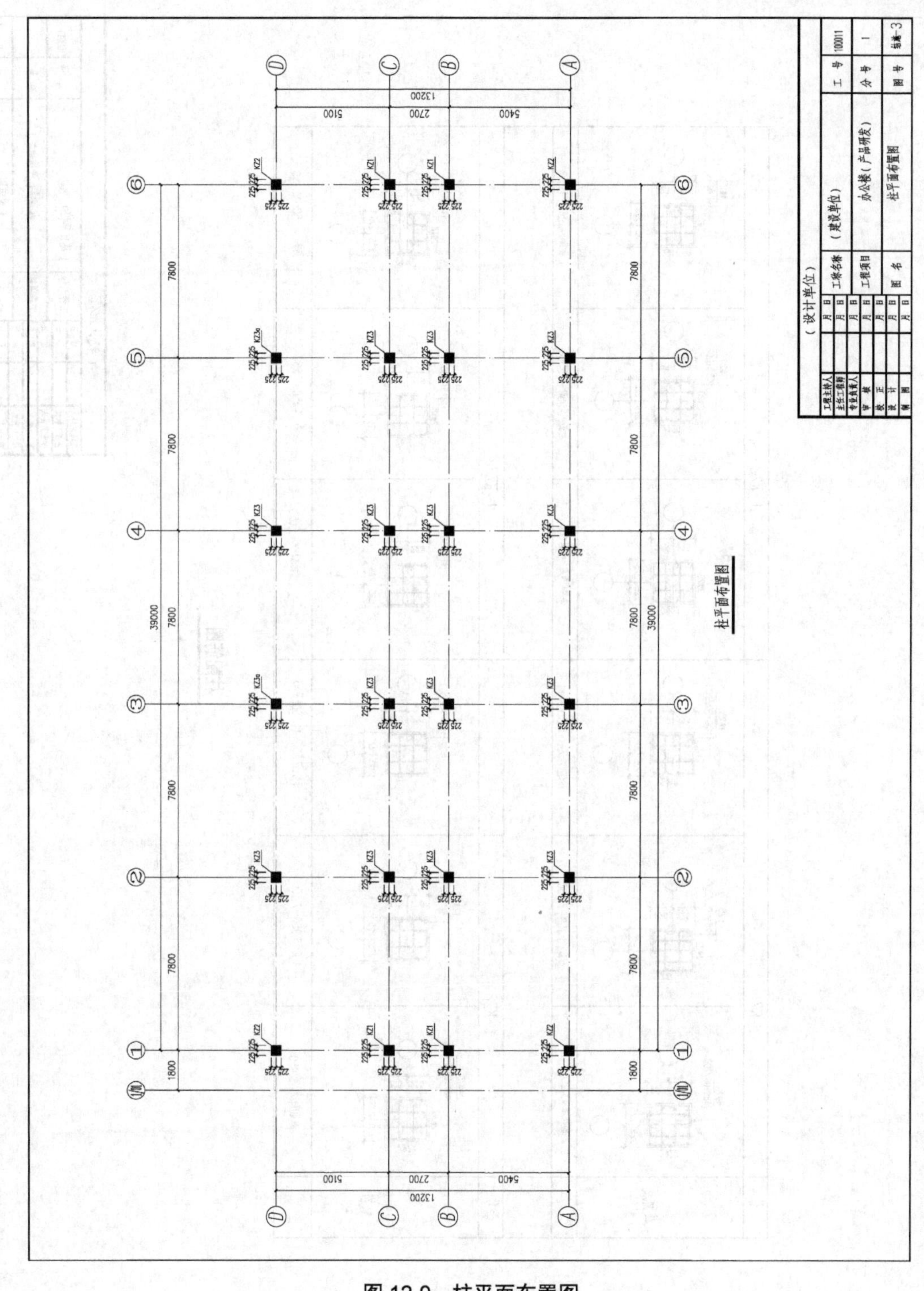

图 12-9　柱平面布置图

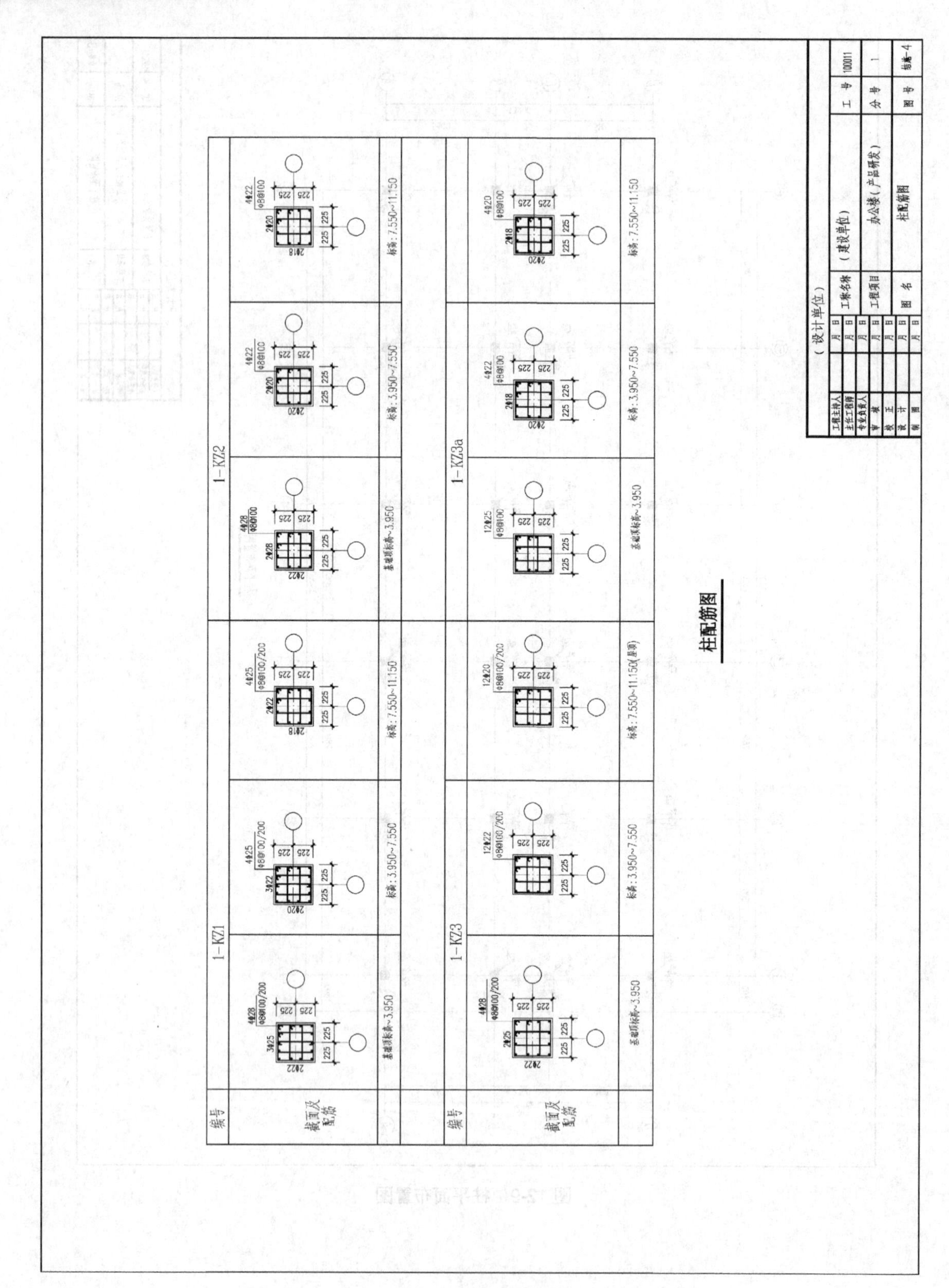
柱配筋图
1-KZ1
1-KZ2
1-KZ3
1-KZ3a
编号
截面及配筋
标高：3.950~7.550
标高：7.550~11.150
标高：3.950~7.550
标高：7.550~11.150
（设计单位）
（建设单位）
办公楼（产品研发）
柱配筋图
100011

图 12-10　柱配筋图

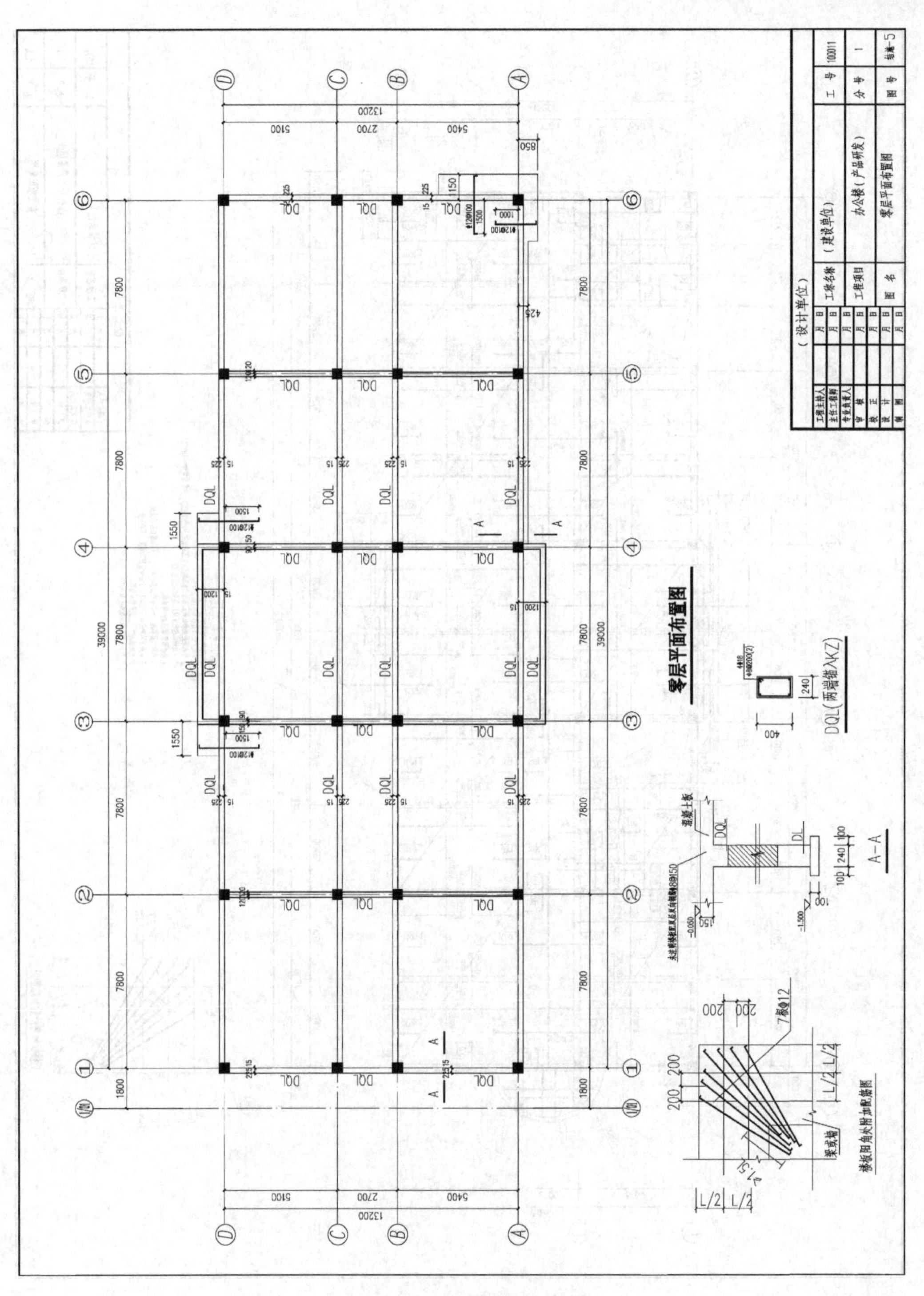

图 12-11　零层平面布置图

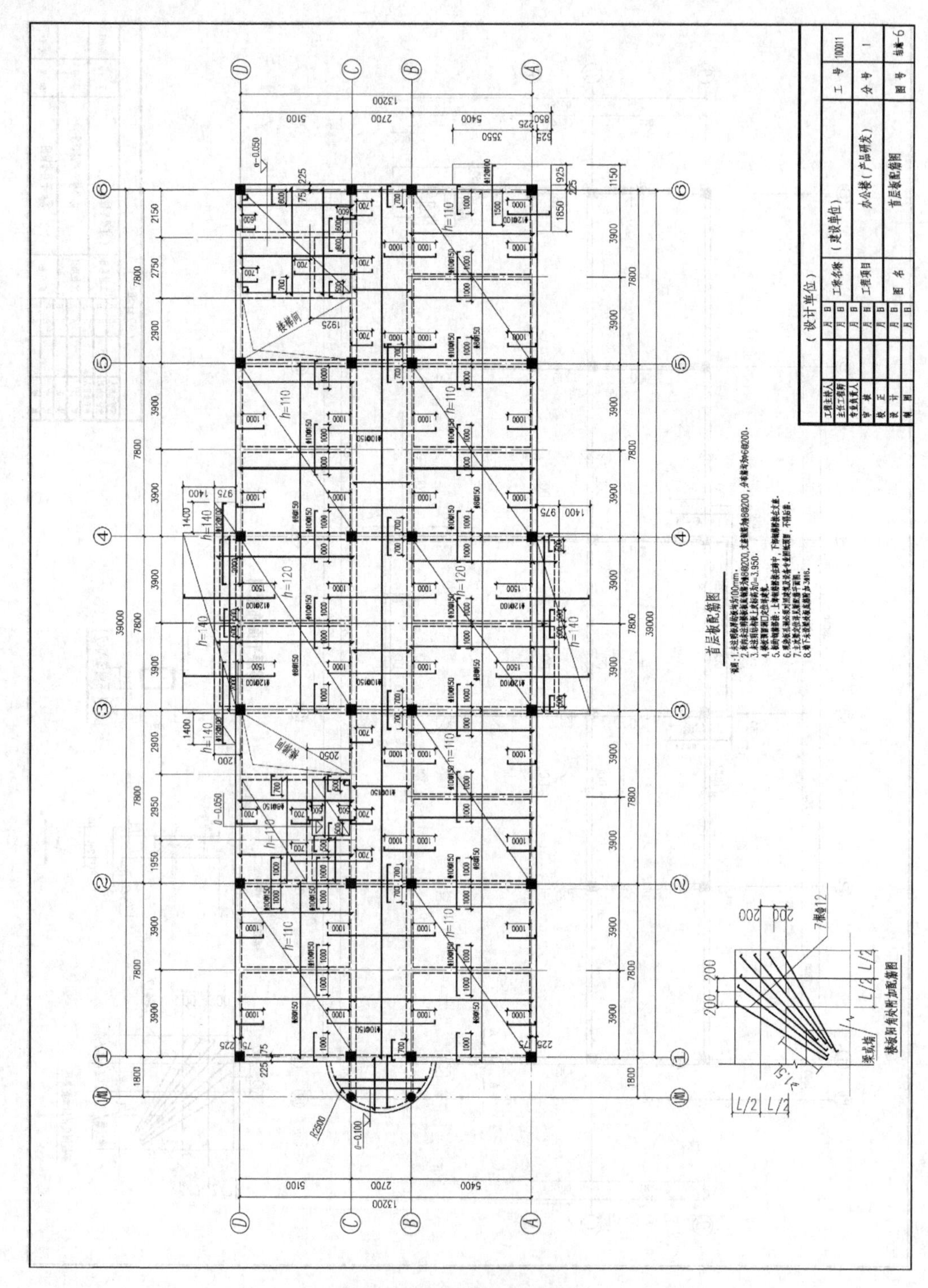

图 12-12　首层板配筋图

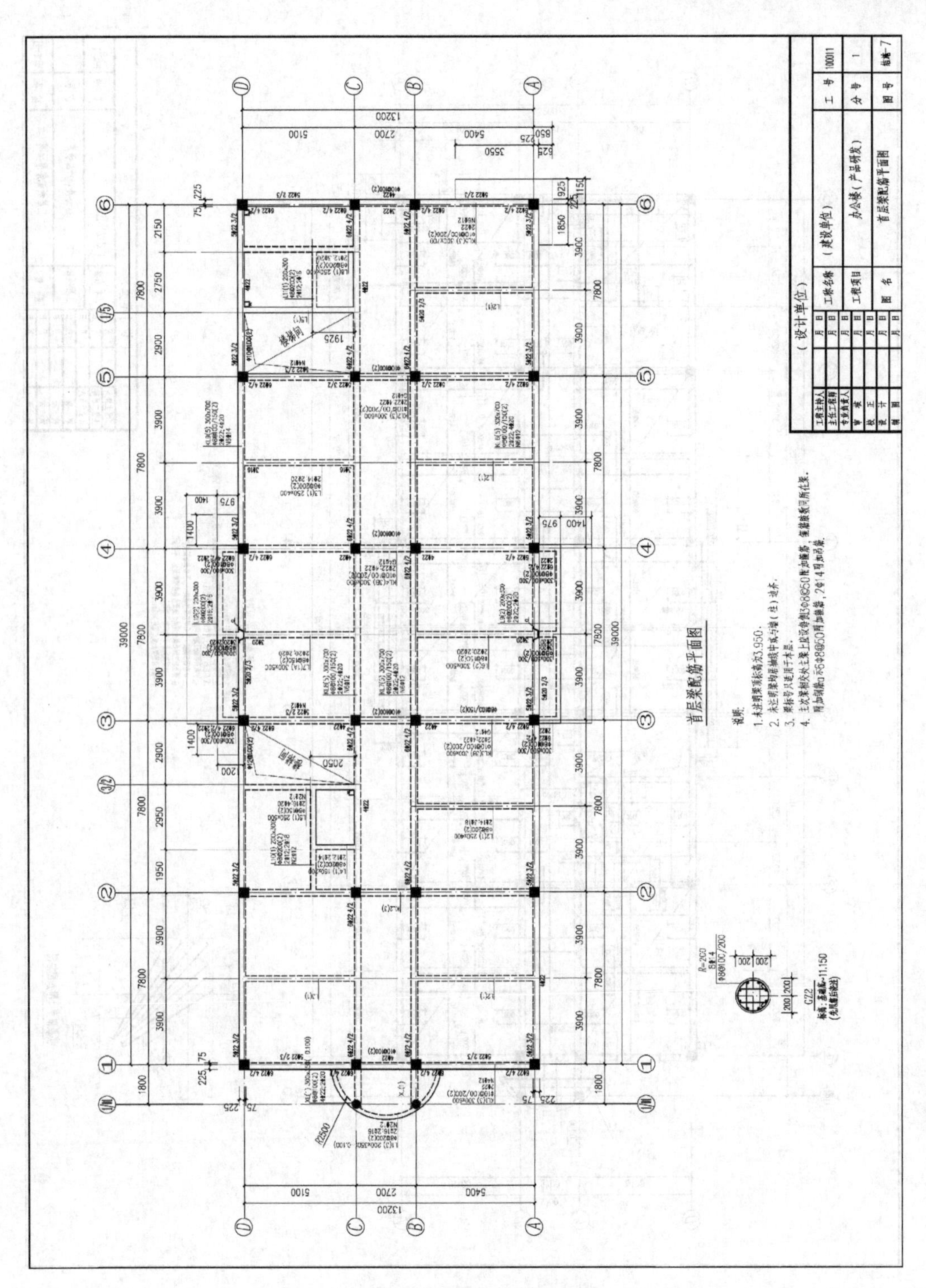

图 12-13　首层梁配筋平面图

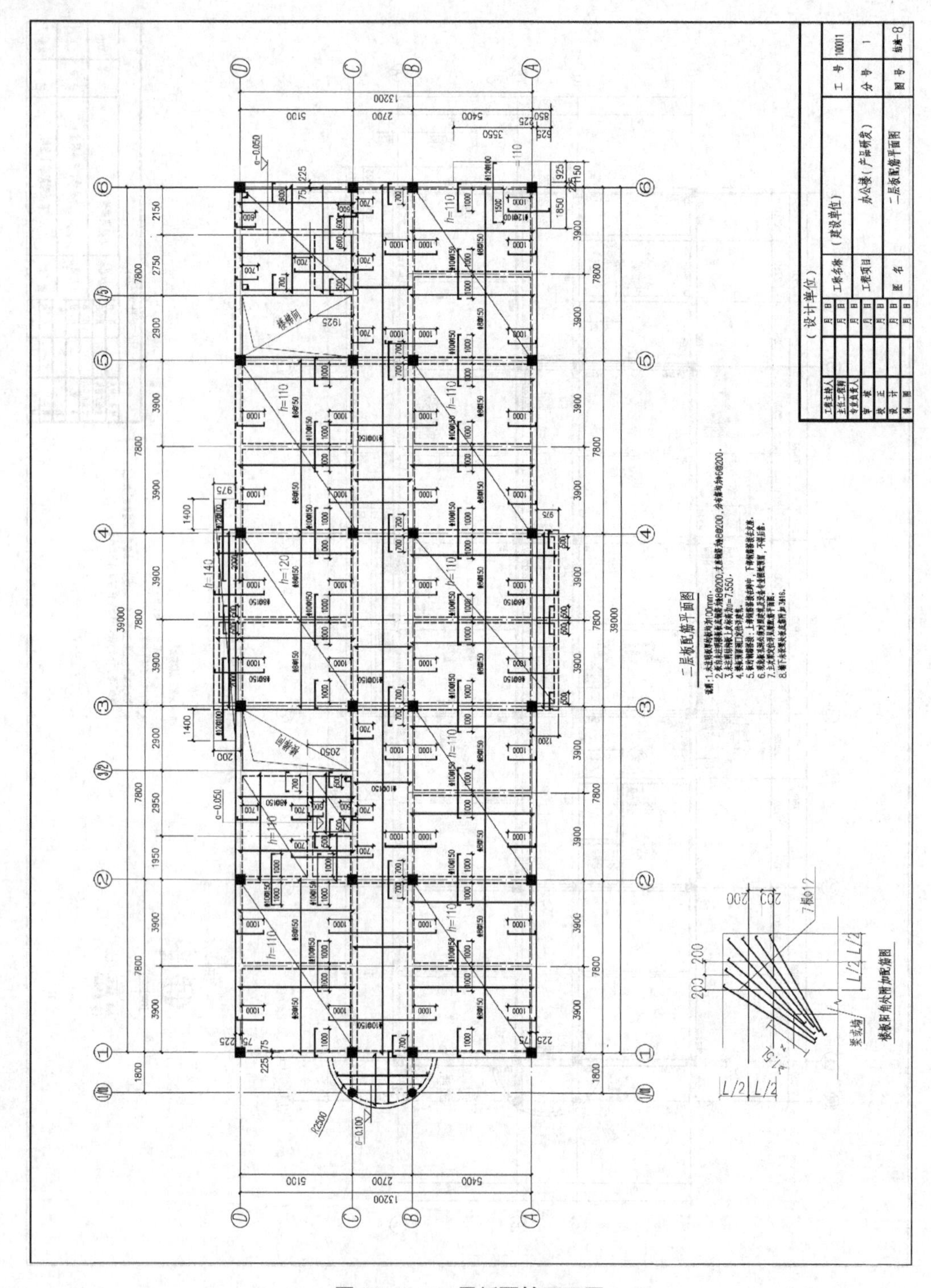

图 12-14　二层板配筋平面图

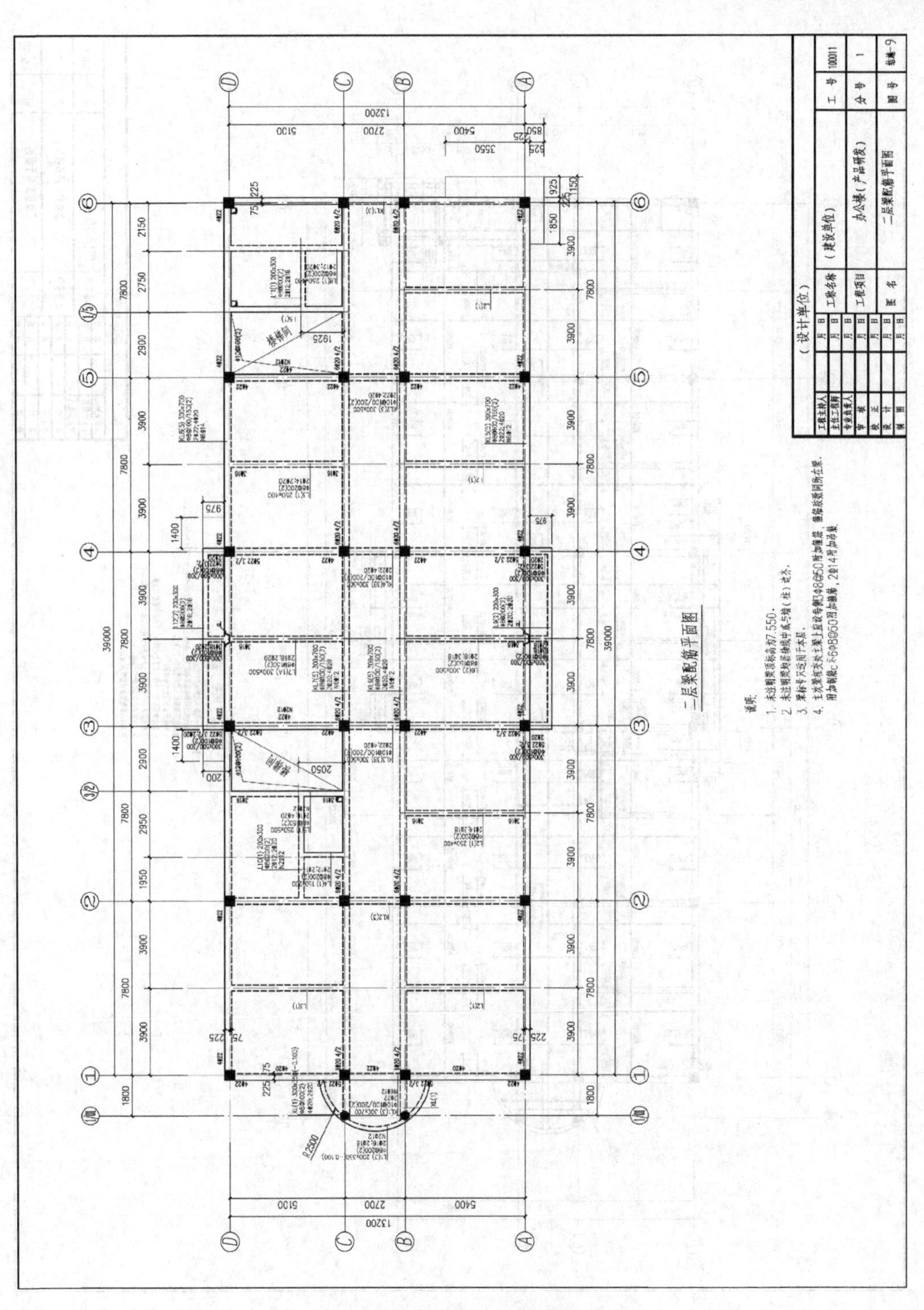

图 12-15　二层梁配筋平面图

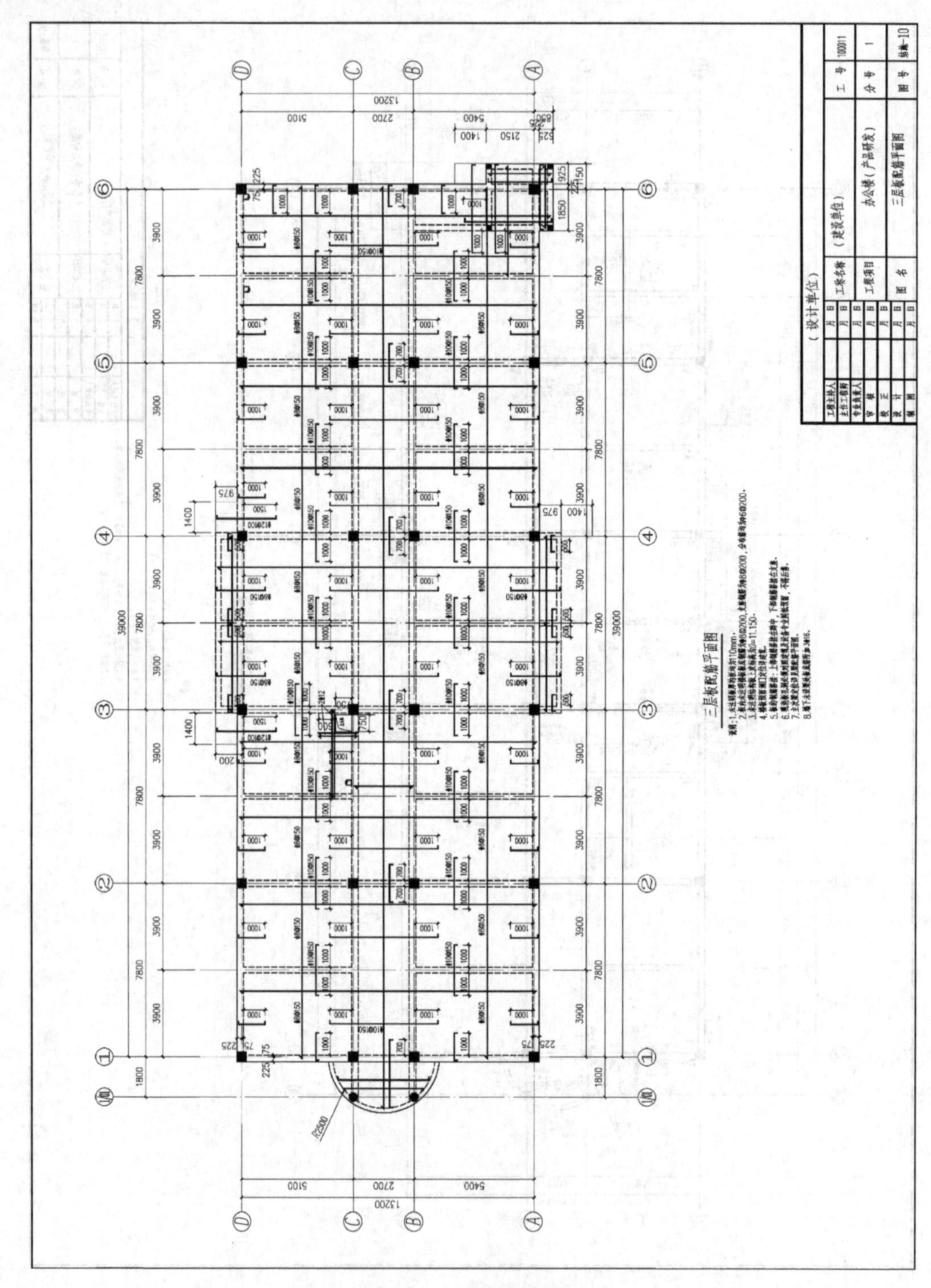

图 12-16　三层板配筋平面图

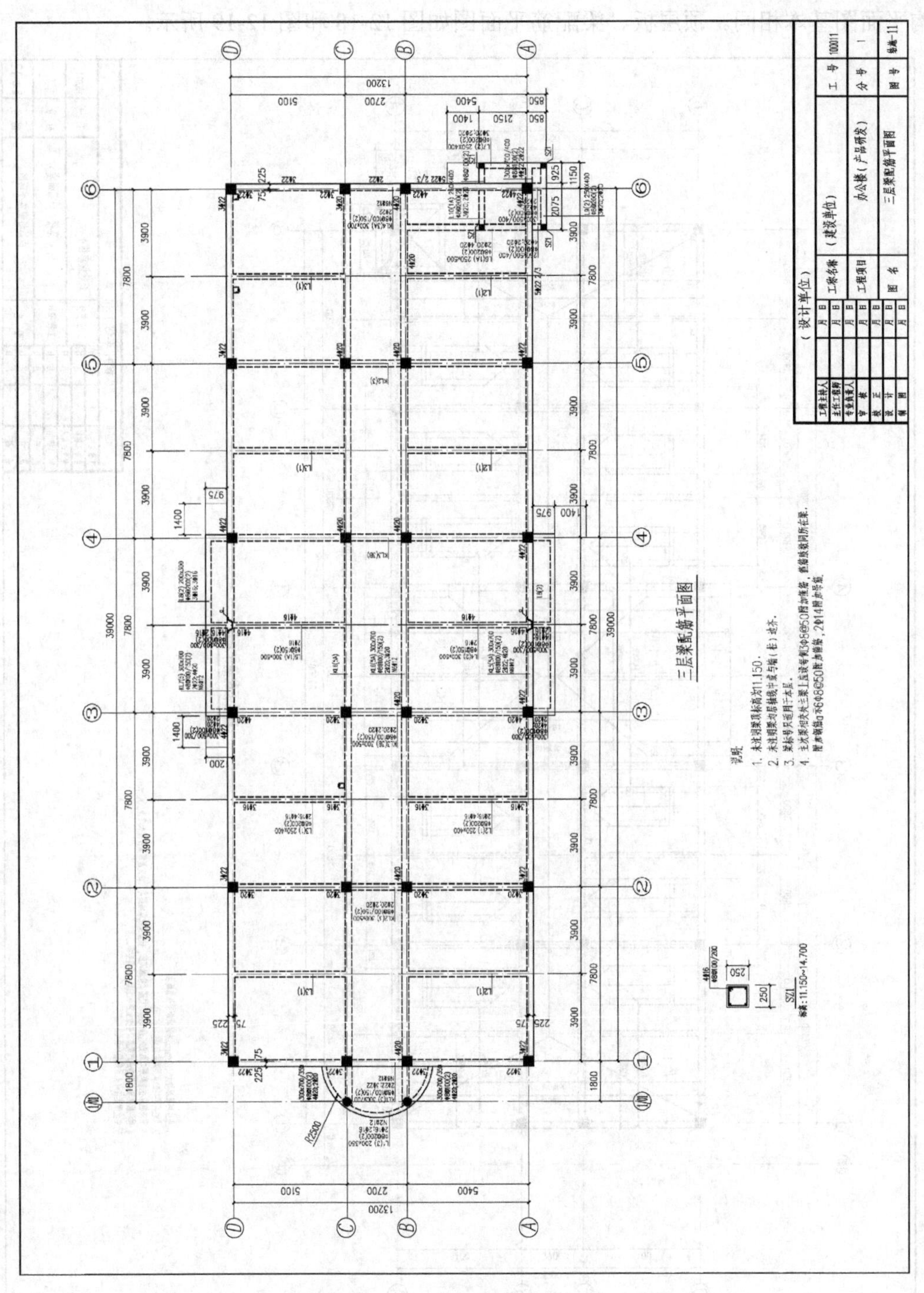

图 12-17　三层梁配筋平面图

12.4.2　屋顶结构平面图

屋顶结构平面图是表示屋面承重构件平面布置的图样，其图示内容和表达方法与楼层结构平面图基本相同。顶层板、梁配筋平面图如图 12-18 和图 12-19 所示。

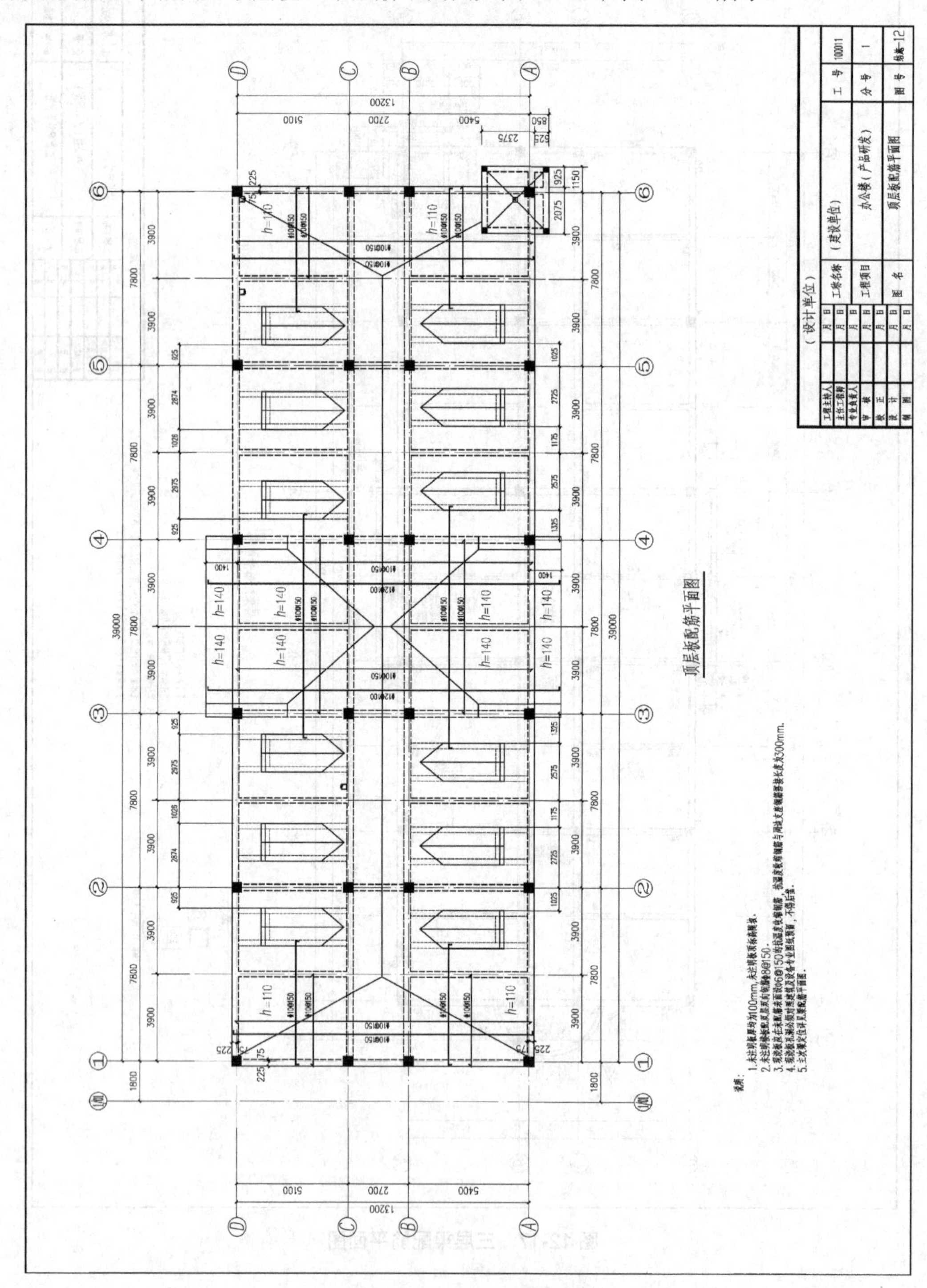

图 12-18　顶层板配筋平面图

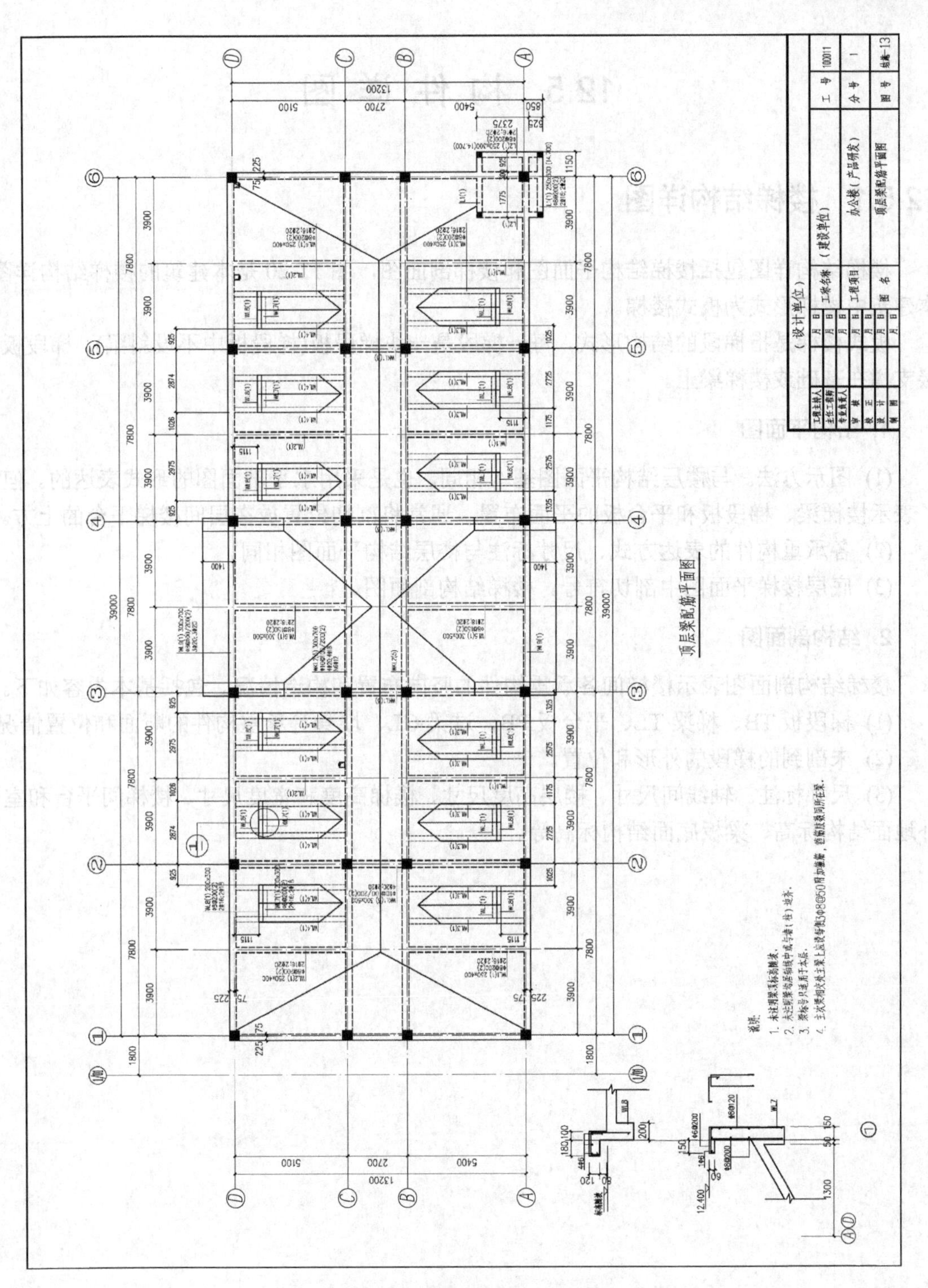

图 12-19　顶层梁配筋平面图

12.5 构 件 详 图

12.5.1 楼梯结构详图

楼梯结构详图包括楼梯结构平面图和楼梯剖面图，图 12-20 是本建筑的楼梯结构详图，本建筑中楼梯形式为板式楼梯。

板式楼梯是指梯段的结构形式，每一梯段是一块梯段板(梯段板中不设斜梁)，梯段板直接支撑在基础或楼梯梁上。

1. 结构平面图

(1) 图示方法。与楼层结构平面图基本相同，也是采用水平剖面图的形式表达的。但为了表示楼梯梁、梯段板和平台板的平面布置，通常将剖切位置放在层间楼梯平台的上方。

(2) 各承重构件的表达方式、尺寸标注与楼层结构平面图相同。

(3) 底层楼梯平面图中剖切符号。楼梯结构剖面图。

2. 结构剖面图

楼梯结构剖面图表示楼梯间各承重构件的竖向布置和构造情况。包括基本内容如下。

(1) 梯段板 TB、梯梁 TL、平台板 PB、过梁 GL、墙身等承重构件的断面和位置情况。

(2) 未剖到的梯段的外形和位置。

(3) 尺寸标注。轴线间尺寸、楼层高度尺寸、楼梯高度和宽度尺寸、楼梯间平台和室内外地面结构标高、梁板底面结构标高等。

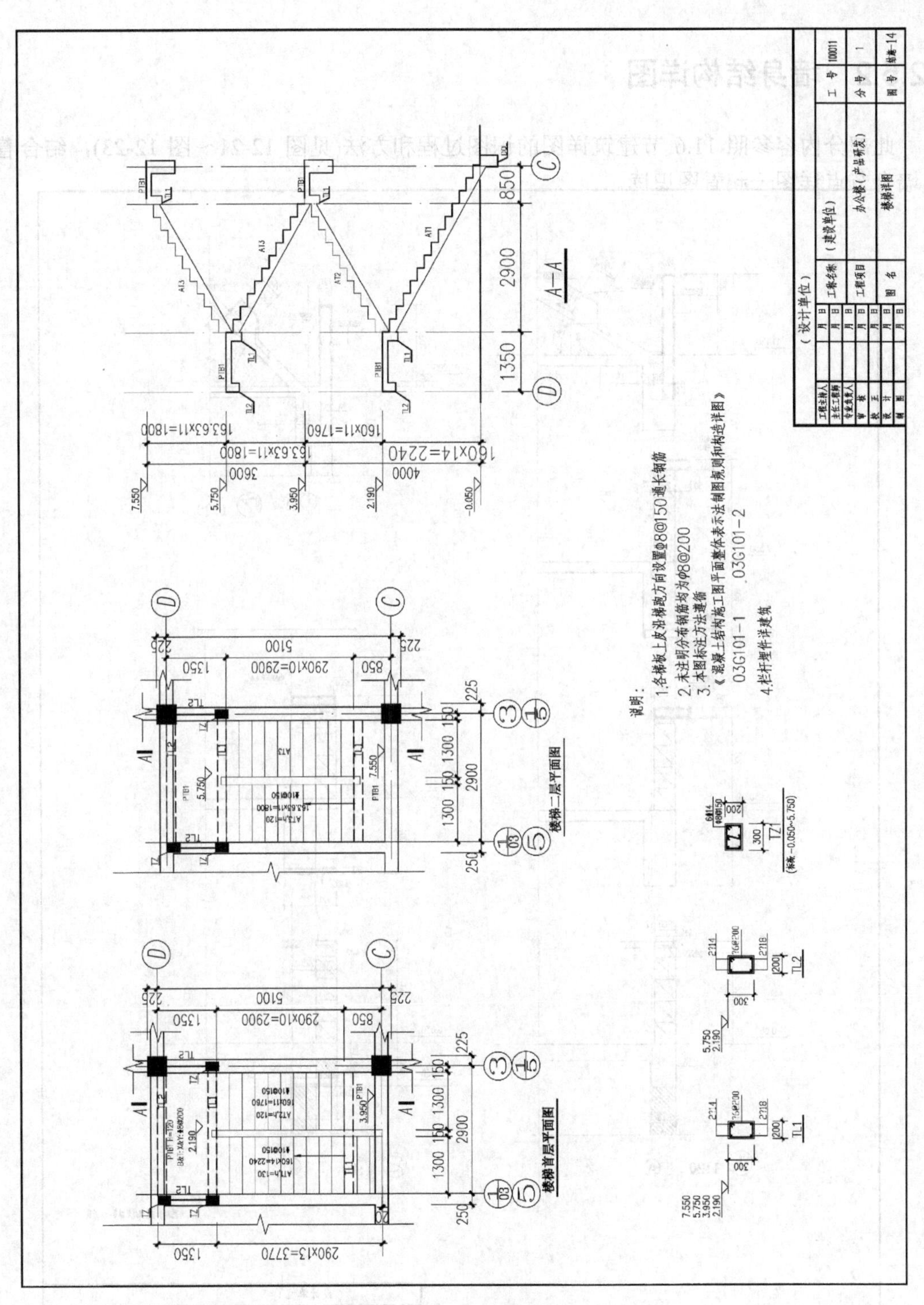

图 12-20　楼梯结构详图

12.5.2 墙身结构详图

此部分内容参照 11.6 节建筑详图的识图过程和方法(见图 12-21～图 12-23)，结合着建筑墙身节点详图一起看图识读。

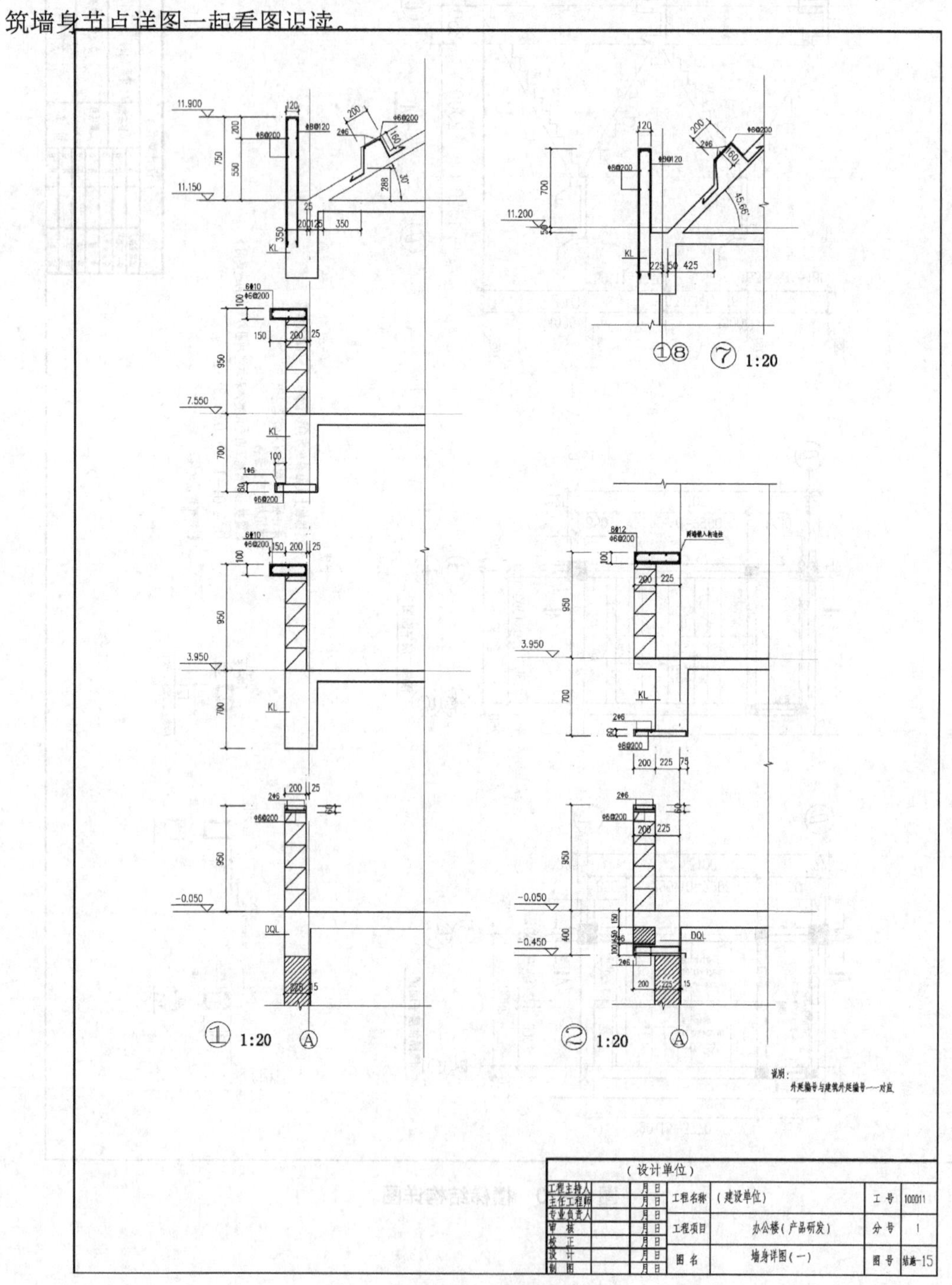

图 12-21 墙身结构详图一

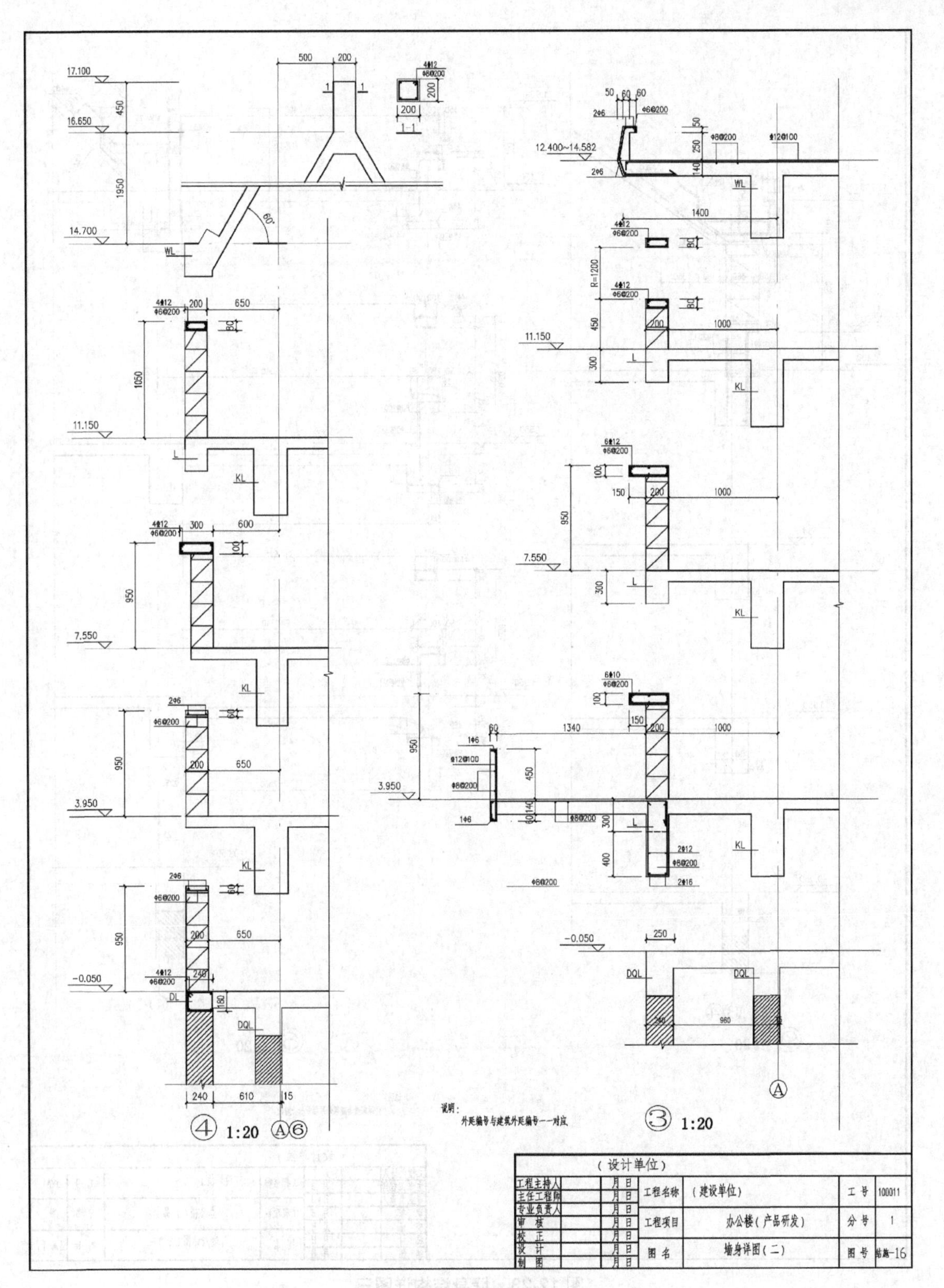

图 12-22　墙身结构详图二

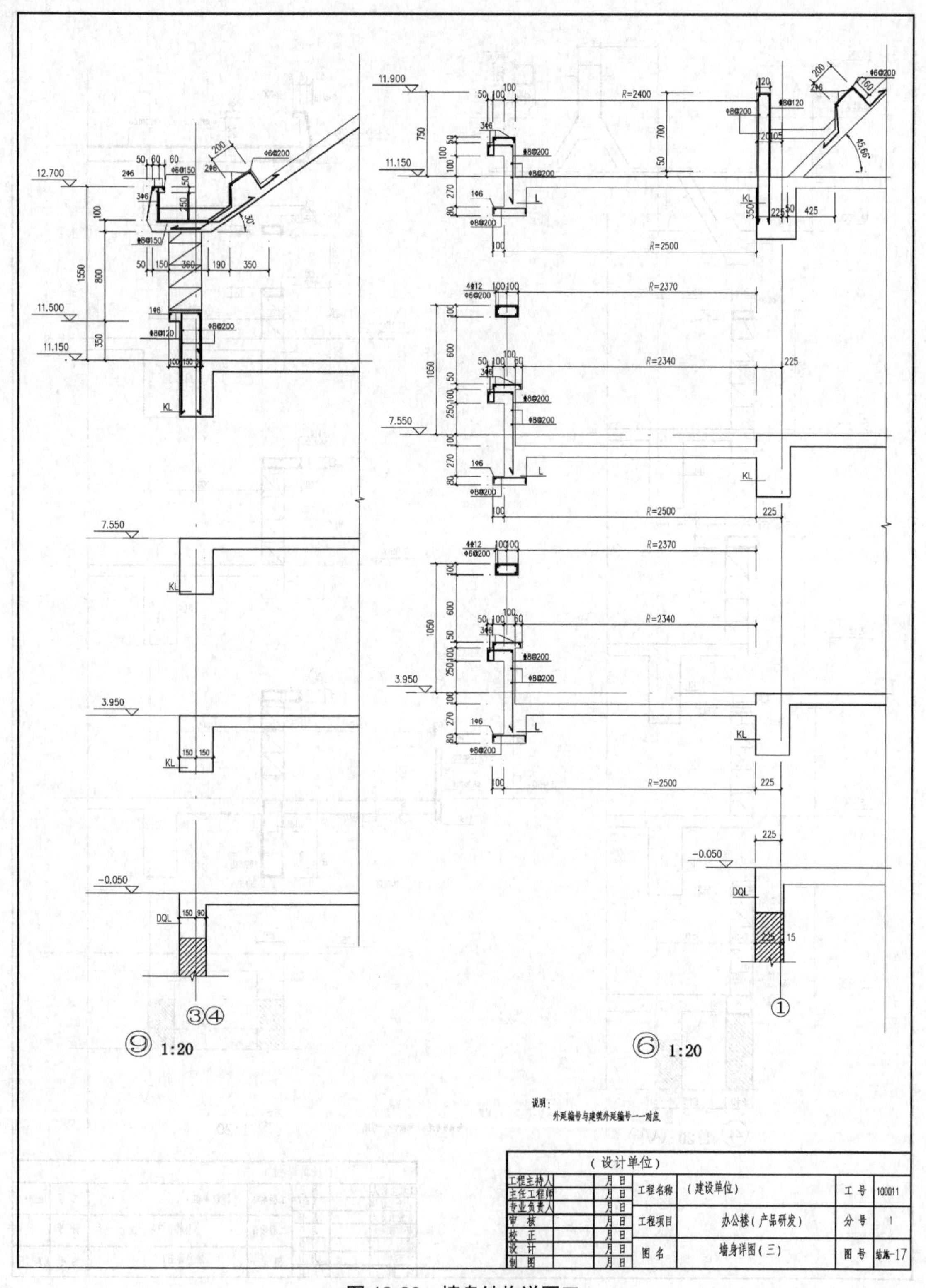

图 12-23　墙身结构详图三

参 考 文 献

[1] GB/T 50001—2010. 房屋建筑制图统一标准[S]

[2] GB/T 50105—2010. 建筑结构制图标准[S]

[3] GB/T 50010—2010. 混凝土结构设计规范[S]

[4] 16G101-1. 混凝土结构施工图平面整体表示方法制图规则和构造详图(现浇混凝土框架、剪力墙、梁、板)[S]

[5] 宋安平. 建筑制图[M]. 北京：中国建筑工业出版社，1997.

[6] 徐建成. 工程制图[M]. 北京：国防工业出版社，2013.

[7] 段莉秋. 建筑工程概论[M]. 北京：中国建筑工业出版社，1993.

[8] 王强，吕淑珍. 建筑制图[M]. 北京：人民交通出版社，2007.

[9] 杨月英，李海宁. 建筑制图[M]. 北京：机械工业出版社，2007.

[10] 朱延祥，龚斌，苏明. 工程制图[M]. 天津：天津大学出版社，2010.

[11] 朱缨. 建筑识图与构造[M]. 北京：化学工业出版社，2010.

[12] 游普元. 建筑工程图识读与绘制(上、下册)[M]. 天津：天津大学出版社，2010.

[13] 张艳芳. 建筑构造与识图[M]. 2 版. 北京：人民交通出版社，2011.

[14] 刘海兰，李小平. 机械识图与制图(上册——任务驱动篇)[M]. 北京：清华大学出版社，2010.

[15] 刘海兰，李小平. 机械识图与制图(下册——项目训练篇)[M]. 北京：清华大学出版社，2010.

[16] 沈梅，赵娟. 机械识图与制图[M]. 北京：化学工业出版社，2010.

[17] 韩变枝. 机械制图与识图[M]. 北京：机械工业出版社，2012.

[18] 张爱云，张玮，隋浩智. 建筑构造与识图[M]. 上海：上海交通大学出版社，2014.

[19] 王婵，薛宝恒，唐志泉. 建筑制图与识图[M]. 上海：上海交通大学出版社，2014.

[20] 游普元. 建筑工程制图与识图[M]. 哈尔滨：哈尔滨工业大学出版社，2013.

[21] 谭翠萍. 建筑设备安装工艺与识图[M]. 哈尔滨：哈尔滨工业大学出版社，2013.